国际人道主义灾害响应系列丛书

国家出版基金项目
NATIONAL PUBLICATION FOUNDATION

联合国灾害评估与协调队现场工作手册

（2018）

联合国人道主义事务协调办公室（OCHA）编

中国地震应急搜救中心 编译

U0214325

应急管理出版社

·北　京·

内容提要

　　本书紧密结合国际救援行动特点，针对大规模、突发紧急事件中国家灾害应急管理机构与国际救援队伍的有效协调做了较为系统的阐述。通过背景、任务周期、管理、情况、行动、支持六大专题，介绍了国际应急环境和 UNDAC 理念，行动前、行动中和行动后各阶段的主要任务和职责，UNDAC 队伍管理和个人安全提示，信息管理和媒体应对，现场行动协调组织架构、工具方法和困难挑战，现场通信技术支持、基地和后勤保障以及个人健康建议等。

　　本书内容具有很强的综合性和实践性，适合作为国际救援专家、队伍现场行动指导用书和日常培训参考教材，也适合作为涉外灾害准备、应急响应、现场协调的政府应急管理人员和国际人道主义救援人员的参考书。

《联合国灾害评估与协调队现场工作手册（2018）》编译委员会

2022 年 4 月 19 日

我代表联合国人道主义事务协调办公室的应急响应科（ERS），很高兴看到我们的五份应急响应资源文件已翻译成中文。在此，我再次衷心感谢中华人民共和国应急管理部（MEM）中国地震应急搜救中心（NERSS）提供的支持。因此，ERS 同意出版和发行以下文件的中文版本：

- 国际搜索与救援指南（2020）
- 联合国灾害评估与协调队现场工作手册（2018）
- 现场行动协调中心指南（2018）
- 国际地震应急演练指南（2021）
- 亚太地区灾害响应国际工具和服务指南

我谨借此机会感谢中华人民共和国政府为该项目提供资助，并期待 NERSS、MEM 和 ERS 继续开展合作。

谨启

Sebastian Rhodes Stampa
联合国人道主义事务协调办公室（日内瓦）
响应支持处应急响应科主管
国际搜索与救援咨询团秘书负责人

19 April 2022

On behalf of the Emergency Response Section (ERS), located within the United Nations Office for the Coordination of Humanitarian Affairs, I am pleased to note the completion of the translation of five of our emergency response resource documents into Chinese. I would like to reaffirm my sincere gratitude for the support provided by the National Earthquake Response Support Service (NERSS), Ministry of Emergency Management of P.R. China. The ERS therefore endorses the publication and distribution of the Chinese versions of:

- International Search and Rescue Advisory Group (INSARAG) Guidelines 2020
- United Nations Disaster Assessment and Coordination Field Handbook
- On-Site Operations Coordination Center Guidelines 2018
- International Earthquake Response Exercise (IERE) v2.0, Disaster Response in Asia and the Pacific
- INSARAG Earthquake Response Exercise Guide

I would like to take this opportunity to thank the Government of P.R. China for sponsoring this project and I look forward to the continued cooperation between NERSS, MEM and the ERS.

Yours sincerely,

Sebastian Rhodes Stampa
Chief, Emergency Response Section
and Secretary, INSARAG
Response Support Branch
OCHA Geneva

译者序

党的十八大以来，以习近平同志为核心的党中央着眼党和国家事业发展全局，坚持以人民为中心的发展思想，统筹发展和安全两件大事，把安全摆到了前所未有的高度，应急管理体系和能力现代化水平也在不断提升。国务院印发的《"十四五"国家应急体系规划》明确提出，要建强应急救援主力军国家队，加强跨国（境）救援队伍能力建设，积极参与国际重大灾害应急救援、紧急人道主义援助；要增进国际交流合作，加强与联合国减少灾害风险办公室等国际组织的合作，推动构建国际区域减轻灾害风险网络。

"国际人道主义灾害响应系列丛书"由中国地震应急搜救中心组织编译，旨在为我国参与国际人道主义领域工作，以及希望了解相关知识体系的政府机关、企事业单位、科研院校、非政府组织、应急救援队伍和个人，提供当前联合国框架下国际人道主义相关理念和成熟做法的中文文献资料。丛书共编译五本图书，包括《国际搜索与救援指南（2020）》《联合国灾害评估与协调队现场工作手册（2018）》《现场行动协调中心指南（2018）》《国际地震应急演练指南（2021）》《亚太地区灾害响应国际工具和服务指南》，均由联合国人道主义事务协调办公室（OCHA）或其下属部门编写。

联合国人道主义事务协调办公室成立于 1998 年，隶属于联合国秘书处，由联合国副秘书长直接领导，通过整体协调、政策导向、咨询建议、信息管理和人道主义资金援助等行使其协调全球人道主义事务的职责。选择这五本图书组成"国际人道主义灾害响应系列丛书"，一方面是考虑到联合国人道主义事务协调办公室在国际人道主义领域的权威性，另一方面是考虑到内容的综合性、专业性和实用性。丛书所涵盖的内容涉及五个方面：国际人道主义救援的理论和方法——国际搜索与救援指南；致力于现场高效评估协调的队伍——联合国灾害评估与协调队；国际人道主义紧急援助协调的核心平台——现场行动协调中心；围绕亚太地区的情况介绍——灾害响应国际工具和服务；以及用于指导国际地震应急演练筹备、组织和具体实施的指南。五本图书的内容既在专业领域方面各有偏重，又在体系上相互呼应和补充，组成了一个有机整体。

为了使丛书的编译工作更加科学有效，中国地震应急搜救中心根据编译团队人员的业务专长对编译工作进行了有针对性的分组和分工，并采取分散、集中和交叉翻校译相结合的方式，以科学严谨的态度，用时两年高质量地完成了这套丛书的编译工作。其中，《国际搜索与救援指南（2020）》一书由李立负责，成员包括陈思羽、高娜、高伟、曲旻皓、王海鹰、张天罡、刘晶晶、徐一凡、原丽娟、王盈、严瑾、张帅、张硕南、韩珂；《联合国灾害评估与协调队现场工作手册（2018）》一书由陈思羽负责，成员包括李立、王洋、王海鹰、高娜、张煜、杨新红、张涛、张天罡、张帅、曲旻皓、张硕南、韩珂；《现场行动协调中心指南（2018）》一书由刘本帅负责，成员包括曲旻皓、高伟、张帅、李立、王洋、陈思羽、张天罡、张硕南、韩珂；《国际地震应急演练指南（2021）》一书由王洋负责，成员包括张帅、张硕南、李立、高娜、陈思羽、张天罡、曲旻皓、韩珂；《亚太地区灾害响应国际工具和服务指南》一书由张帅负责，成员包括陈思羽、张煜、王海鹰、李立、高娜、曲旻皓、王盈、严瑾、原丽娟、张天罡、赵文强、朱笑然、张硕南、韩珂。丛书的审定工作由宁宝坤负责。

在丛书编译过程中，应急管理出版社的编辑人员给予了大力支持，并成功获得国家出版基金资助。在此对国家出版基金、应急管理出版社以及为丛书编译工作提供帮助和支持的相关单位与专家，表示诚挚的谢意。

由于编译人员能力有限，丛书在编译过程中难免存在不当之处，望读者多加指正。

译者
2023 年 10 月

目　录

背　景

任务周期

行　动

支　持

附　录

引　言

在联合国灾害评估与协调队（UNDAC）成立 25 周年之际，发布了《联合国灾害评估与协调队现场工作手册（2018）》第七版。联合国灾害评估与协调队系统，最初是由联合国（UN）和国际搜索与救援咨询团（INSARAG）建立的，目的是确保在大规模突发紧急情况下，受灾国灾害管理机构和入境的搜索救援队之间能够有效协调。在过去的 25 年中，联合国灾害评估与协调队持续发展，并适应国际人道主义应急响应系统不断变化的要求。今天，不仅在突发灾害情况下部署联合国灾害评估与协调队，而且还在其他情况下提供宝贵的支持，包括持续危机、技术领域紧急情况和其他类型紧急情况。作为联合国提供的工具和服务，这一团队在支持各国政府的灾害响应准备活动中发挥着日益重要的作用。联合国灾害评估与协调队可以部署到全球各地，确保相关机构之间的有效协作，例如，受灾国的灾害管理系统、国际人道主义应急响应人员，包括军事力量在内的双边应急响应人员，国家非政府组织、民间社团和私营部门等。

联合国灾害评估与协调队运作方法的核心，是进行系统性的任务后评估，总结最佳做法和经验教训，将其纳入最新版手册中，实现联合国灾害评估与协调队方法的持续发展。因此，这本手册是一个不断优化的文档，手册的读者和使用者，应该将自己视为手册的共同创建者。关于进一步改进手册的意见或建议，应向联合国人道主义事务协调办公室日内瓦总部的应急响应支持处（ERSB）提出。

手册简介

联合国灾害评估与协调队现场工作手册，旨在作为联合国灾害评估与协调队成员的参考指南，在前往灾区或紧急情况现场执行任务之前和期间可以方便地查阅。从联合国灾害评估与协调队标准的职权范围来看，本手册不是一套强制性指令，而是与协调流程有关的团队运作知识积累。其重点是国际应急响应的内容和方式，并以联合国人道主义事务协调办公室（OCHA）的授权为基础，OCHA 负责管理联合国灾害评估与协调队系统。

本手册分为六个主题，与现场行动协调中心（OSOCC）的职能大致对应。每个主题都包括多个章节，每个章节作为独立文件单独编写，并引用其他主题中的材料。相关主题与章节内容如图 1 所示。

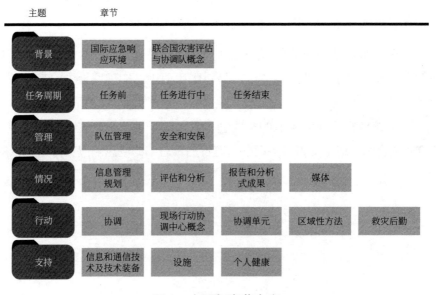

图 1　主题与章节内容

在联合国灾害评估与协调队成员的支持下，人道主义事务协调办公室编写了联合国灾害评估与协调队手册。该手册汇集了各种来源的信息，包括：

- · 任务报告和培训材料中的联合国灾害评估与协调队最佳实践。
- · 联合国人道主义事务协调办公室（OCHA）、联合国机构间常设委员会（IASC）的各种指南，如国际搜索与救援指南、多组群初期快速评估（MIRA）指南和许多其他指南。
- · 联合国难民事务高级专员公署（UNHCR）《行动数据管理学习方案》。
- · 美国国外灾害援助办公室（OFDA）《现场操作指南和灾害评估程序手册》。
- · 红十字会与红新月会国际联合会（IFRC）出版物。
- · 人道主义实践网络（HPN）文件《共同需求评估和人道主义行动》。
- · 评估能力项目（ACAPS）的技术简介和培训材料。
- · 评估能力项目和应急能力建设项目（ECB）《人道主义需求评估——灵活实用指南》。
- · 瑞典隆德大学和丹麦哥本哈根大学的灾害管理研究。

对于上述支持联合国灾害评估与协调队系统的文献资料，联合国人道主义事务协调办公室向相关机构表示感谢。

背　景

在部署联合国灾害评估与协调队任务之前，需要了解一些基本信息，包括国际应急响应发挥作用的方式，其依据的原则，联合国灾害评估与协调队概念和运作方式，以及其融入国际救援体系的方式。这一主题由以下章节组成：

A. 国际应急响应环境

本章介绍了灾害发生后的各种背景信息，包括国际人道主义援助、人道主义应急响应机构、协调组织以及最常见的利益相关方。

B. 联合国灾害评估与协调队概念

本章介绍了联合国灾害评估与协调队的概念，解释了联合国灾害评估与协调队方法论基础、系统运作方式，以及联合国灾害评估与协调队的行动伙伴和支援服务。

A 国际应急响应环境

A.1 简介

突发性紧急情况通常表现出以下特点：各种需求难以满足，不同优先事项造成资源紧张，通信和运输基础设施受损或遭到破坏，人道主义援助提供者大量入境，另外当地社区的相互援助突增，政府和非政府机构的管理人员不堪重负，承受巨大压力。如果基于紧急情况的这一视角，那么混乱的景象立即就浮现在脑海中。

但如果基于另一个视角，那么就可以看到协调的行动和组织，让混乱的情况变得有序。在理想状态下，协调有助于提供人道、中立、公正、及时和相关的援助，增加管理效力，形成基于特定情况实现最佳结果的共同愿景，以无缝方法提供服务，并让捐助者建立信心，从而获得充足的资源以实现预期成果，即尽可能减少人员痛苦和物质损失，平稳恢复和迅速重返正常生活，持续推动灾区的重建。

根据基本原则，确定国际应急响应框架，并指导人道主义援助协调。针对联合国灾害评估与协调队成员，本章介绍了指导国际人道主义应急响应的原则、权力、框架和总体背景。

A.1.1 国际应急响应的原则

国际应急响应行动，向受危机影响的群体提供人道主义援助，其主要目的是拯救生命和减轻痛苦。人道主义援助深深植根于历史传统和文化中，从古代的民族宗教起源和战后救援干预，到现代不断发展的人道主义。人道主义行动源于向他人提供援助的愿望，它与人类的历史一样古老。

联合国成立于 1945 年 10 月 24 日，最初由 51 个国家组成，致力于通过国际合作和集体安全来维护和平。现今世界上几乎所有国家都加入了联合国，成员国总数达到 193 个。各联合国成员国同意履行《联合国宪章》的义务，《联合国宪章》是一项规定国际关系基本原则的国际条约。根据《联合国宪章》，联合国有四项宗旨：维护国际和平与安全；发展国家间的友好关系；通过合作解决国际问题并促进对人权的尊重；成为协调各国行动的中心。《联合国宪章》第 1.3 条特别提到人道主义援助，其中规定联合国的一项宗旨是：促成国际合作，解决各国之间经济、社会、文化及人道主义性质的国际问题，且不分种族、性别、语言或宗教信仰，增进并支持对于人权及基本自由的尊重。

1991 年 12 月，联合国大会通过了开创性的第 46/182 号决议——"加强联合国紧急人道主义援助的协调"，这是今天众所周知的国际人道主义体系基础。它确立了人道主义行动的关键原则，以及国际人道主义援助的"架构"。《日内瓦公约》和其他国际法律框架确定了人道主义原则，在此基础上，联合国大会第 46/182 号决议进一步明确了开展和组织人道主义工作的方式。

联合国大会第 46/182 号决议，确定了成员国和联合国应遵循的指导原则，并建立了协调机构。此项决议确定了以下内容：

（1）提供人道主义援助时，必须以基本人道主义原则为依据，这些原则为人道主义行动提供了基础。无论是自然灾害还是武装冲突，或是复杂的紧急情况，即由于国内冲突和 / 或外国侵略，导致政权完全崩溃或严重瘫痪，进而引发人道主义危机的情况，人道主义原则都是救援行动的核心，以确保实施并维持对受影响群体的援助。

在人道主义应急响应中，倡导遵循人道主义原则，是保证人道主义有效协调的一个基本要素。

- 人道原则—无论哪里发现人类在遭受苦难，都必须设法解决。人道主义行动的宗旨是保护人的生命和健康，保障每一个人的尊严。
- 公正原则—人道主义行动必须完全以救援需求为依据，优先处理最紧急的危难情况，不能因为国籍、种族、性别、宗教信仰、阶级或政治观点而有所区别。
- 中立原则—人道主义救援人员不得在敌对冲突中偏袒任何一方，也不得参与政治、种族、宗教或意识形态性质的争执。
- 独立原则—在实施人道主义行动的地区，人道主义行动必须独立于各类救援人员可能有的各种目的，包括政治、经济、军事目的或其他目的。

（2）必须尊重国家主权、领土完整和国家统一，只有在受灾国同意的情况下才能提供国际援助。《联合国宪章》第 1.3 条描述了联合国在人道主义协调方面的首要任务。但《联合国宪章》第 2 条规定了另一项基本原则，即任何国际组织或国家未经同意不得干涉另一国的内部事务。国家政府是其领土边界内独立行使权力的机构，因此，协助和满足社会群体需求的责任和权力在于国家政府。某国政府可以要求或乐于接受其他国家或组织提供援助，但不能将援助强加给某个国家，除非联合国安全理事会大多数成员同意，特定事项非常重要，必须强制提供人道主义援助。未经请求或不愿接受的援助，或未经其他方式邀请而部署到某个国家的援助行动，无论意图如何，都可被视为类似于入侵的武力行动，将被视为违反国际公约。因此，所有国际援助都是响应受灾国主管部门的请求而提供的，无论国际组织是否希望立即做出响应。

（3）在发起、组织、协调和实施其境内的人道主义援助方面，受灾国发挥着主导作用。对于大多数自然灾害，受灾国都愿意接受援助，并且是符合要求的伙伴，并确实请求了（或"乐于接受"）国际援助。然而，某些紧急情况却复杂得多，国家政权的合法性和领土边界可能会陷入暴力争端。在某些情况下，合法政府可能不存在，或即使存在，其权力和能力也可能有限。在复杂的紧急情况下，这些因素造成难以遵循上述原则。在这类情况下，救助受害者的责任是优先考虑的事项，而帮助受灾国政府则退居其次。然而，更有可能发生的情况是，协调救援行动将需要承认处于冲突状态政权的合法性，人道主义主张将成为救援行动关注的焦点。因此，救援机构可能不仅需要发展和维持与该国执政当局的良好关系，而且需要发展和维持与对立政权和政治反对派的良好关系，在某些情况下，还要与政府之外的其他势力建立良好关系。

（4）与此同时，倡导主权国家提供相关便利，为政府间组织和非政府组织提供人道主义援助创造条件，特别是在救援能力不足的情况下。

（5）在领导和协调国际社会支持受影响国家的救援行动方面，联合国发挥着独特的核心作用。

根据上述这些原则，任何国际组织都无权对另一个组织的救援行动说三道四。联合国是一个通过协商共识开展工作的成员国组织。它不是世界政府，也不制定法律。然而，它确实提供了制定政策的手段，帮助解决国际冲突，并影响世界各国。在联合国内部，无论国家大小、政治观点或社会制度，所有成员国在协商共识过程中都有发言权和投票权。因此，某些联合国机构，即联合国秘书处各部门和办公室、专门机构、基金和计划，得到授权在其领域内实施或协调国际援助任务，但没有任何指挥、指导或命令的权力。因为指挥、指导或命令的权力，是只属于受灾国主管部门的特权。

根据人道主义原则，采取了"不伤害"原则，该原则源于医学伦理。在提供援助时，人道主义组织可能会无意中造成伤害，这一原则要求尽力减少这样的伤害。

人道主义救援人员需要认识到，援助是否成了滋生裙带关系或腐败的土壤，或由于援助项目创造了就业机会，以税收形式增加了财政收入，该国政府实际上主要依靠国际援助来履行其社会福利责任等，导致救援变成社会经济发展的一个常态化因素。这类意外的负面后果，可能影响广泛且极其复杂。为了尽量减少可能的长期伤害，人道主义组织应以支持灾后重建和长期发展的方式提供援助。

A.1.2 最新发展

2016 年 5 月，世界人道主义峰会（WHS）在土耳其伊斯坦布尔举行，旨在从根本上改革人道主义援助事业，更有效地应对当今世界的许多危机。在世界人道主义峰会上，包括联合国成员国和其他组织，共 400 个组织机构做出了约 1500 项承诺。此次峰会的一项主要成就，是提出了"大谈判"（The Grand Bargain）倡议。这是一套包括 51 项"承诺"的倡议名称，旨在改革人道主义救援的筹资方式，提高效率并取得实际成果。

"大谈判"倡议旨在为解决人道主义资金缺口提供一种解决方案。它包括捐助者和援助机构工作方式的一系列变化，将在 5 年内为需要人道主义援助的群体提供额外的 10 亿美元。这些变化包括加快现金方案规划，为受灾国和地方应急响应人员提供更多资金支持，并通过统一汇报流程要求减少不必要的繁文缛节。"大谈判"倡议要求捐助者和援助机构做到以下几点：

- · 提高资金运作透明度。
- · 为地方和国家应急人员提供更多支持和筹资工具（到 2020 年占全球人道主义资金额的 25%）。
- · 增加以现金为基础的方案规划运用和协调。
- · 通过定期职能审查，减少重复和管理成本。
- · 实现资金需求的共同评估，提高评估的公正性。

- 变革决策参与方式。让接受援助的人参与资金决策，因为这些决策影响着他们的生活。
- 增加人道主义多年规划和筹资过程的合作。
- 减少捐助者所捐赠款项的指定用途。
- 统一并简化汇报流程要求。
- 加强人道主义救援人员和灾后重建人员之间的接触。

如果履行了"大谈判"倡议的所有承诺，那么预计将能提供更好的援助，人道主义行动的驱动方式将实现转型，从援助提供者主导的供给驱动模式转向需求驱动模式，更好地满足受援群体的需求。

A.2　人道主义应急响应机构

灾害发生后，如果需要国际援助，那么一系列组织或实体将提供救援。这些组织或实体包括国家和地方主管部门，联合国相关机构，国际和国内应急响应组织。同样，联合国大会第 46/182 号决议为国际人道主义体系提供了基本架构。除了上面提到的原则外，该决议还明确了以下内容：

- 设立一个副秘书长级别的联合国紧急援助协调员（ERC）职位，负责协调和促进人道主义援助。
- 联合国机构间常设委员会（IASC）作为协调援助的主要机构，负责协调联合国和非联合国人道主义合作伙伴。在紧急援助协调员的领导下，联合国机构间常设委员会制定人道主义政策，就人道主义援助的各个方面确定清晰的责任划分，识别和解决应急响应的能力短板，倡导有效遵循人道主义原则。
- 制定联合呼吁流程并设立中央应急响应基金（CERF），此项基金每年可迅速提供高达 4.5 亿美元的资金，用于应对突发紧急情况、迅速恶化的局势和旷日持久的危机，此类危机的应急响应资源通常相对不足。
- 设立人道主义事务部（DHA），在日内瓦和纽约建立办事处，通过这一专门机构向紧急援助协调员 / 副秘书长提供支持。1998 年，人道主义事务部更名为联合国人道主义事务协调办公室（OCHA）。

A.2.1 政府

根据联合国大会第 46/182 号决议，受灾国政府对人道主义援助和协调承担主要责任。政府用于管理、预防和应对灾害的组织结构，已变得日益复杂，并且通常建立在平民人身及财产保护办法的基础上，利用突发事件管理系统进行运作。大多数国家都设有国家灾害 / 紧急情况管理机构或民防机构，负责监督和协调风险分析、备灾和救灾工作，但这些机构的能力各不相同。

中央政府内部的总体协调框架由一名部长 / 国务委员领导，并在灾害 / 紧急情况管理资源方面得到支持。灾害管理组织结构通常包括人道主义活动的各种职能领域，如医疗、给排水、卫生、教育、农业 / 粮食安全、基础设施和后勤、安全等，由相关部委的官员领导。在省、区、市和村级，也相应地建立了这类组织结构，并在这些地区相关办事处设立了负责人。

在区域一级，受灾国政府可以与政府间机构联系，获取援助和支持。在某些区域，建立了可快速部署的人道主义援助和协调机构，与联合国成员国一起协调救灾物资供应、军事资源部署和评估小组，如欧盟（EU）、东南亚国家联盟（ASEAN）和加勒比灾害应急管理机构（CDEMA）。这些区域政府间组织的应急响应小组，距离灾区近，且受灾国家政府属于组织中的一员，因此逐步成为国际援助的第一个应急响应点。关于区域协调方法，请参见第 O 章。

A.2.2 联合国紧急援助协调员（ERC）和联合国人道主义事务协调办公室

联合国紧急援助协调员（ERC）负责全面掌握需要人道主义援助的所有紧急情况，对于那些需要协调应急响应的紧急情况，协调并促进联合国机构系统提供人道主义援助。在政府、政府间和非政府救援活动中，紧急援助协调员作为中枢联络点得到了联合国人道主义事务协调办公室的支持。

各类人道主义救援人员，由联合国人道主义事务协调办公室负责召集，确保对紧急情况做出协调一致的应急响应。人道主义事务协调办公室还设立了一个行动框架，在这个框架内，每一位救援人员都可以为总体应急响应做出贡献。人道主义事务协调办公室拥有各种资源和工具，可以支持世界各地的人道主义行动，联合国灾害评估与协调队就是其中之一。因此，与联合国人道主义事务协调办公室一样，在突发灾害后部署的灾害评估与协调队致力于实现相同的总体任务目标。

联合国人道主义事务协调办公室的任务是协调全球范围的应急行动，在人道主义危机中拯救生命并维护受影响群体的权益，倡导所有人采取有效和有原则的人道主义行动，推进全球人道主义救援。

联合国人道主义事务协调办公室的活动，侧重于五项核心职能：

- 协调—人道主义事务协调办公室协调人道主义应急响应，扩大人道主义行动的范围，推动优先事项，减少重复部署，确保援助和保护惠及最需要救援的群体。联合国人道主义事务协调办公室，进行关键情境分析和性别视角分析，从而全面了解总体需求，并帮助不同的参与人员对人道主义背景和集体应急计划达成共识。
- 宣传—人道主义事务协调办公室普及人道主义意识，提高对被忽视的人道主义危机的关注。促进对国际人道主义法的遵守，让全世界了解受危机影响群体的权益需求，帮助受危机影响群体获得人道主义援助。
- 政策—联合国人道主义事务协调办公室，帮助制定人道主义职能改革议程，提高应急响应的有效性，制定国际人道主义行动的规范性框架。
- 人道主义筹资—联合国人道主义事务协调办公室动员各类筹资机制，确保人道主义需求得到满足，并促进协调机制。
- 信息管理—联合国人道主义事务协调办公室，向各类人道主义组织提供信息管理服务，通报快速、有效和有原则的应急响应措施。

联合国人道主义事务协调办公室，通过区域办事处网络开展工作，支持成员国和人道主义国家工作队，向向有需要的群体和社区提供人道主义援助的救援机构工作提供便利。

A.2.3　联合国机构间常设委员会（IASC）

紧急援助协调员的一项重要职能是领导联合国机构间常设委员会，该委员会是与人道主义援助有关的机构间协调主要机构。它相当于一个独特的机构间论坛，用于协调、政策制定和决策，涉及联合国和非联合国的主要人道主义合作伙伴。根据联合国大会第 46/182 号决议，联合国机构间常设委员会于 1992 年 6 月成立。

联合国机构间常设委员会的目标如下：

> - 协商并制定整个联合国系统范围的人道主义政策。
> - 在人道主义救援方案中划分各机构的责任。
> - 协商并制定一个共同的道德框架，指导各类人道主义活动。
> - 针对联合国机构间常设委员会以外的各方，宣传共同的人道主义原则。
> - 查明授权不足或救援行动能力存在短板的领域。
> - 在各类人道主义机构之间，解决关于整个联合国系统人道主义问题的争端或分歧。

联合国机构间常设委员会的组成包括：联合国各运作机构的负责人或指定代表，以及联合国系统外的一些常驻特邀人员。实际上，"成员"和"常驻特邀人员"之间没有区别，自 1992 年联合国机构间常设委员会成立以来，参与机构的数量持续增加（截至 2017 年 7 月共有 18 个组织 / 机构）。

事实上，联合国机构间常设委员会的优势和独特价值，在于其广泛的成员基础，汇集了联合国各类机构、国际组织、红十字会 / 红新月会运动和非政府组织网络。

A.2.4　驻地协调员（RC）和人道主义协调员（HC）

在绝大多数加入联合国系统的国家，联合国各类活动的总体协调主要由联合国驻地协调员负责，通过与联合国相关机构协商进行协调。

驻地协调员是联合国秘书长的指定代表，其地位与外国大使的级别相当。驻地协调员领导联合国国家工作队，这是国家级的机构间协调和决策机构。联合国国家工作队的主要目的，是确保各机构进行共同规划和统一行动，确保在支持政府的发展议程方面取得切实成果。在大多数国家，联合国开发计划署（UNDP）驻地代表被指定为驻地协调员。

在发生紧急情况的国家，或现有人道主义状况在规模或复杂性上恶化的国家，紧急援助协调员可任命一名人道主义协调员（HC）。人道主义协调员的职能与驻地协调员不同，但这两个职位通常由一个人兼任，即集驻地协调员与人道主义协调员于一身。

在正常情况下，驻地协调员和联合国国家工作队协调救灾准备和减灾活动，监测可能发生的紧急情况和提供预警，牵头制定应急规划。然而，当人道主义危机爆发或长期不稳定局势急剧恶化时，作为人道主义协调员的驻地协调员还将领导和协调机构间人道主义应急响应，在紧急情况持续期间，向紧急援助协调员汇报人道主义事务的情况。紧急情况缓解后，人道主义协调员的职能通常会逐渐淡出。

在紧急援助协调员领导下，人道主义协调员全面负责，确保人道主义应急工作有序开展。在大规模复杂的或不断升级的人道主义危机中，紧急援助协调员可单独任命一个人道主义协调员。

A.2.5 人道主义国家工作队（HCT）

人道主义国家工作队由人道主义协调员设立和领导，它是关于救援策略、运作决策及行动监督的一个论坛。其成员来自相关机构的代表，包括联合国、国际非政府组织和红十字会／红新月会运动。被指定为人道主义组群牵头方的机构或组织，应代表相应的人道主义组群和机构（关于组群方法的更多信息，见第 A.3.1 节）。针对人道主义行动相关共同策略问题，人道主义国家工作队负责协调各方达成一致，是国家级层面的一个论坛，与联合国机构间常设委员会相对应。然而，它可能不仅包括联合国机构间常设委员会的典型成员组织，还应汇集其他组织的代表，这些代表在受灾国内开展人道主义行动，承诺参与协调任务。对于主要援助国政府和／或捐助方的代表，某些人道主义国家工作队还决定将其接纳为成员或作为观察员。然而，人道主义国家工作队的规模应受到限制，以进行有效的决策。

人道主义国家工作队的目标是确保救援组织的行动协调，确保受灾国内的人道主义行动符合相应的原则，及时、高效并取得成果，推动长期灾后重建工作。

A.3 人道主义协调

在人道主义应急响应的国际性多组织环境中，救援协调的流程需要相关组织更大的参与程度，而不是采用典型的国家灾害管理流程，后者采用了更多等级分明的决策系统。人道主义协调是更倾向于流程导向的一种系统，它将传统的灾害管理方法与联合国大会第 46/182 号决议的指导原则相结合。有关协调方法的更多信息，请参见第 L 章。

A.3.1 人道主义协调机构和组群方法

受灾群体的需求通常是按人道主义活动的职能领域进行确定的，如医疗、食品、临时安置场所等，这些项目也称为应急响应职能领域，简称职能领域。

这些职能领域的划分，历来被认为是组织救灾的一种常见模式，按照惯例，各类组群专门从事一个或多个职能领域的工作。

虽然有通用的人道主义行动协调组织架构，但这些架构的适用性，主要取决于受灾国政府的愿望、特定情况下的具体需要、可用资源以及与文化、背景和政治等相关因素。如果受灾国政府的救灾组织架构资源充足且效率较高，那么就应采取最适合其救灾架构的模式。然而，如果面对巨大的协调需求，受灾国政府力不从心时，那么可能需要国际上更多的机构来做出应急响应。

2005 年，进行了人道主义协调的一项重大改革，称为"人道主义改革议程"，其中引入了许多新的要素，以增强可预测性、责信制和伙伴关系，包括组群方法。组群是各类人道主义组织，有些是联合国机构，有些是非联合国机构，在人道主义行动的相应主要职能领域开展工作。组群方法旨在加强整个救灾体系的准备工作和应急响应技术能力，建立领导关系和责信制。针对人道主义活动 11 个职能领域，联合国机构间常设委员会指定了相应的全球组群牵头机构，明确协调责任，确保在组群内做好充分的救灾准备。全球组群牵头机构如图 A-1 所示。

全球组群牵头机构提供以下类型的支持，以加强现场应急响应工作：

- 技术增援能力。
- 受过培训可以在现场指导组群协调的专家。
- 新增物资储备，部分物资预先部署在相应区域内。
- 标准化技术工具，包括用于信息管理的工具。
- 关于需求评估、监控和基准管理统一方法和格式的协议。
- 经过现场验证的最佳做法和经验教训。

组群方法还提供了一种有效的机制，能够促进与所在国政府、地方主管部门和当地民间社团建立伙伴关系。

图 A-1　全球组群牵头机构

在国家层面，组群的领导不一定由联合国机构负责，甚至不一定由全球组群牵头机构负责，而是由最合适的组织负责。如果出现新的大规模紧急情况，或现有人道主义状况急剧恶化和（或）发生重大变化，导致协调能力不足，那么就可以"启动"组群。根据人道主义国家工作队关于人道主义需求和现场协调能力的分析，以及与相关国家伙伴的协商结果，这些组群将成为国际应急响应团队的一部分。未得到满足的救援需求必须经过确认，然后驻地协调员/人道主义协调员才能建议启动组群。

A.3.2　现场级协调机构

国际人道主义行动的主要目标，是支持受灾国家的救援工作，满足受灾群体的需要。国家政府请求国际人道主义支援应对各种灾害时，国家法律制度是所有应急响应、救援和灾后重建活动的主要监管框架，这一点必须注意。

如果要启动一个或多个组群，那么联合国驻地协调员／人道主义协调员应与人道主义国家工作队进行协商，根据应急计划或紧急情况的类型和规模，考虑受灾国的能力和需求等明确理由，然后建议启动相应的人道主义组群。组群牵头机构的选择，最好与全球层面的机构部署相符，但并不总能做到这一点，在某些情况下，其他组织可能更适合救援牵头工作。在人道主义国家工作队内部达成一致后，联合国驻地协调员／人道主义协调员向紧急援助协调员发送一封信函，概述所建议的组群安排。在 24 小时内，紧急援助协调员将提案转交给联合国机构间常设委员会负责人和全球组群牵头机构审核批准后，通知相应的联合国驻地协调员／人道主义协调员。关于组群启动的任何决定，都应与受灾国政府进行协商，在从受灾国中央政府到灾区现场的各个层面，受灾国应尽可能与牵头机构一起管理现场的组群。

在策略层面，由人道主义协调员领导，在人道主义国家工作队内部进行组群间协调。人道主义国家工作队包括组群牵头机构（所在国驻地代表／主管级），以及参与应急响应的选定行动伙伴，并在这一战略决策论坛框架内，实现对整体人道主义应急响应行动的指导和领导。

指定的组群牵头机构领导并管理相应的组群。如果条件允许，那么组群牵头机构与政府机构和非政府组织共同领导相应的组群。在国家层面，组群牵头机构的负责人由人道主义协调员领导，开展以下方面的工作：

- 确保协调机制已经建立并得到了相应的支持。
- 作为政府和人道主义协调员的首要联络人。
- 作为各职能领域内救援行动的后盾。

联合国驻地协调员／人道主义协调员（RC/HC）将与受灾国主管部门和人道主义国家工作队（HCT）协商，领导国际人道主义应急响应行动。虽然领导形式是协商性的，但在大规模紧急情况的最初三个月，驻地协调员／人道主义协调员将需要在很大程度上当机立断，确保能够迅速做出决策。通过加强紧急援助协调员领导下的责信制，可以强化这种决策能力，在此期间，紧急援助协调员可以要求人道主义协调员提供更多的定期简报。

联合国驻地协调员／人道主义协调员对紧急援助协调员负责，管理高效且优先次序明确的应急响应措施。

在某些大规模紧急情况下，联合国驻地协调员／人道主义协调员有权在最初三个月内领导应急响应工作。紧急情况下的决策速度至关重要。为了有效地采取行动，驻地协调员／人道主义协调员必须有权在关键战略领域及时做出决定，如确定总体优先事项、分配资源、监控执行情况和处理救援不力等问题。

在计划层面，一般在组群间协调机构／团体的框架内进行组群间协调，该机构／团体由每个组群的组群协调员组成。每个单独组群的组群协调员负责管理，代表组群开展工作，促进组群内行动层面的协调，同时明确战略愿景，制定应急响应行动计划。针对组群间活动和跨职能领域问题，组群协调员还负责确保与其他组群进行协调。针对无法在组群内解决的组群具体关切和挑战，组群协调员负责确保向人道主义国家工作队提出并进行相应讨论，以及确保在行动层面宣传和执行随后的战略决策。

组群成员应遵守基本承诺，其中规定了所有地方性组织、国家组织或国际组织应做出的贡献。这些承诺包括：

- · 对人道主义原则和伙伴关系原则的共同承诺。
- · 将系统性的人道主义保护措施纳入方案执行的承诺。
- · 随时准备参与加强对受灾群体具体援助的责信制行动。
- · 了解与组群成员相关的责任和义务，承诺始终如一地参与组群的集体工作以及组群的计划和各项活动。
- · 致力于确保资源的最佳利用和组织资源信息的共享。
- · 承诺将贯穿各职能领域的关键计划问题纳入系统性措施。
- · 根据需要并在能力和授权允许的情况下，愿意承担领导责任。
- · 参与制作和传播面向公众的宣传资料和相关信息。
- · 确保组群对资料信息提供解释，帮助所有组群合作伙伴参与救援行动。

联合国人道主义事务协调办公室向人道主义协调员和人道主义国家工作队提供指导和支持，推动组群间的协调。联合国人道主义事务协调办公室还帮助各组群确保在应急响应行动的各个阶段进行协调，包括需求评估、联合规划以及监控和评价。

　　虽然国际人道主义应急响应没有等级森严的模式，但却存在通用的人道主义协调模式，图 A-2 对此进行了描述。

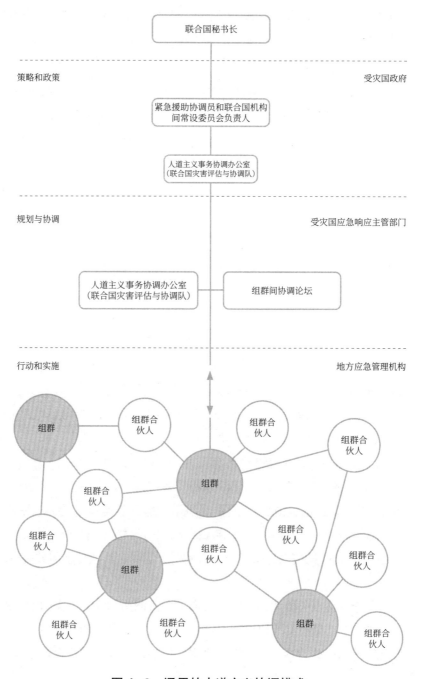

图 A-2　通用的人道主义协调模式

然而，尽管人们可以尽力完成一个特定的协调架构，但在实际行动中，这一协调架构通常必须适应具体情况。鉴于国际救援的特殊性质、受灾国的具体情况、捐助国政府的政策以及众多其他因素，对于救灾协调工作的具体方式，没有固定的现成答案。每一次灾害都有其自身的情况，因此也应当采用适当的协调解决办法。

在商定的国际援助组织领导下，组群方法的主要目标是确保采取协调一致的措施，支持受灾国政府发挥主导作用。这种方法并不是人道主义协调的唯一解决办法。

在某些情况下，组群方法可以与其他非组群协调解决方案（无论是国家还是国际的）同时采用，或者其他的职能领域方法可能更适用。每一次紧急情况发生后，如果不考虑灾害地点／灾害级别，不加区别地启动所有组群，那么就可能造成资源浪费，减少政府履行其首要责任的机会，无法向其他受灾群体提供人道主义援助。协调应有明确的目标，应以结果和行动为导向，而不是以过程为导向。有关组群间协调的更多信息，请参见第 L.3.1 节。

A.3.3 人道主义计划周期（HPC）

经联合国机构间常委会批准，可以按照人道主义计划周期这一概念开展国际人道主义应急响应，人道主义计划周期包括一系列协调行动，采取这些行动的目的是为了帮助筹备、管理和开展人道主义应急响应工作。人道主义计划周期由五个要素组成，通过无缝衔接融为一体，每一步的确立都以前一步的逻辑为基础，并引向下一个步骤。人道主义计划周期的概述如图 A-3 所示。

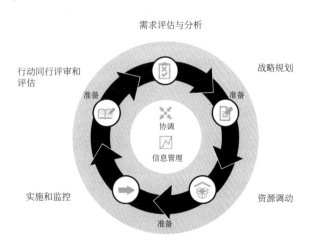

图 A-3 人道主义计划周期的概述

灾害发生后，通常在最初三周内部署联合国灾害评估与协调队，其活动主要侧重于人道主义计划周期的需求评估和要素分析，并提供相关支持，为策略（应急响应）规划、资源调动和方案实施提供信息。

如果得到有效执行，人道主义计划周期将实现以下目标：

- 更加注重跨职能领域的分析，优先考虑受灾群体的需求。
- 更好地服务于最弱势群体。
- 考虑最适当和可行的应急响应模式。
- 增加针对人道主义优先事项的筹资。
- 人道主义救援人员和捐助者承担更大的责任，确保集体救援成果。

人道主义计划周期的成功实施，取决于有效的应急准备、与国家／地方主管部门和人道主义救援人员的有效协调，以及救援信息的有效管理。

A.3.4　中央应急响应基金（CERF）

中央应急响应基金（CERF）由联合国大会于 2005 年设立，是各国共同出资并服务于所有群体的基金，是推动向受冲突和灾害影响群体提供人道主义援助的一种最快速的途径。在紧急情况发生后的最关键阶段，利用中央应急响应基金，分配相应的资金，启动、维持或扩大人道主义应急响应。

在中立和公正原则的指导下，中央应急响应基金用于应对需求最迫切地区的危机，确保资金能够发挥最大的作用，满足拯救生命的需要。利用现有协调机构，灾区的人道主义合作伙伴共同确定拯救生命优先事项，在此基础上采取干预措施。

世界各地捐助者自愿进行捐款，通过中央应急响应基金，将捐款汇集在一起。2016 年 12 月，联合国大会批准了秘书长提出的请求，即到 2018 年将中央应急响应基金的年度筹资目标从 4.5 亿美元扩大到 10 亿美元。

中央应急响应基金通过两个途径发放援助款项：

- 快速应急响应窗口（RR）发放的援助款项，主要针对新出现的紧急情况、严重恶化的现有紧急情况或时间紧迫的援助需求，占中央应急响应基金年度援助资金总额的三分之二。
- 资金不足紧急情况窗口（UFE）发放的援助款项，主要针对救援资金不足且通常为旷日持久危机中的关键需求。这类援助款项每年分两轮拨款，约占中央应急响应基金年度援助资金总额的三分之一。

中央应急响应基金还提供一个贷款机制，额度为 3000 万美元。

A.3.5 人道主义响应计划（HRP）和紧急呼吁

需要多个机构支援的各类人道主义危机，都需要人道主义响应计划（HRP），根据人道主义需求概况，该计划由人道主义国家工作队编制。在突发紧急情况下，这项计划通常被称为紧急呼吁。

这是一项联合策略应急计划（文件），简要介绍了总体情况，以及特定时间段内具体职能领域/组群的应急计划和预算。人道主义响应计划/紧急呼吁包括应定期更新的预算，以反映受灾群体的需求，或总体情况的各类重大变化。中央应急响应基金的首笔拨款将列入总预算，成为响应计划/紧急呼吁的一部分。

在人道主义响应计划/紧急呼吁中，正式确立通用的策略方法，对于利用相关援助组织的优势做出高效应急响应至关重要。通过联合战略规划和预算编制，将援助组织聚集在一起，共同规划、协调、执行和监控其对自然灾害和复杂紧急情况的应急响应。通过这种方式，在申请援助资金时，各组织能够相互协调，而不是彼此冲突。有关人道主义响应计划和筹资的更多信息，请参见第 L.3.5 节。

A.4 国际灾害应急响应利益相关方

在灾害应急响应过程中，联合国灾害评估与协调队将与各种利益相关方合作。虽然具体的组织和结构各不相同，但利益相关方的普遍作用和责任大致相同。熟悉主要救援参与方的情况，可以帮助联合国灾害评估与协调队以有效的方式与他们合作。以下各节概述了国际应急行动中最重要的利益相关方和相关团体。

A.4.1 民间社团和政府

最重要的利益相关方，包括政府和受影响的群体/民间社团。在各种紧急情况下，首先做出响应的都是受灾群体及其政府。在任何国际应急响应机制启动之前，或在大多数情况下国内应急响应机制启动之前，首先到达现场的是受灾害或冲突影响的群体、附近地区的居民和当地的民间社团。在最初的几个小时里，他们利用一切可用的资源开展救援行动，如搜救、提供临时安置场所、分发食物和水等。社区组织及其网络，包括宗教团体、工会甚至当地的企业，通常也在这种应急响应中起到辅助作用。

A.4.2 联合国机构

在国际应急响应过程中，联合国的许多专门机构发挥着重要作用。

- 联合国开发计划署（UNDP）—侧重于灾后重建相关的工作，旨在将减少灾害风险的措施系统性纳入国家发展战略。通过提供技术援助和提升救灾能力，加强灾害风险管理，建立支持灾后恢复的机制，从而实现上述目标。联合国开发计划署汇总降低灾害风险的相关考量，确保将其纳入国家和区域发展方案，并确保各国充分利用灾后重建的机会，降低未来的风险和脆弱性。在世界上大多数发展中国家，都设有联合国开发计划署的代表处，联合国开发计划署也是驻地协调员系统的管理机构。全球早期恢复组群（GCER），由联合国开发计划署负责管理。

- 联合国难民事务高级专员公署（UNHCR）—其大多数计划都是在出现某种紧急情况后开始实施的，例如，大量难民突然涌入。联合国难民事务高级专员公署向相关群体提供保护，确保他们获得必要的援助。在物质援助方面，其目标是确保足够的基本的食品供应、医疗服务、临时安置场所、给排水和卫生设施、衣服和基本社区服务，并提供后续的补充供应，帮助难民维持生计。大部分援助项目由救援执行伙伴完成，即由庇护国政府和非政府组织提供援助。在联合国难民事务高级专员公署的任务中，尽管将"难民"定义为从其祖国逃亡而流离失所的人，但该组织也针对境内流离失所者（IDP）开展各种救助工作，后者是那些在灾难或冲突后不得不背井离乡但仍居住在其祖国的人。然而，由于任务中"难民"定义的这一区别，通常需要联合国高级别机构或受影响国家政府提出特别请求后，联合国难民事务高级专员公署才能充分参与受影响国家境内的人道主义行动。

  联合国难民事务高级专员公署是人道主义保护组群的全球牵头机构，与红十字会与红新月会国际联合会共同负责领导全球避难所组群。全球营地协调和营地管理（CCCM）组群由国际移民组织（IOM）和联合国难民事务高级专员公署共同领导，前者负责自然灾害造成的难民，后者负责冲突引发的境内流离失所情况。

- 联合国儿童基金会(UNICEF)—致力于改善儿童及其家人的生活和福祉。与合作伙伴一道，联合国儿童基金会在190个国家和地区开展工作，造福于世界各地的所有儿童，特别注重帮助那些最易受伤害和最受排斥的儿童。联合国儿童基金会的紧急援助活动，聚焦于医疗卫生和免疫，净水、公共卫生与个人卫生（WASH），创伤心理咨询，家庭团聚，教育和儿童兵。

  联合国儿童基金会是净水、公共卫生与个人卫生和营养组群的全球牵头机构，与救助儿童会共同负责领导教育组群。在全球保护组群内，联合国儿童基金会还是负责儿童保护的指定联络机构。

- 世界粮食计划署（WFP）—根据紧急情况的实际需要，粮食计划署可以执行以下任务：向政府、其他有关机构和地方主管部门提供咨询服务和援助，评估对紧急粮食援助的可能需求，规划和管理相应的干预措施；根据资源供应情况和国际粮食援助的需求评估，提供粮食援助，满足紧急需要；帮助调动各种来源的粮食援助，确保相关援助规划和粮食交付中的协调工作，以及各种必要的后勤支持和其他补充投入。虽然世界粮食计划署提供了大量粮食，而且是所有多边粮食援助的最主要来源，但大多数国际粮食援助是通过双边援助方式提供的，即捐助者直接提供给受影响国家或受灾方。

  世界粮食计划署确保粮食援助的协调，有序安排各种援助来源的粮食运输；设法加快粮食交付；调动并提供后勤支持；宣传申请粮食援助的相应政策和程序。根据援助请求，世界粮食计划署还应配合捐助者采购、运输和（或）监控某些双边粮食援助物资的分配情况。

  世界粮食计划署，是应急通信组群（ETC）和后勤组群的全球牵头机构，与联合国粮食及农业组织（FAO）共同领导粮食安全组群（FSC）。

- 世界卫生组织（WHO）—是联合国负责救灾行动中卫生事务和相关工作的专门机构，其任务包括：确保卫生服务需求得到妥善评估和监控；协调受灾国内和国际卫生伙伴；调动受灾国内和国际专业力量和（或）物资供应，应对具体的健康威胁；协调所有利益相关方共同努力，世界卫生组织本身也可以作为卫生援助的后盾，确定公共卫生应对方面需要迅速弥补的关键能力短板。

世界卫生组织是卫生组群的全球牵头机构，也是紧急医疗队协调工作的管理方，紧急医疗队是应急响应体系的一个重要组成部分。有关紧急医疗队协调的更多信息，请参见第 N.3 节。

- 国际移民组织（IOM）—国际移民组织于 2016 年加入联合国系统，是移民领域的政府间牵头组织，与各国政府、政府间和非政府伙伴密切合作。国际移民组织旨在确保对移民进行有序和符合人道原则的管理，促进移民问题上的国际合作，协助探索移民问题的有效解决办法，并向有移民需要的群体，包括难民和境内流离失所群体提供人道主义援助。

全球营地协调和营地管理（CCCM）组群由国际移民组织（IOM）和联合国难民事务高级专员公署共同领导，前者负责自然灾害造成的难民，后者负责冲突引发的境内流离失所情况。国际移民组织还积极参与后勤、早期恢复、医疗卫生、应急临时安置场所和保护等组群的工作。

- 联合国人口基金会（UNFPA）—联合国人口基金会与各国政府、联合国各机构和其他伙伴密切合作，确保将生殖健康纳入应急响应行动。联合国人口基金会向弱势群体提供个人卫生用品、产科用品和计划生育用品，安排专业人员提供服务和其他支持。在紧急情况下和灾后重建阶段，努力确保妇女和青少年的需求得到满足。在紧急情况下，联合国人口基金会在收集数据方面发挥着重要作用，因为它与发展中国家和中等收入国家的国家统计部门合作，促进了可靠数据和信息的收集、分析、传播、使用。

A.4.3　红十字与红新月会国际联合会

红十字与红新月会国际联合会是世界上最大的人道主义网络，其全部成员、志愿者和支持者的数量接近 1 亿人。

从结构上看，这一组织由三个核心部分组成：

- 分布在 190 个国家的红十字会和红新月会。
- 红十字会与红新月会国际联合会（IFRC）。
- 红十字国际委员会（ICRC）。

这些组织在全球范围内联合开展工作，其任务是防止和减轻世界各地可能存在的人类苦难，保护弱势群体的生命和健康，特别是在武装冲突和其他紧急情况下，确保人类尊严不受侵犯。

红十字会与红新月会国际联合会和红十字国际委员会并非同一机构，这一点要特别注意。

- 红十字会与红新月会国际联合会—世界上最大的人道主义组织，致力于向世界上有需要的人提供无歧视的援助，不分国籍、种族、宗教信仰、阶级或政治观点。红十字会与红新月会国际联合会成立于 1919 年，成员包括分布在 190 个国家的红十字会和红新月会，秘书处设在日内瓦，在世界各处战略要地部署了众多代表团，以支持其救援行动。红十字会与红新月会国际联合会和各国红会（红十字会与红新月会的简称）合作，应对世界各地的灾难，在非冲突情况下发生自然灾害和人为灾害后，协调并指导国际救援行动。它将救援行动与发展工作相结合，推动备灾方案、医疗卫生和护理活动，宣传人道主义价值观。
- 红十字国际委员会（ICRC）—红十字运动的创始机构，秉持公正、中立、独立的原则，其特有的人道使命是保护战争和其他暴力局势中受难者的生命和尊严，并为他们提供援助。红十字国际委员会是日内瓦四公约及其附加议定书的管理方，这些公约和议定书是国际人道主义法的主要组成部分，涵盖了国内和国际冲突中受伤和生病的军事人员、战俘和平民的救治。在发生冲突的情况下，红十字国际委员会负责指导和协调红十字与红新月运动的国际救援工作。它还宣传国际人道主义法，让世界各地关注普遍的人道主义原则。

各国红会，作为所在国公共主管部门的辅助机构，具有独特的地位。"辅助地位"是一个专业术语，用来表示各国红会与其政府的独特伙伴关系，以提供公共人道主义服务。虽然各国红会与政府和公共主管部门一起工作，但它们是独立的，其工作不受国家政府的控制或指导。每个政府都应承认其国内的红会是合法实体，允许它们按照红十字与红新月会国际联合会的基本原则运作。各国红会提供救灾援助，提供医疗支援和社会服务项目，宣传国际人道主义法和人道主义价值观。

红十字会与红新月会国际联合会和红十字国际委员会，都是联合国机构间常设委员会的常设特邀机构。考虑到其独立性，二者都不是联合国机构间常设委员会的成员。在自然灾害紧急情况下，红十字会与红新月会国际联合会是全球避难所组群的召集方，而联合国难民事务高级专员公署则在冲突局势中发挥牵头作用。

A.4.4　非政府组织（NGOs）

在灾害管理方面，非政府组织以各种身份参与灾后救助工作。非政府组织可分为两大类，即国际非政府组织和本地非政府组织，前者在世界各地开展救援工作，可能部署到某个受灾国家，而后者则仅在本国灾害发生后开展救援工作。

非政府组织原则上拥有自主权，相对独立于政府部门，由私人或各类团体以及政府资助。通过政府（通常是其所在国的政府）或国际组织（如欧盟），非政府组织可以获得源源不断的资金。值得注意的是，世界上许多大型非政府组织的预算和资源，甚至超过了联合国的许多机构。在应急响应行动中，非政府组织通常是联合国机构救援行动的执行伙伴。

在人道主义领域，非政府组织系统一直发挥着重要作用。在人道主义领域的各个层面，非政府组织开展救援工作，为现场的救援实施能力提供最有力的国际支持。非政府组织通常专注于某一个或两个领域，或致力于针对某一类弱势群体提供援助。非政府组织通常拥有专业工作人员、快速部署能力（可以迅速部署到灾区）、灵活的行动能力以及在紧急情况下可能无法获得的资源。

某个特定国家内，非政府组织也可能数量众多。由于这些组织为当地人所熟知，同时也对本地的环境、文化、族群等非常了解，因此它们可能成为救灾工作的重要合作伙伴。在许多情况下，这些组织与国际非政府组织、联合国和 / 或其他机构合作，有时作为救援执行伙伴。

A.4.5　政府间国际组织（IGOs）

根据定义，政府间国际组织是由各主权国家组成的一个组织，其中各主权国家拥有一个共同目标，并根据宪章或条约等章程文件而组建。在紧急情况下，政府间国际组织经常开展救援行动，这些组织的成员国来自某一特定区域。东南亚国家联盟（ASEAN）、欧盟（EU）和南部非洲发展共同体（SADC），就是典型的政府间国际组织。它们通常也称为国际组织或政府间组织。

世界上有许多政府间国际组织，其宗旨、制度和任务各不相同。其中一些政府间国际组织将人道主义救援作为其宗旨的一部分，在救灾应急响应方面做了大量工作。在灾害发生后，政府间国际组织的工作方式通常取决于相关任务和政策。例如，欧盟和东盟都有专门的团队，用于在紧急情况下进行快速部署，评估和／或协调其应急响应行动，而国际货币基金组织（IMF）等机构可以提供紧急援助，在发生自然灾害或武装冲突后，可以为有紧急国际收支筹资需求的成员国提供帮助。政府间国际组织的一个共同点：在大多数情况下，它们与政府合作开展工作；而非政府组织通常是私人创建的，可能倾向于在政府影响力之外开展工作。

A.4.6 军事力量

通常情况下，军事力量与保护／捍卫主权有关，或作为入侵其他国家的工具。然而，在过去几十年中，军事力量的作用已扩大并超出上述范围，涉及与人道主义行动相关任务，和（或）支援人道主义行动的任务。军事力量已成为国际应急行动的积极参与者，各国政府将继续依靠可快速部署的军事能力来支持人道主义行动。无论哪个国家，无论是陆军、海军、空军还是海军陆战队／两栖部队，军事力量通常采用相似的组织方式，并且往往有许多共同之处。军事力量的组建基于明确的等级结构，有明确的指挥、控制和通信系统。

然而，在某些情况下，军事力量无论目的如何，由于其固有性质，都可能被视为武装冲突的当事方或引发因素。尤其在紧急情况发生时，军事力量的部署实现了双重目的，例如，为维护和平或强制和平而部署的同时，也参与救援行动的任务，或者在武装冲突导致人道主义危机时，武装冲突的一方军事力量也提供平民的安全保护。在这种情况下，如果不采取适当措施，导致人道主义行动中军事力量的随意使用，那么就可能难以维护人道主义原则。

国际人道主义军民协调（UN-CMCoord）现在是，将来也永远是全面人道主义协调的一部分。在人道主义紧急情况下，联合国军民协调是平民和军事救援人员之间的必要对话和互动，这是必不可少的，可以保护和促进人道主义原则、协调合作、尽量减少不一致，并在适当情况下追求共同目标。国际上已经制定了多项准则，用于指导在人道主义行动和军民互动中部署军事力量。经验表明，各类重大紧急情况发生后，都需要某种程度的军民协调。

无论在紧急情况的即时响应行动中还是后期阶段行动中，如果不能建立有效和适当的军民协调关系，那么就可能造成严重后果。关于人道主义军民协调的更多内容，请参见第 N.4 节。

A.4.7　私营部门

私营部门中越来越多的企业参与救灾应急响应，这通常是各家企业社会责任战略承诺的一部分。企业的参与形式可能多种多样，包括作为捐助方，以及援助服务的直接提供方。多年来，某些企业长期大力支持人道主义行动，例如敦豪快递（DHL）和爱立信（Ericsson）等，现在私营部门中越来越多的企业也加入了救灾响应行动。绝大多数私营企业所参与的救灾行动，是在人道主义协调救援体系之外独立进行的。联合国灾害评估与协调队成员，应与作为主要利益相关方的私营部门合作，尽力改进协调机制，提高总体效率，弥补人道主义应急响应的能力短板。

私营部门可以在其专业领域提供服务，补充和协助人道主义救援人员，进行救灾和灾后重建工作。同时，私营部门还可以提供高度专业化的技术人员，将其借调给能够接纳这类资源的机构和组织。某些企业与相关组织和机构建立了伙伴关系，明确了在灾害情况下可以提供的具体支持。例如，某些专业后勤服务公司可以作为后勤组群的一部分，通过增派工作人员来支持机场运作，应对救援队伍的大规模进驻。

链接业务倡议（CBi）是由联合国人道主义事务协调办公室和联合国开发计划署牵头的一项倡议，涉及多个利益相关方，它为私营部门提供了一个联络机制，以协调的方式与联合国系统、各国政府和民间社团进行合作，共同减少危机风险，进行救灾准备、应急响应和灾后恢复工作。截至 2018 年初，连接业务倡议汇集了 13 个国家的私营部门组织网络，代表全球数百家公司，协调和促进救援工具、资源和机制的合理使用，帮助企业有效减少灾害风险，做好救灾准备、应急响应和灾后恢复工作。

> 有关私营部门参与救灾的更多信息，请参见第 L.3.4 节或访问以下网址：https://www.connectingbusiness.org/。

A.4.8　特设和临时人道主义团体

通过大众媒体和社交网络的传播，人道主义事件越来越受到全球民众的关注，越来越多的乐善好施者积极参与提供人道主义救援。其中，既有自发形成的小团体，也有经验丰富的技术管理人员。这类团体通常充满热情，愿意提供帮助，并且有能力调动自有资金投入救援行动。但它们很少了解救援标准或协调体系方面的知识，而且在救援行动中的投入时间可能较短。虽然援助总是多多益善，而且广受欢迎，但在某些情况下，这类团体造成了受助者对其的依赖性，重复了国际救援体系的工作，导致资源浪费，并可能违反人道主义原则和其他基本原则，从而产生负面作用。

A.4.9　侨民团体

散居国外的侨民团体，也许是最不为人所知且最容易受到忽视的群体，但通常却是资源丰富的群体，他们参与人道主义援助的情况可能变得日益频繁。侨民团体可能是救援行动所依靠的重要资源，因为在文化、语言和细微的社会习俗方面，他们可能拥有丰富的知识，并拥有支持人道主义援助的财力。侨民团体通常缺乏对国际人道主义应急响应体系及相关知识的了解，因此在各类协调机构中没有他们的身影；但通过所在国政府和媒体渠道，他们通常可以获得关键沟通信息和相关协调。

B 联合国灾害评估与协调队概念

B.1 简介

联合国灾害评估与协调队系统，旨在执行突发紧急情况的第一阶段的协调，支持各国政府、联合国驻地办事处、人道主义协调员和人道主义国家工作队，以及即将抵达的国际救灾人员。其职能还包括提供咨询意见，加强各国和各区域的救灾能力。在很短的时间内，通常 12 ~ 48 小时内，联合国灾害评估与协调队可以部署到世界任何地方。

B.1.1 组成部分

联合国灾害评估与协调队系统由 4 个部分组成：

- · 工作人员。各国政府或各类组织提供的专业人员、经验丰富的应急管理人员和人道主义专家，以及联合国人道主义事务协调办公室的工作人员。联合国灾害评估与协调队成员都经过专门训练，配有执行任务所需的装备。
- · 工作方法。预先确定的协调方法包括灾害信息的收集和管理，协调一致的灾害评估，突发灾害第一阶段的协调支持机制。
- · 调动程序。在接到请求后 48 小时内，通过运作良好的组织系统，可调动和部署联合国灾害评估与协调队到世界各地的灾害现场。
- · 行动伙伴和装备。通过配置个人装备和服务包，联合国灾害评估与协调队能够自给自足。除此之外，在联合国灾害评估与协调队执行任务期间，其行动伙伴将为各类人道主义组织提供优质服务。

B.1.2 概念

联合国灾害评估与协调队，是最先开展应急响应行动的联合国工具，由联合国人道主义事务协调办公室进行管理，可在突发或不断升级的紧急情况下部署，建立或支持国际应急响应协调机制。受灾国政府、联合国驻地协调员/人道主义协调员，或包括人道主义事务协调办公室在内的联合国机构，可提出部署请求。根据与人道主义事务协调办公室相同的任务规定，灾害评估和协调工作队在许多情况下最先抵达灾害现场，可以代表人道主义事务协调办公室开展工作。

联合国灾害评估与协调队，是一个立场中立的国际机构，提供经验丰富的应急管理人员，他们拥有各种技能，提供免费服务，并召之即来。在灾害发生初期，就可以部署联合国灾害评估与协调队，或在热带气旋等情况下，根据紧急情况的预警进行提前部署。这一团队提供国际救援力量，支持国家和地方两级的跨领域紧急情况评估、救灾协调和信息管理。联合国灾害评估与协调队，是应驻地协调员 / 人道主义协调员要求而设立的，并在其领导下开展工作。在联合国机构或其人员未进驻的情况下，联合国灾害评估与协调队可直接支援受灾国政府（见第 B.1.4 节）。

如有需要，现场行动协调中心和接待和撤离中心，可由联合国灾害评估与协调队设立并管理，作为国际应急响应人员和受灾国主管部门之间的联系渠道，以促进国际应急响应的协调，并为国际人道主义应急响应机构之间的合作、协调和信息管理提供平台。现场行动协调中心可作为从应急响应到长期救援之间的桥梁，可成为人道主义事务协调办公室现场办事处的基础。地震发生后，在国际城市搜索与救援队（USAR）救援幸存者的情况下，需要建立现场行动协调中心这一架构（有关现场行动协调中心概念的更多信息请参见第 M 章，有关具体的协调单元请参见第 N 章）。联合国灾害评估与协调队可配置专家以增强能力，这些专家负责应急管理和人道主义行动的细分专业领域，如环境、突发技术故障和工业事故、组群协调等。联合国灾害评估与协调队在通信、办公和个人装备方面自给自足。作为联合国灾害评估与协调队能力和服务的补充，行动伙伴组织通常在一系列领域开展工作，包括信息和通信技术（ICT）、后勤、现场行动、信息管理、地图绘制、评估和分析等。

联合国灾害评估与协调队区域工作队

联合国灾害评估与协调队包括以下区域工作队：

- ·非洲、中东和欧洲
- ·美洲（包括加勒比地区）
- ·亚洲及太平洋地区

在涉及特定国家或区域的紧急情况下，人道主义事务协调办公室主要利用来自受影响区域的联合国灾害评估与协调队区域工作队。通过这种方式，人道主义事务协调办公室能够部署合适的应急管理人员，他们熟悉当地环境、语言和文化。重大紧急情况下，需要大规模部署或多次部署，人道主义事务协调办公室可以调动来自世界各区域的联合国灾害评估与协调队成员，组成区域工作队。区域工作队的具体办法，请参见第 O 章。

调动联合国灾害评估与协调队的触发因素

调动联合国灾害评估与协调队的触发因素包括：

- 自然灾害或技术故障—受灾国请求国际援助，应对自然灾害或技术故障，并需要其他国际协调资源；或者，如飓风等灾难即将来临时，联合国灾害评估与协调队可能会提前部署在相应国家。受灾国政府或驻地协调员 / 人道主义协调员，也可要求调动联合国灾害评估与协调队，协助评估是否需要国际援助，或集中处理应急响应的具体方面的问题，如信息管理或突发环境事件。
- 复杂紧急情况—复杂紧急情况突然升级或严重程度发生变化时，可能导致需要其他国际协调资源。

在各种情况下，联合国灾害评估与协调队的部署和详细任务，都由人道主义事务协调办公室、驻地协调员 / 人道主义协调员和（或）受灾国政府共同商定，并在任务职权范围中达成一致。在应急响应阶段的最初 2 ~ 4 周，联合国灾害评估与协调队通常会驻扎在受灾地区。

B.1.3 核心活动

理想情况下，联合国灾害评估与协调队在执行任务时具有足够的灵活性，开展或参与各类的援助活动。根据灾害 / 情况的性质和规模，执行任务的灾害评估和协调工作队可开展以下工作：

- 支持和协助受灾国政府、驻地协调员 / 人道主义协调员和人道主义国家工作队，在不同层面（首都 / 现场）和地点协调国际援助。

- 建立和运作现场行动协调中心／接待和撤离中心，将国际支援与国内救援联系起来，促进国际救援力量的协调，支持城市搜索与救援队行动（针对地震情况），支持紧急医疗队的协调，创建和／或支持合作、决策和信息管理平台。
- 支持建立或加强政府间协调机制，从而在战略层面和灾害现场进行国际协调。
- 支持协调一致的评估工作，如多组群初期快速评估（MIRA）框架。
- 进行快速环境评估，确定次生环境风险，在必要时请求专业力量和后续支援。
- 通过以下方式加强灾害管理和人道主义应急响应活动：
  ——通过优化现有资源的利用，支持国家灾害管理部门，确保资源发挥最大效用，并确定应急响应行动的优先事项。
  ——通过建立或加强人道主义协调平台，运用人道主义原则和标准、组群间协调，并针对协调机制、工具和服务以及人道主义筹资机制，提供咨询和指导，支持国际人道主义应急响应行动。
- 支持情况通报、公共信息和信息管理。
- 支持安全和安保管理。
- 履行联络职能，包括：
  ——条件允许时，在人道主义事务协调办公室相关部门的必要支持下，提供初步的人道主义军民协调。
  ——在国家应急管理部门和联合国／国际应急响应机构之间建立联系。
- 管理技术支持团队，包括信息和通信技术服务。
- 管理联合国灾害评估与协调队，包括制定相关策略，向国内伙伴移交工作并撤离，或在必要时将援助服务有效过渡给人道主义事务协调办公室的长驻人员。

无灾害的正常时期

在平时没有灾害发生的情况下，作为联合国灾害评估与协调队的管理方，人道主义事务协调办公室开展以下工作：

- 根据全球各地的救灾经验，确保联合国灾害评估与协调队方法、工具和资源的更新，并可在世界各地供联合国灾害评估与协调队系统使用。
- 协调各国政府和各国际组织筛选新的灾害评估与协调队候选人，维持灾害评估与协调队系统在全球范围的部署能力。
- 利用灾害评估和协调方法，培训灾害评估与协调队的新成员。
- 通过职能培训课程、应急响应协调演练和其他相关培训活动，提高联合国灾害评估与协调队成员的技能。
- 通报联合国灾害评估与协调队系统的发展情况，对象包括联合国灾害评估与协调队成员，以及各国政府和各组织的灾害评估和协调联络点。
- 支持和执行国家救灾响应准备任务，作为各类救灾准备、人道主义事务协调办公室和机构间备灾活动的一部分，如减灾能力倡议（CADRI）。

B.1.4　联合国灾害评估与协调队标准职权范围

2002 年，联合国机构间常委会工作组认识到：作为人道主义事务协调办公室快速应急协调工具，灾害评估与协调队系统很重要，并发布了以下声明，为运用和发展这一机制提供指导。

概述

联合国灾害评估与协调队，并非一个独立的组织，它隶属于人道主义事务协调办公室。在联合国驻地协调员 / 人道主义协调员的领导下，其主要职责是通过提供技术服务，确保紧急援助协调员有能力支持受紧急情况影响的成员国。在联合国灾害评估与协调队提供的各项技术服务中，最主要的是现场协调和信息传播服务。

复杂的紧急情况

在复杂的紧急情况下，应急响应通常具有政治敏感性，需要在联合国体系内进行密切协商。如果联合国灾害评估与协调队部署到这种环境中，那么通常是在人道主义事务协调办公室部署紧急增援力量的情况下。

评估

深入的职能领域评估，通常由所在国政府、联合国机构或联合国机构间常设委员会体系内有资质的成员进行。可以要求联合国灾害评估与协调队提供技术支持，帮助驻地协调员／人道主义协调员或联合国的国家工作队。

情况报告和呼吁流程

联合国灾害评估与协调队不会发出呼吁。联合国灾害评估与协调队的情况报告，不会局限于物质层面的情况。这种报告的目的，是让各国政府和其他机构全面了解紧急情况的规模。联合国的所有呼吁，都将由联合国驻地协调员／人道主义协调员和联合国的国家工作队管理。

参与灾害评估与协调队的机构

联合国机构间常设委员会各机构，将设法提供一些工作人员进行培训，然后将这些人员部署到联合国灾害评估与协调队中。

管理流程

联合国灾害评估与协调队将由人道主义事务协调办公室管理。联合国灾害评估与协调队成立了咨询委员会，确保合作伙伴更密切地与队伍配合，并就灾害评估和协调系统的发展向紧急救援协调员提供咨询意见。邀请参与国政府和联合国机构间常设委员会成员机构参加咨询委员会，由人道主义事务协调办公室担任委员会主席。针对灾害评估和协调系统的运作情况，人道主义事务协调办公室将定期向机构间常设委员会工作组报告，并就各类重要的政策建议，征求机构间常设委员会工作组的意见。

上述声明之后，又发布了一套标准职权范围（ToR），该职权范围于2002年11月得到了紧急援助协调员的批准。上述文件内容最近进行了更新，反映了国际应急响应环境的变化，在2017年得到了紧急援助协调员的再次批准。

联合国灾害评估与协调队执行任务时：

> · 在联合国驻地协调员／人道主义协调员的领导下开展工作，如果没有联合国的现场代表，则直接支持受灾国政府，作为人道主义事务协调办公室对紧急情况进行综合第一应急响应的一个组成部分，确保受灾国、联合国和其他国际应急响应力量之间的联系。

· 支持和促进相关机构的工作，包括受灾国政府，和（或）在该国的联合国人道主义国家工作队，或在紧急情况初期应急响应阶段设立的其他协调机构，工作内容主要涉及现场协调、协调评估和需求分析、信息管理领域。

· 支持和促进各方应急响应工作的协调，包括受灾国政府、联合国和其他国际人道主义组织，并在需要时设立现场行动协调中心（OSOCC），或支持设立跨组群/职能领域协调机制，以有效协调所有国际救援力量，支持相应国家应急管理主管部门。

· 在发生地震或涉及建筑物倒塌的其他紧急情况时，经受灾国请求，并根据联合国大会第57/150（2002）号决议以及国际搜索与救援咨询团（INSARAG）指南，在部署了国际城市搜索与救援队的地方，建立接待和撤离中心（RDC）和城市搜索与救援协调单元（UCC），作为现场行动协调中心的一部分，配合地方应急管理部门，确保其能够满足协调国际城市搜索和救援队的技术需求。

· 支持初期快速评估的协调工作，确定人道主义战略优先事项以及需要采取的优先干预措施，制定协调一致的行动计划，包括编制最新情况分析，从而为中央应急响应基金（CERF）申请和后续协调评估进程提供信息。通常，详细的多职能领域评估由相关机构进行，包括受灾国政府和其国内的组群/职能领域牵头机构。

· 在应急响应行动早期阶段，工作重点是支持和加强受灾国和国际救援人员之间的信息管理流程，促进合理的决策。通过加强信息的收集、处理、分析和传播，信息管理可以提高利益相关方的分析和决策能力，这是协调和有效应急响应决策的基础。

B.2 联合国灾害评估与协调队方法

1993 年，建立了联合国灾害评估与协调队系统，此后在 100 多个国家执行了 280 多次任务，基于其中的最佳做法制定了联合国灾害评估与协调队方法。这种方法可以调整，以适应各类特定紧急情况，从某种意义上说，它具有灵活性、可调整性和动态性，随着联合国灾害评估与协调队在执行任务时可能面临的各种挑战而持续演进，并提升了应急响应的价值。

最初，灾害评估和协调方法产生于地震救灾协调工作的需要，让受灾国灾害管理和国际人道主义应急响应人员彼此合作。随后，灾害评估和协调方法不断演变，吸收了各种方法和经验的有利方面，成为灾害管理和人道主义行动之间的一个协调环节。这一方法兼顾了各项要素，包括灾害管理、职能组织模式、政治因素以及国际人道主义原则、标准和做法的运用等。

基于联合国灾害评估与协调队各项任务，收集和整理经验教训和最佳做法，将其存入相应知识库，以融入今后的灾害评估与协调培训和方法开发。

基础要素

联合国灾害评估与协调队方法，建立在联合国灾害评估与协调四项基础要素之上，这四项基础要素是灾害评估和协调系统的基础，并为队员和部署队伍的具体方法提供了基础，确保实现灾害评估与协调任务目标。联合国灾害评估与协调四项基础要素如图 B-1 所示。

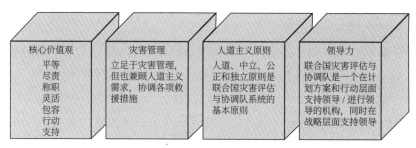

图 B-1　联合国灾害评估与协调基础要素

核心价值观

核心价值观是一些特质或品质，代表个人或组织的最高优先事项、根深蒂固的信念和基本驱动力。联合国灾害评估与协调队的成员，来自不同的专业背景和文化，他们的技能和能力提升了联合国灾害评估与协调队的价值。灾害评估和协调方法的本质，是一些核心价值观，在执行灾害评估与协调任务时，灾害评估与协调队及其成员必须遵守这些价值观：

- 平等—联合国灾害评估与协调队成员，需要抛开其原来的身份和地位的尊卑。在一个团队中，所有成员都是平等的，原来的身份地位无关紧要。
- 尽责—联合国灾害评估与协调队成员致力于实现任务目标，为共同目标做出贡献，并将个人和私人事项或需求放在一边。
- 称职—联合国灾害评估与协调队成员是各自领域的专家，在各种国际环境和灾害情况下，能够在世界各地运用其专业知识。他们致力于保持自身技能和专业知识，时刻做好准备，并掌握相关专业问题的最新情况。
- 灵活—联合国灾害评估与协调队成员，部署灵活且适应性强。根据情况需要，联合国灾害评估与协调队可以调整任务目标，力求始终掌握情况的最新进展。
- 包容—联合国灾害评估与协调队成员具有包容性。联合国灾害评估与协调队，致力于让合作伙伴和其他利益相关方参与协调机制，并融入协调机制，目的是建立一个高效的整体，实现"一加一大于二"的协同效应。
- 行动—联合国灾害评估与协调队成员，具备并注重行动能力。根据行动需要而不是政治因素，联合国灾害评估与协调队做出决定／提出建议。
- 支持—联合国灾害评估与协调队成员相互支持，帮助受灾国内的相应主管部门。在执行任务时，灾害评估与协调队努力在现有组织架构内发挥作用，并提供支持和指导，而无须建立临时组织架构系统。

在执行任务时，联合国灾害评估与协调队成员被视为联合国工作人员。联合国灾害评估与协调队的核心价值观，是对联合国核心价值观的补充，联合国核心价值观包括廉正、专业和尊重多样性，联合国灾害评估与协调队成员也必须认同这些核心价值观。联合国核心价值观的全文，可以在灾害评估和协调任务软件中查阅。

灾害管理

联合国灾害评估与协调队，是人道主义事务协调办公室的第一应急响应工具，在应急响应行动关键的第一阶段，可以支持和（或）提供基本的协调服务。联合国灾害评估与协调队，可以加强现有的响应能力，或人道主义事务协调办公室对受灾国的增援能力，也可以直接提供人道主义事务协调办公室的服务，包括在人道主义协调方面发挥促进作用。

在灾害管理方面，联合国灾害评估与协调队系统也拥有深厚的根基，因此在拯救生命阶段，需要迅速制定决策并采取具体行动时，在方案和行动层面，联合国灾害评估与协调队可以发挥独特的作用。联合国灾害评估与协调队努力将所有应急响应人员联系起来，包括人道主义救援人员、受灾国政府、双边应急响应人员、军事力量、私营部门等，从而提供一个协调平台，建立基本服务，在必要时发挥领导作用。

许多灾难发生后不久，可能存在一个空白期，"一切"都需要创建或从头开始重建。在开发更复杂的组织结构之前，首先需要建立简单而切实可行的协调组织结构、应急组织模式和基本服务。联合国灾害评估与协调队及其方法的特点在于：它在灾害管理和国际人道主义应急系统之间提供了一个协调环节，而人道主义协调组织结构通常不涉及灾害管理人员和方法。灾害管理和人道主义协调，这两个术语可以定义如下：

- 灾害管理，也称为应急管理，可以定义为组织和资源管理方的责任，处理紧急情况下的各方面事项，特别是救灾准备、应急响应和灾后初期恢复。
  其中涉及计划和制度性安排，采取全面且协调一致的方式，参与和指导政府、非政府、志愿人员和私人机构的救援行动，满足各种紧急情况的需求。
- 人道主义协调，可以被定义为人道主义援助行动的一种总体性、原则性管理方式，其手段为策略规划、政策制定以及促进合作和协商一致的决策。

在复杂的第一应急响应环境中，联合国灾害评估与协调队需要成为不同系统和组织之间的纽带，这些系统和组织具有不同的决策方式，要么采用民防或军事等权威性质的决策，要么采用基于共识的决策，如人道主义国家工作队或组群。联合国灾害评估与协调队的关键成功因素，包括以下内容：

- 通过展示能力和专业精神、信息公开、廉正和互助，在救援人员之间迅速建立信任。
- 通过沟通、合作、协调或指挥救援人员、组织和资源，从而发挥领导作用，落实解决方案，处理应急响应中的优先事项。

通过积极地将灾害管理和人道主义"领域"联系起来，联合国灾害评估与协调队创造了附加值，这通常是国际人道主义应急系统所欠缺的。这种方式实现了灾害应急响应的综合服务，填补受灾国政府、人道主义国家工作队和联合国人道主义事务协调办公室的能力短板。

人道主义原则

对于联合国灾害评估与协调队，以及大多数人道主义救援人员，人道主义原则至关重要（见第 A.1.1 节）。近几年来，参与应急响应的救援人员不断增加，也越来越多样化，其中一些救援人员可能对人道主义原则有不同的理解。人道主义应急响应人员多样化的趋势日益明显，不仅包括联合国机构间常设委员会的机构/组织，而且涉及更多的非政府组织、企业、个人和在线志愿者网络，也有营利性援助或安保承包商。此外，越来越多的国家和多边组织正在开展人道主义救援行动，它们的行动目标和文化背景各不相同，在人道主义事务方面的专业知识和经验水平也各不相同。

为此制定了人道主义质量与责信核心标准（CHS），作为人道主义原则的延伸。人道主义质量与责信核心标准列出了 9 项承诺，参与人道主义应急响应的组织和个人可以将其作为行动指南，提高人道主义援助的质量和有效性。通过这些公开承诺，可以确保人道主义组织对受灾群体和社区负责。人道主义质量与责信核心标准的全文，可从联合国灾害评估与协调队任务软件和以下链接中获取：https://corehumanitarianstandard.org/files/files/Core%20Humanitarian%20Standard%20-%20English.pdf。

灾害发生后，现场的联合国灾害评估与协调队，需要确保开展的协调活动符合人道主义原则以及人道主义质量与责信核心标准。重要的是，这一要求应清楚地传达给相关方，包括技术合作伙伴、支援工作人员，以及与联合国灾害评估与协调队合作的其他救援人员。

领导权

人道主义救援涉及国际环境中的众多组织，这给援助工作的领导和管理带来了独特的挑战，这些挑战很难通过传统的组织模式和程序来应对。在国家级层面，危机管理的领导权通常由国家立法来界定；然而，在国际层面，针对危机管理的领导权，却没有类似的法律规定。

因此，领导程序和组织架构需要采取不同的机制，以适应国际应急响应框架。联合国灾害评估与协调队行动空间如图 B-2 所示（关于人道主义应急响应机制的更多信息，请参见第 A.2 节）。

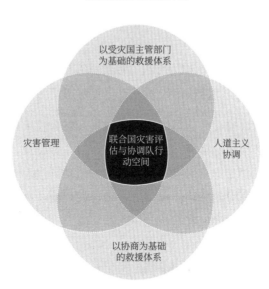

图 B-2 联合国灾害评估与协调队行动空间

传统的危机管理一般在以下三个层面上运作：战略决策；中层协调；以及现场资源的直接协调。组群牵头机构及其合作伙伴，将通过人道主义国家工作队做出战略决策，具体见表 B-1。

表 B-1　人道主义行动的领导层级与联合国灾害评估与协调队在各层级的作用

层面	工具 / 论坛	作用
战略层面 受灾国主管部门 驻地协调员 / 人道主义协调员和 人道主义国家工作队 捐赠者	战略决策论坛 战略响应计划 筹资 / 呼吁	建言献策
受灾国应急响应 主管部门 组群间协调 军事力量	现场行动协调中心 标准设置 技术指导	进行领导 通过协商建言献策
行动层面 地方应急管理机构 组群 技术团队	行动规划 行动支援	进行领导 通过协商建言献策

　　某些大规模紧急情况，也称为 3 级（L-3）响应，在这种情况下，及时决策至关重要，驻地协调员经过授权可代表人道主义协调员做出决策。

　　在紧急情况下，根据灾害的具体情况和规模，联合国灾害评估与协调队可以直接进行方案和行动层面的领导，提供相应支持。联合国灾害评估与协调队通常不参与战略层面的领导，但有时会向受灾国政府、驻地协调员 / 人道主义协调员或人道主义国家工作队提供策略性建议。在领导权层面，联合国灾害评估与协调队这一概念，属于方案和行动层面。

B.3　联合国灾害评估与协调队系统

　　灾害评估与协调系统由联合国人道主义事务协调办公室应急响应支持科（ERSB）管理，该机构设在联合国人道主义事务协调办公室日内瓦总部。联合国灾害评估与协调队成员类型多样，包括灾害评估与协调系统成员国和参与国、联合国人道主义事务协调办公室、联合国各机构，以及国际组织、区域组织和非政府组织。

　　所有成员国或参与国和组织同意设立灾害评估和协调单一联络人，与人道主义事务协调办公室保持联系，协助针对灾害评估和协调系统的所有事项进行互动。联合国灾害评估和协调联络人，还作为灾害评估和协调系统相关国家成员或组织成员的联络人。

灾害评估和协调咨询委员会每年召开一次会议，针对灾害评估和协调系统的管理，向人道主义事务协调办公室提供建议和指导。咨询委员会由成员国和成员组织的代表组成，由人道主义事务协调办公室担任主席。通常，联合国灾害评估与协调队成员国和成员组织的联络人，出席咨询委员会的会议。

截至 2018 年 4 月，灾害评估和协调系统的成员来自不同的国家和组织，包括 80 多个成员国和参与国，联合国的 18 个机构，国际组织、区域组织和非政府组织。

联合国灾害评估与协调队系统中，成员国经费自筹，与人道主义事务协调办公室共同管理灾害评估和协调任务账户，通过该账户存入筹集的经费，用于支付灾害评估与协调队相应成员国人员的部署费用。各成员国参加灾害评估和协调咨询委员会的年度会议。截至 2018 年 4 月，联合国灾害评估与协调队系统共有 41 个成员国。

参与国是灾害评估和协调系统中接受经费资助的成员，其参与行动的经费支持，来自人道主义事务协调办公室所接受的捐款，和（或）通过与部分自筹经费成员国达成的特别协议。

联合国灾害评估与协调队系统的成员组织，包括联合国，红十字会与红新月会国际联合会，国际组织、区域组织和非政府组织。它们通常也是自筹经费的成员，承诺派出工作人员作为灾害评估与协调队成员，执行任务和接受培训。

B.4 团队成员

联合国灾害评估与协调队成员，都是与其捐助国或捐助组织有联系的各领域专家。

联合国灾害评估与协调队成员，来自成员国或参与国，通常也称为联合国灾害评估与协调队的国家成员，其资历背景大致分为以下两类：在国家级层面从事灾害管理工作的成员，在国际上从事人道主义应急响应的成员。各组织的灾害评估和协调成员，通常具有国际人道主义协调工作背景，和 / 或具有人道主义行动具体职能领域的经验。对于这些成员，人道主义事务协调办公室进行灾害评估和协调方法的培训，以胜任突发事件的应急响应。

B.4.1　职能

联合国灾害评估和协调的每支队伍，都必须具备多样化的技能和专业知识，确保在执行任务期间能够始终如一地履行基本职能和责任（见第 B.1.3 节）。为此，在部署的队伍中规定了标准职能。在小型任务中，联合国灾害评估与协调队每个成员可能负责多项职能，而应对大规模灾害时，可能安排多个成员履行同一职能。

应当注意，建立了现场行动协调中心后，各项职能可能有更全面的细分，并且将具体职能任务分配给相应职能下的特定协调单元。有关现场行动协调中心各项职能和协调单元的更多详细信息，请参见第 M 章。联合国灾害评估与协调队的常规职能见表 B-2 所述。

表 B-2　联合国灾害评估与协调队的常规职能

队长	确立行动计划和任务目标，通报行动的最新情况 直接沟通 / 联络相关各方，包括联合国驻地协调员 / 人道主义协调员、人道主义国家工作队、政府、合作伙伴、组群、人道主义事务协调办公室区域办事处和 / 或总部 制定策略规划 / 方向 确保队伍内部的凝聚力 / 联系沟通 签核对外报告 担任安全事务联络人 媒体政策批准（此项职责少了） 安全和安保管理（此项职责少了）
副队长	必要时代替队长，履行队长的职能 指定 / 跟踪队伍成员的现场位置 与行动分队联络 管理队伍 / 任务的日常活动，管理现场行动协调中心 制定队伍的安全和安保规划 管理队伍的交接 / 撤离策略，妥善将工作移交给后续队伍、受灾国主管部门、人道主义事务协调办公室等 管理灾害评估与协调任务软件工作区 促进内部沟通 执行媒体政策

表 B-2（续）

队伍支持和后勤管理	协调队伍内部后勤 为跨机构任务提供后勤支持 管理队伍资源和技术支持人员 安排住宿、交通、本地支持、翻译等 建立 / 执行归档制度 管理财务
信息管理	管理内部信息流 管理灾害评估与协调任务软件工作区 管理网络平台上的信息 绘制地图 提供信息管理工具（行动人员、行动任务和行动地点数据、联系人列表等）
报告	管理报告、媒体和公共信息 负责媒体政策的咨询 / 制定 支持人道主义筹资（紧急呼吁、中央应急响应基金、财务追踪系统）
灾害管理和协调	向队长提供建议，并与有关主管部门和灾害管理伙伴合作 优化可用资源的使用，并确定应急响应活动的优先顺序 协调国际救援队 支持需求评估协调 负责报告和信息管理，包括与受灾社区和主管部门有关的报告和信息 投入资源进行安全和安保管理 进行联络，包括在平民保护任务和联合国 / 国际应急响应机构之间建立联系 管理灾害评估与协调队的支援队 投入资源开展公共信息活动 向人道主义事务协调办公室长期队伍移交工作 / 制定撤离策略
人道主义应急响应和协调	向队长提供建议，与相关主管部门和人道主义行动伙伴合作 协调人道主义救援人员 建立责任明确的人道主义框架、原则和标准，支持联合国、红十字与红新月会国际联合会以及开展保护和援助行动的非政府组织 就人道主义职能领域和组群以及人道主义筹资机制提供建议 支持需求评估协调 管理报告和信息，包括与受灾社区和主管部门有关的报告和信息 投入资源进行安全和安保管理 协助（但并非全权负责）起草筹资申请书 协助向人道主义事务协调办公室长期队伍移交工作 / 制定撤离策略

表 B-2（续）

评估和分析	向队长提供建议，与相关主管部门、灾害管理机构和人道主义行动伙伴合作 负责信息分析，包括情况分析 提供评估方法方面的专业知识，如多组群初期快速评估等 开发、商定和运用共享的评估能力、工具和方法 协调评估工作 向关键决策者介绍情况并提供反馈，包括职能领域 / 组群牵头机构和行动机构 编制公开披露的评估信息 负责确保评估信息的正确使用和传播 在责任明确的人道主义框架内，与行动机构和协调员密切合作，开展后续评估，监测干预措施的影响和进展
任务目标可能需要的其他协调行动领域	协调突发环境事件 协调城市搜索与救援队 负责组群间协调 提供组群专业知识 负责联合国人道主义军民协调 协调紧急医疗队

B.4.2 资质和培训

联合国灾害评估与协调队成员具备多样化的技能和专业知识，因此根据具体环境和情况，人道主义事务协调办公室能够部署合适的专业队伍。联合国灾害评估与协调队所展示的领导能力，与人道主义事务协调办公室 P-4 级和 P-5 级工作人员所需的领导能力密切相关，P-4 级和 P-5 级是联合国专业级工作人员中最高的两个级别，他们负责提升灾害评估和协调队对于任务的接受能力、理解能力和执行能力。另外，通过与联合国人道主义事务协调办公室应急响应名册（ERR）人员开展密切的职能协作，灾害评估和协调系统鼓励这些人发挥领导作用，特别是高级别人员。联合国灾害评估与协调队系统的一个额外优势，在于能够部署职能全面的各种团队，而不只是一两个人。因此，联合国灾害评估与协调队能够履行各种职能，满足受灾国灾害管理和国际人道主义应急响应的不同需求。

除了灾害评估和协调基础要素（见第 B.2.1 节）中所述的概念外，所有灾害评估与协调队成员都必须具备以下领域的知识：

- 国际紧急响应环境—包括应急响应行动中的利益相关方、不同类型的国家灾害管理系统、主要国际人道主义组织的任务规定，以及国际救灾行动所依据国际法的总体了解。
- 自然灾害—包括不同类型自然灾害的危险性、脆弱性和应对能力，以及在紧急环境中开展行动的方法。
- 突发环境事件—由自然或人为因素（或两种因素结合）引起的突发灾难或事故，造成或可能造成严重的环境破坏，并导致人员伤亡或财产损失。技术故障是突发环境事件的一种类型，它可能是人为造成的，也可能是由自然灾害引发的。
- 灾害管理—包括协调和直接管理紧急行动，以满足各种紧急需求。
- 人道主义协调—包括人道主义原则和标准、国际人道主义架构和职能、协调机构、组群方法和最新发展态势。
- 人道主义事务协调办公室的任务—包括其任务说明、结构、职能、紧急救援协调员的职责、应急响应工具和服务，包括人道主义筹资、灾害评估与协调队系统、概念和方法（包括通用职权范围），以及各种任务中的灾害评估和协调最佳做法。
- 在线资源—包括关系密切的网站、数据库、国家信息、参考资料、交流平台等。在成功完成基础培训和强制性安全和安保培训后，在部署前，联合国灾害评估与协调队的成员国必须与联合国签订合同。这些合同由联合国人道主义事务协调办公室日内瓦总部酌情签发，有效期为一年。有效的灾害评估和协调合同签订后，并不能保证成员国的人员得到部署。对于联合国灾害评估与协调队的每一次任务，队伍的人员组成，由人道主义事务协调办公室应急响应支持科根据具体需要确定。

B.4.3 全球范围的联合国灾害评估与协调队网络

由于各种原因，训练有素的联合国灾害评估与协调队成员不一定得到部署，但他们是灾害评估和协调系统的宝贵财富。这些人员提供了对灾害评估和协调系统的总体支持，有时也提供对灾害评估和协调各类任务和行动的具体支持。这一全球网络还包括其他相关人员，他们了解并支持联合国灾害评估与协调队的职能、服务和方法，例如，联合国灾害评估与协调队的前成员，参加过意识提升课程或其他培训活动或演练的人员，参与过灾害评估与协调任务、伙伴组织和其他应急响应网络的人员。对于全球范围的灾害评估和协调网络的各类组织，鼓励在其内部、受灾国或区域内促进对灾害评估和协调的理解和接受，提供任务、培训或其他类型的远程支持。

B.5　灾害评估和协调支援

紧急情况下，从到达受灾国的那一刻起，部署的联合国灾害评估与协调队就必须开始全面运作，自给自足。灾害发生后不久，队伍可能立即面临各种挑战：基础设施受损，通信不畅，建筑物不安全或被毁，以及日常生活、设施和服务受到严重影响。因此，灾害评估和协调工作队可能必须自带相关物资，包括通信设备、技术设备、办公装备、住宿帐篷和食物。对于联合国灾害评估与协调队而言，调集这类物资至关重要，确保该队伍能够在抵达灾害现场后立即开始工作。

除了信息通信技术、基础设施和后勤支持外，还需要一些特定技术，弥补联合国灾害评估与协调队的能力短板，即地理信息系统（GIS）、遥感评估和数据分析等。提供此类服务的合作伙伴要么已完全融入队伍，要么与队伍一起部署。为确保灾害评估和协调工作队的任务获得充分支持，人道主义事务协调办公室与各国政府、区域组织、非政府组织和私营部门建立了各种伙伴关系。

根据任务要求，人道主义事务协调办公室日内瓦总部可以进行全面动员和部署，提供对所有灾害评估和协调任务的支持。至少包括信息通信技术支持，确保数据和语音通信正常，但也可能扩大至一系列其他服务。

为加强灾害评估和协调任务能力，还通过合作伙伴提供以下服务：

评估和分析以及信息管理

- 地理空间信息服务和遥感—灾害评估与协调伙伴提供紧急地图测绘服务和卫星图像分析，帮助确定突发事件的影响，协助分析整体情况。这些合作伙伴提供了这一领域的专业技术、知识以及所需软件、工具和数据，例如卫星图像采集或基线坐标图。

- 评估和分析（A&A）—在实地和通过远程支持，可以加强人道主义需求分析和评估。在大多数情况下，如果与灾害评估与协调队一起部署，这些合作伙伴将被纳入现场行动协调中心评估和分析单元（有关评估和分析方法和设置的更多信息，请参见第 I.2 节和第 M.3.2 节）。通过数据收集、分析和情况进展分析，相关领域专家可以支持评估和分析工作。
- 现场行动协调中心信息支持人员（OISS）—来自灾害评估和协调行动支持伙伴的多名工作人员也将作为信息支持人员接受培训，其主要职能是额外提供与信息和内部协调有关的能力，增强灾害评估与协调团队成员和 / 或现场行动协调中心各单元协调员在灾害应对期间的工作能力。他们可以支持各种形式的数据处理，提供外部服务，协助与现场行动协调中心内部协调和信息管理相关的其他服务。如果有需要，还可以部署信息支持人员，作为组群的额外力量。

这些工作人员可以部署为联合国灾害评估与协调队的一部分，在联合国灾害评估与协调队队长的领导下工作，也可以部署为现场行动协调中心人员队伍的一部分，在现场行动协调中心管理人的领导下工作。通过合作伙伴组织的现有机制，也可以提供支援人员。

基础设施和后勤支援服务

- 信息和通信技术服务包—提供信息和通信技术服务，支持最先抵达的按照标准配置的应急响应团队，如联合国灾害评估与协调队或类似的应急响应团队。这类服务包括基本通信装备、互联网接入装备、办公服务等，确保队伍可以在不同地点开展工作。这类服务也可补充接待和撤离中心、协调中心或办事处的能力。服务包由 2 ~ 3 名专家实施，负责设备安装和维护，提供用户支持，以及常规工作支援和后勤保障。
- 后勤支援服务—现场的快速运输能力可能是灾害评估和协调任务成功的关键。灾害评估和协调伙伴可以派遣后勤专家支持队伍的行动，并提供相关服务，包括确保运输车辆安全，确定合适的住宿和办公场所，向团队提供办公用品和其他所需材料。通常，此类支援合作伙伴将作为现场行动协调中心支援职能的一部分（见第 M.3.4 节）。

- 协调中心—提供相应装备，确保现场行动协调中心或其他类型的协调中心的建立和管理，包括高速互联网接入服务、无线局域网、激光打印机和复印机设备。协调中心可以安置在帐篷、预制房屋或现有建筑中，这取决于现场的可用资源。根据具体情况，设计和部署协调中心的服务。至少安排两名支援人员，安装各类设备和基础设施，并提供定期维护。
- 轻型和重型营地—接到通知后，联合国灾害评估与协调队合作伙伴就可以立即部署轻型营地，采用帐篷设施安置联合国灾害评估与协调队，在较短周期内（通常为 2 ~ 8 周）为其提供基本服务。轻型营地的服务可能包括住宿、办公、餐饮服务、供水和卫生设施、通信装备和后勤服务。轻型营地可以作为协调中心的补充。

同样，可以部署一个更大的重型营地，支持更多的人道主义救援组织。重型营地采用配置齐全的高品质帐篷，用作办公和住宿设施，包括所有必要的装备和服务。重型营地的服务可能包括办公、住宿、会议室、给排水和卫生设施、厨房和餐饮服务、工具和装备、净水和配水、供电和配电等。营地提供私密的睡眠空间、配置工作站的办公室、餐饮服务（每天提供健康均衡的三餐膳食和水）。虽然联合国灾害评估与协调队可能协助请求部署重型营地，推动营地的搭建，但营地的管理将由联合国其他行动机构提供支持。有关营地位置选择的更多信息，请参见第 R 章。

行政支持

联合国灾害评估与协调队任务的行政支持，主要通过联合国驻地协调员 / 人道主义协调员办公室提供，通常包括受灾国的入境安排，如落地签证、机场接机、住宿、境内交通以及与国家和地方官员的联络。

灾害评估与协调的许多任务，需要全面的行政技能，以及对联合国内部程序的了解。为此，针对联合国灾害评估与协调队任务周期和队伍职能，人道主义事务协调办公室对多名行政人员进行了相关培训，可以将他们部署为联合国灾害评估与协调队的成员，协助完成各种行政任务，如财务、国内工作人员的聘用、成本规划等。

B.5.1　支援服务的启动

针对以下情况，可以启动支援服务：

- · 联合国人道主义事务协调办公室管理层提出要求。
- · 队伍出发前，经人道主义事务协调办公室日内瓦总部任务协调人的配合，联合国灾害评估与协调队队长提出要求。
- · 在迫切需要向灾害评估和协调任务提供装备和（或）人员支援的情况下，如地震或其他毁灭性突发灾害，立即启动支援服务。

通过常备计划，在部署联合国灾害评估与协调队的同时，人道主义事务协调办公室能够启动支援服务。基于应急响应援助国与人道主义事务协调办公室的合作，做出向现场部署支援团队的安排。

除了专业技术和相关领域技能外，灾害评估和协调伙伴的许多工作人员还接受了灾害评估和协调支援人员培训，确保能够支援现场行动协调中心的行动，以及灾害评估与协调队的其他任务。支援人员将始终随身携带个人工具包和装备，确保救援行动能力。

灾害评估与协调队的许多支援人员，也有丰富的任务经验。这些支援人员应该完全融入队伍，在许多情况下，他们可以负责队伍的一个或多个职能领域。

B.5.2　联合国灾害评估与协调队行动伙伴

联合国灾害评估与协调队的一个或多个行动伙伴，可以提供支援服务。灾害评估和协调行动伙伴已与人道主义事务协调办公室签署了意向书，其中规定了所提供支援的性质和部署安排。灾害评估与协调队的所有伙伴，都遵守灾害评估和协调伙伴关系框架文件，其中对伙伴关系进行了界定。联合国灾害评估与协调队的合作伙伴，"尽最大努力"支持联合国灾害评估与协调队的任务，这意味着他们并非正式承诺与联合国灾害评估与协调队一起部署，但将根据资金、人员配置、安全限制等情况尽最大努力提供支援。在收到部署请求时，将讨论支援的类型、支援队伍的规模和任务的期限，根据任务的需要进行确定。

评估能力项目（ACAPS）

评估能力项目是一个非营利项目，是由三个非政府组织（反饥饿行动、救助儿童会和挪威难民理事会）组成的联盟，专注于需求评估和分析。评估能力项目的工作涉及整个人道主义领域，定期发布关于人道主义危机和自然灾害的独立分析和专题报告。评估能力项目为灾害评估和协调任务提供专家支持，他们通过现场行动协调中心评估和分析单元开展工作，或提供远程分析支持。有关现场行动协调中心评估和分析单元的更多信息，请参见第 M.3.2 节。

美洲支持队（AST）

美洲支持队成立于 21 世纪初，由美国费尔法克斯县消防和救援部门提供人员，并维持运行。配置 12 名受过专门训练的人员，他们拥有各方面的专业知识，涉及信息和通信技术、后勤、现场评估和信息管理。美洲支持队主要用于美洲地区突发灾害后的部署，为联合国灾害评估与协调队提供支持，协助建立接待和撤离中心、现场行动协调中心。在执行国际任务期间，美洲支持队由美国国际开发署（USAID）资助。

阿特拉斯后勤服务组织—国际助残联盟（HI）

在紧急情况下，国际助残联盟中的阿特拉斯后勤服务组负责部署物流专业力量，建立"后勤服务平台"。在全球范围内，阿特拉斯后勤服务组织有能力进行快速应急响应，通过部署人道主义后勤和供应链专家提供后勤保障，支持联合国灾害评估与协调队的任务。

阿特拉斯后勤服务组织的工作人员，通常向联合国灾害评估与协调队提供后勤支持和协调，并在需要时向全球范围的人道主义组织提供后勤支援和协调。在执行联合国灾害评估与协调队的任务时，阿特拉斯后勤服务组织与相关后勤联络点合作，涉及联合国灾害评估与协调队内部，也包括联合国灾害管理与协调队的其他合作伙伴，领导或支持现场行动协调中心的后勤单元，并在启动时联系当地的后勤单元联络人，确保在应急响应早期行动中进行充分的后勤协调和规划。

阿根廷白盔组织

阿根廷外交和宗教事务部的白盔组织，通过基于合作、团结和社区参与的工作策略，依靠志愿者团队开展支援行动。应受灾国的请求，或在国际人道主义援助呼吁的框架内，白盔组织开展支援行动。在阿根廷境内和境外，他们执行恢复、重建和发展任务，促进风险防范和管理。对于联合国灾害评估与协调队，他们提供的主要支援服务是信息和通信技术。

德国邮政敦豪集团

敦豪集团在机场提供现场后勤支持，确保成功处理和发送救援物资。应急响应初期混乱无序，机场可能会因大量入境救援航班而不堪重负，正常业务可能会暂停，并且可能需要额外的后勤支持。在人道主义事务协调办公室的要求下，从400名经过培训的敦豪集团志愿者中抽调敦豪救灾小组，可在接到动员警报后72小时内赶赴现场开展工作。

欧盟民事保护机制

通过应急响应协调中心（ERCC），欧盟民事保护机制可向灾害评估与协调队系统提供欧盟专家和团队，由训练有素的专业人士组成，他们拥有救援协调、数据收集、灾害管理、环境、结构工程和火山学等领域的技能，在联合国灾害评估与协调队系统内发挥作用。来自欧盟志愿库的民事保护专家，也处于人道主义行动的待命状态，可随时支持应急响应行动。该机制提供的合作关系，还包括培训和演练等联合备灾活动。作为联合国灾害评估与协调系统的主要合作伙伴，人道主义事务协调办公室与该机制之间开展了一些活动，确保联合国灾害评估与协调系统与欧盟民事保护团队在部署到同一行动环境时进行有效合作。

关于欧盟和欧洲区域方法的更多信息，请参见第 O.4 节。

燃料救助基金（FRF）

燃料救助基金是一个非营利性国际非政府组织，总部设在美国和荷兰，也是世界上致力于解决全球人道主义应急燃料需求的唯一非政府组织。燃料救助基金向重大灾害现场派遣训练有素的专业志愿者团队，与当地社区、燃料和能源公司、地方政府、国家政府和区域政府行政部门合作，开展协同救灾工作。作为人道主义事务协调办公室的行动支持伙伴，以及国际搜索与救援咨询团的成员，燃料救助基金确认燃料需求、类型和来源以及运输方式，满足燃料需求。

国际人道主义合作伙伴关系（IHP）

国际人道主义合作伙伴关系网络，是一个由志愿者组成的多国行动网络，由挪威、瑞典、丹麦、芬兰、爱沙尼亚、德国、英国和卢森堡的政府应急管理机构组成，积极参与人道主义援助领域的工作。国际人道主义合作伙伴关系的总体目标：通过支持人道主义援助和协调领域的行动参与人员，加强应急响应工作。

国际人道主义合作伙伴关系的具体目标包括：

- 通过向多边组织部署专业应急增援力量（专家和装备），加强紧急情况下的行动能力。
- 提高紧急情况下的行动效率和成果。
- 加强人道主义援助的协调，促进信息共享，鼓励各类参与人员在紧急情况下开展合作。
- 在实际救援行动中，展示捐助国政府的合作和协调能力。
- 通过能力建设、培训和演练，加强应急响应准备。

国际人道主义合作伙伴关系向许多灾害评估和协调任务提供支持模块。在部署联合国灾害评估与协调队时，人道主义事务协调办公室评估可能的支持需求，通知国际人道主义合作伙伴关系网络的主席，后者则与其他成员国联络，确定在规定时间内提供最佳支援的国家。除非另有约定，提供支持的某个或多个国家将承担部署和行动费用。

地图行动（MapAction）

地图行动是一个非政府组织，专门为人道主义紧急情况提供地图测绘服务，经常参与联合国灾害评估与协调队的任务。"地图行动"有少量全职工作人员，但其大部分服务能力是由受过救灾培训的熟练的地理信息系统志愿者提供的。地图行动还协助联合国灾害评估与协调队的培训和方法研究。

REACH

2010 年提出了 REACH 倡议，以促进信息工具和产品的开发，加强人道主义领域的决策和规划能力。REACH 专注于以系统和全面的方式采集现场数据。REACH 可能会为灾害评估和协调任务提供专家支持，他们通过现场行动协调中心评估和分析单元开展工作。有关现场行动协调中心评估和分析单元的更多信息，参见第 M.3.2 节。

无国界电讯传播组织（TSF）

无国界电讯传播组织成立于 1998 年，是开展人道主义救助的一个非政府组织，专注于人道主义响应中的应急通信和新技术领域。无国界电讯传播组织可以在 24 小时内迅速响应，从其总部或区域基地派遣电信专家，支持灾害应急响应。无国界电讯传播组织的主要任务是为受人道主义危机影响的群体提供获取信息的途径，并为援助机构建立紧急通信中心。

联合国卫星中心（UNOSAT）

联合国训练研究所（UNITAR）的联合国卫星中心（UNOSAT），利用地理信息系统和卫星图像，提供及时、高质量的地图绘制服务和地理空间信息服务，为相关机构提供及时和高质量的地理空间信息，服务于包括联合国成员国、国际组织和非政府组织在内的决策者。通过网络制图和信息共享机制，联合国卫星中心提供相应的解决方案，将现场采集的数据与遥感图像和地理信息系统数据相结合。联合国卫星中心的目标，是确保相关方能够方便地获得卫星解决方案和地理信息，服务于联合国系统和世界各地致力于减少危机和灾害影响的专家。

每周 7 天，每天 24 小时，联合国卫星中心随时提供快速地图绘制服务，在人道主义危机的各个阶段，支持联合国灾害评估与协调队，提供各种及时、可靠的卫星衍生服务，以及卫星图像分析和地理空间信息技术。通过向 emergencymapping@unosat.org 发送请求，或拨打热线电话 +41754114998，可以启动该项服务。

联合国决策方、联合国成员国、国际组织和非政府组织，都可以请求启动这项服务。然而，在部署联合国灾害评估与协调队时，联合国卫星中心作为一个行动伙伴，会立即启动，远程协助部署到现场的团队成员。关于地理空间信息服务，参见第 J.2.1 节。

任务周期

联合国灾害评估与协调队的任务，通常遵循一个典型的行动周期，包括三个相互关联的活动阶段：任务前、任务执行中和任务结束，如下图所示。对任务周期的了解，将有助于联合国灾害评估与协调队成员预测以及规划现场的救援行动。

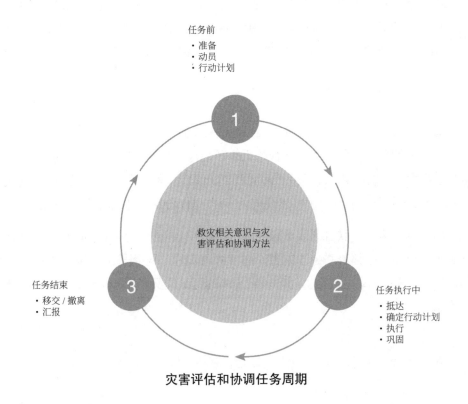

灾害评估和协调任务周期

这一专题内容介绍关于任务周期各个阶段的详细信息，包括具体成员、队长和整个团队应采取的行动。

C. 任务前

介绍个人准备措施、动员程序和行动的重要事项，以及编写和运用行动计划的方法。

D. 任务执行中

介绍任务团队抵达现场后应立即采取的行动，并概述第一天或最初几天应采取的重要步骤。

E. 任务结束

介绍工作移交和撤离程序，包括工作移交简报、团队汇报和任务报告。

C 任务前

C.1 简介

提出救援请求后的 12 ~ 48 小时内，联合国灾害评估与协调队成员可以部署到世界任何地方。人道主义事务协调办公室拥有完善和切实可行的程序，确保能够在上述时间内接收动员警报、动员队伍并将其部署到现场。灾害评估与协调队的成员国和参与国，需要建立各自的内部程序，确保灾害评估与协调队成员能够迅速部署。队员个人的准备工作也是如此。接到救灾协调动员警报前就应开始考虑随身携带的物品、电话请求许可的对象或检查护照和疫苗接种的有效期。这一章为队员个人提供了任务前准备工作的一般建议，并介绍了接收动员警报、动员队伍并将其部署到现场的流程。

C.2 准备

联合国灾害评估与协调队成员，应保持随时待命、准备出发的状态。具体准备的细节因人而异。然而，根据经验，应准备一份个人计划或详细的清单，列出需要解决的所有事项：从确保旅行证件齐全，到任务期间家中宠物和植物照料的安排。制定一份全面的计划或清单，确保在接受紧急动员及任务部署时不会遗忘任何事项。

关于可作为准备措施和 / 或列入清单的内容，以下是一些一般性建议：

- 个人安排，例如，告知家人自己可能随时突然出发执行任务、任务执行期间家中的安排、遗嘱和个人事务。
- 职业安排，例如迅速向所属单位请假，告知其自己将执行灾害评估和协调任务，确保任务执行期间继续发放薪金和福利。
- 国家灾害评估和协调联络人的安排，如协作协议、保险、筹资安排。
- 参加相关培训和演练，提高个人的应急准备能力，例如，人道主义事务协调办公室的各种课程或其他课程，这些课程为联合国灾害评估与协调队成员提供了名额。

- 确保灾害评估和协调合同、健康证明的有效性，并在虚拟现场行动协调中心（VOSOCC）网络平台上保持最新的联系方式和个人信息。
- 灾害评估和协调以及个人任务工具包准备就绪。
- 付清任务期间内预期待付的账单，取消／重新安排任务期间的各种预约。
- 处理个人日常事务的委托书或其他法律文书。
- 处理人寿保险、伤残保险、个人财产保险。
- 准备旅行证件和资金（现金、信用卡、硬通货）。
- 准备处方药、任务期间特有的医疗需求，如疟疾预防。

做好准备，主要是在心理上改变状态，进入一种不同的心态——应急响应心态。大多数紧急救援人员，无论是来自消防部门或卫生部门、人道主义组织还是武装部队，都会证明并同意：有了充分的准备计划后，剩下的就是具体的执行。当接到应急响应请求时，队员会切换到应急响应状态，遵循事先准备好的步骤执行任务。这有助于保持清醒的头脑，减轻接到任务动员警报时通常都会产生的压力。

文件

执行任务的旅行期间需要备好以下文件，并应方便取用：

- 护照（有效期至少 6 个月），最好是可机读护照，并且至少有两页空白页。携带复印件和备用的护照照片（如有需要，可用于办理落地签证）。
- 国际疫苗接种证书，及其复印件。
- 联合国证书，及其复印件。
- 重要文档的电子副本（可储存于云空间中，例如 Dropbox、Google Drive 等）。
- 行程单和电子机票（由人道主义事务协调办公室为联合国灾害评估与协调队成员提供）。
- 人道主义事务协调办公室出具的旅行证明复印件（可代替签证）。
- 当地货币或美元／欧元现金（最好是小面额钞票）和国际信用卡（设置有紧急报失电话号码，在信用卡丢失或被盗时使用）。

- ·具体任务所在国的信息，包括最新情况报告、地图、各种联系方式等。
- ·紧急联系电话（人道主义事务协调办公室日内瓦总部、受灾国和个人的联系电话）。
- ·纸质版或电子版最新相关参考资料，例如联合国机构间常设委员会（IASC）、人道主义事务协调办公室和其他重要指南。
- ·联合国灾害评估与协调队手册，完整版或简略的备忘录版。

C.2.1 医疗准备

灾害评估和协调任务队伍，可能在面临传染病和其他健康风险的地区执行任务。此外，灾后公共卫生条件持续恶化，可能进一步增加感染疾病和／或妨碍治疗的风险。因此，联合国灾害评估与协调队的每一位成员应确保自己接种了最新的疫苗，并在国际疫苗接种证书上登记（建议遵循世界卫生组织的标准），即使在出发前很可能没有足够的时间安排疫苗接种。

建议接种以下疫苗（在世界上的某些地区，这些疫苗是必须接种的）：

- ·麻腮风三联疫苗（麻疹-腮腺炎-风疹疫苗：2针终生有效，通常在幼年时接种）。
- ·黄热病疫苗（对某些国家来说是强制性疫苗，即入境时必须出示有效的疫苗接种证书）。
- ·白喉及破伤风混合疫苗。
- ·脊髓灰质炎疫苗（对某些国家来说是强制性疫苗，即入境时必须出示有效的疫苗接种证书）。
- ·甲型肝炎疫苗。
- ·乙型肝炎疫苗。
- ·伤寒疫苗。
- ·狂犬病疫苗。
- ·根据执行任务地区的流行疾病，接种其他疫苗，如日本脑炎疫苗、脑膜炎球菌 ACWY 疫苗。

许多网站提供关于各个国家的疫苗接种要求和建议的最新信息，如疾病控制和预防中心（www.cdc.gov/travel）、世界卫生组织（www.who.int）和国际 SOS 组织的网站（https://www.internationalsos.com/medical-and-security-services），以及提供相关信息的应用程序。

在许多任务中，疟疾传染都是一个严重的风险，联合国灾害评估与协调队成员应制定应对程序，以便在短时间内获得适当的预防和治疗手段，例如事先请医生开具处方。由于任何疟疾预防措施都不可能完全有效，因此必须采取防护措施，例如驱虫剂、杀虫剂浸泡蚊帐、适当的防护服。更多信息和各国提供的指南可在上述卫生网站上查询。

联合国灾害评估与协调队成员应保存好个人健康资料，如果在执行任务期间生病，医疗服务提供方可能需要查阅这些资料。其中的重要信息应包括：

- 最近的牙科检查信息。
- 疾病医疗记录和正在服用的药物记录。
- 血型。
- 过敏症，特别是对食物或药物的过敏。
- 疫苗接种记录。
- 医疗保险详情。
- 常用医疗保健提供者的姓名和联系方式，例如私人医生或专科医师。

无论何时接到部署要求，联合国灾害评估与协调队成员都应随时进行更新和携带上述资料（连同各种相关证书、处方和其他健康文件）。

联合国灾害评估与协调队的每一位成员都应携带一个医药箱，以处理轻度健康问题或轻伤。医药箱应该提前准备好，定期检查药物的有效期。医药箱的物品应明确标示，包括药物名称和正确用法。建议医药箱采用坚固的防水容器，并且将不同的药物放在相应的隔间。

建议的医药箱物品包括：

- 皮肤护理用品
  —— 防晒霜 / 防晒隔离霜。
  —— 润唇膏。
  —— 润肤霜。
  —— 各种形状 / 尺寸的创可贴。
  —— 氢化可的松乳膏，用于预防皮肤过敏、蚊虫叮咬等。
  —— 消毒药膏，用于小伤口、擦伤等的消毒。
  —— 消毒湿巾 / 肥皂。
  —— 驱虫剂（至少含 50% 避蚊胺或埃卡瑞丁）。
- 治疗药物
  —— 治疗发热、疼痛的药物，如扑热息痛、布洛芬、阿司匹林。
  —— 治疗咽喉疼、咳嗽的药物，如润喉含片。
  —— 治疗流鼻涕和过敏的药物，如抗组胺剂。
  —— 治疗腹部不适的药物，如活性炭、抗酸剂。
  —— 治疗腹泻的药物，如易蒙停。
  —— 口服补液盐（ORS）。
  —— 抗疟疾药。
  —— 广谱抗生素。
  —— 净水药片。
- 其他物品
  —— 酒精湿巾。
  —— 绷带。
  —— 医用手套。

在收到联合国灾害评估与协调队动员警报后，每一位成员应按照以下步骤进行准备：

- 评估自己的健康状况。如果对现有的疾病、伤病或精神健康状况有任何疑问，那么在问题得到解决之前不应参与部署，并向人道主义事务协调办公室通报情况。
- 检查自己的个人医药箱是否已准备好并妥善包装，包括部署地点可能无法提供的各种处方药或用品。
- 携带好备用健康用品，如眼镜、隐形眼镜等，并注意各种相关要求。
- 将个人健康文件放入手提行李中，包括疫苗接种证书和个人健康资料。
- 查询部署地区的健康威胁和要求，酌情更新医药箱物品，并开始各种必要的预防性治疗。

关于执行任务中保持健康的其他相关信息，请参见第 S 章"个人健康"。

C.2.2　个人装备

每次执行任务时，所需服装和装备可能会由于以下因素而有所不同：地点、气候、文化、灾害类型、破坏程度和其他因素。为了随时做好执行任务的准备，队员应配置各种合适的服装和装备。

因此，无论部署到世界任何地方，都不需另外花费时间获取其他装备。

根据自己对任务的判断，每一位成员都应该准备行李包，但一般来说，队员应轻装上阵，妥善地收拾行李，包括能够随身携带必要物品。一旦具备部署能力，联合国灾害评估与协调队的新成员将收到一个任务包，其中提供了用于各种任务的许多物品。

根据个人需求，可以在任务包中添加其他服装和装备。具体来说，队员应准备最初两天所需的食物，以及第一天的饮用水，预防执行任务的初期遇到补给困难或延误，还应制定现场获取食物和水的应急预案。个人任务包中，还应添置至少两套换洗衣物，需要考虑到灾害类型、受灾地点 / 地区文化、气候 / 海拔和任务的预期持续时间。建议携带速干衣物，因为它们相对轻便、容易清洗，以及结实耐用的步行靴。另外再准备一套职业装，例如，男士的夹克装和领带，女士的服装应适合当地文化、端庄得体，用于与当地官员会面的场合。在正式会议上应穿着得体，这一点非常重要，因为在许多文化中，衣衫褴褛的人都不会得到尊重，甚至会让其他人感到被冒犯。

另外，建议个人任务包中还应添置以下物品：

- · 双肩背包或大旅行袋（作为随身行李）。
- · 雨具、轻便易收纳的夹克和裤子，以及可全天候使用的鞋子。
- · 带丝绸或棉质衬里的睡袋。
- · 旅行枕 / 枕套。
- · 露营防潮垫。
- · 腰袋或钱袋，用于存放文件和现金。
- · 帽子和 / 或其他头饰（用于遮阳或保暖，视情况而定）。
- · 轻型炉架和 1 升燃料瓶（空运前应清空燃料瓶）。
- · 马克杯、盘子、炊具和餐具。
- · 带有净化过滤器的大开口水瓶，更容易清洁。
- · 干粮。在执行任务的最初两三天，可能遇到补给困难或延误。在网上搜索"徒步旅行食物"，可以选择高能轻便的压缩型食物。
- · 盥洗用品，包括毛巾、牙刷 / 牙膏（带有可保持清洁的卡扣盒）、湿纸巾、除臭剂、肥皂或多功能沐浴露，这些物品应选择旅行装规格，符合机场安检要求，容量为 100 毫升以下，液体肥皂应装在单独的塑料袋里，以防途中泄漏。
- · 抗菌凝胶或洗手液，用于手部清洁。
- · 卫生卷纸，压扁后可放入手提箱，或面巾纸（湿纸巾）。
- · 耳塞和面罩，可多带几件。
- · 根据个人需要，携带备用眼镜和足够的隐形眼镜片。
- · 两副墨镜。
- · 配戴式头灯、手电筒、备用灯泡（或 LED 电珠）和电池。
- · 折叠小刀 / 多功能工具、瑞士军刀、多功能折叠刀等（不要放在手提行李中）。
- · 针线包（不要放在手提行李中）。
- · 线团。
- · 布基胶带。
- · 塑料袋。
- · 火柴和蜡烛。

- · 铅笔和笔记本。
- · 笔记本电脑（有关使用个人笔记本电脑的建议，请参见第 Q.1.3 节）。
- · 个人装备充电器，电器通用适配器。
- · USB 记忆棒。
- · 兼容当地移动通信运营商 SIM 卡的移动电话。
- · 带有摄像头和联网功能的智能手机，用于运行信息应用程序和其他在线
  服务，预装标准应用程序，如人道主义救援人员身份数据库、联合国灾
  害评估与协调队现场工作手册、国际搜索与救援指南、KoBo 工具软件
  等（请参见第 Q.1.4 节，了解有关使用个人移动电话和购买当地移动通
  信运营商 SIM 卡的建议）。
- · 准备手机备用的电池 / 充电宝。

在热带气候地区执行任务时，应准备以下物品：

- · 蚊帐。
- · 驱蚊剂。
- · 凉爽靴子 / 鞋子。

在寒带气候地区执行任务时，应准备以下物品：

- · 羊毛帽。
- · 防风夹克。
- · 抓绒夹克。
- · 羊毛衫。
- · 保暖靴（防水型）。
- · 羊毛袜、手套或连指手套、围巾或多功能头巾和围脖、羊毛内衣或保暖
  内衣。

以下物品可能也会有所帮助：

- · 指南针 / 全球定位装置。
- · 闹钟。
- · 袖珍双筒望远镜。
- · 带有姓名、国籍和血型的身份标签（身份识别证牌）。
- · 书籍和杂志。电子书阅读器是不错的选择，因为它们占用的空间更少。
- · 下载好的音乐和电影。

可能需要单人住宿帐篷，但在出发前，应向人道主义事务协调办公室确认，单人住宿帐篷是否将由行动支援伙伴提供，或通过其他渠道提供。

C.3　动员

在突发灾害发生后或发出预警时，如果初步信息表明可能有相关的需要，那么将开始联合国灾害评估与协调队的动员。如果预警信息已充分表明灾害即将发生，例如飓风预警，在时间允许的情况下，可决定提前在该国部署联合国灾害评估与协调队。

根据情况需要，通过虚拟现场行动协调中心，以自动短信和电子邮件的形式，向完成部署准备的联合国灾害评估与协调队成员发送动员警报，包括全球性团队或区域性团队。如果需要，灾害评估与协调国家联络人也可以接收这些动员警报。在收到动员警报后，联合国灾害评估与协调队成员登录虚拟现场行动协调中心，了解有关灾害的信息，确认是否可以执行救援任务。

必须注意的是，通过虚拟现场行动协调中心，如果联合国灾害评估与协调队成员通知人道主义事务协调办公室自己可以参与救援任务，那么人道主义事务协调办公室必须默认已经进行了相关的部署准备检查，即工作人员和专业人员具备参与条件，包括在必要时联系灾害评估与协调国家联络人或组织联络人进行核实。

动员流程遵循预先设定的 3 阶段程序：

- · M1—动员警报。
- · M2—整装待命。
- · M3A—队伍派遣。

在某些情况下，对于可能发生的紧急情况，可能会决定事先向联合国灾害评估与协调队成员提供相关信息或预警，但不发出动员警报。在这种情况下，通过虚拟现场行动协调中心，可以发送信息报文或 M0 类型的信息。M0 类型的信息仅供参考，不要求联合国灾害评估与协调队成员采取任何行动，尽管有时要求成员确认在任务来临的情况下自己是否可以参与部署。

在 M1 阶段之后，通过发出"停止部署"信息（M3B）或"取消"信息，可随时中断联合国灾害评估与协调队动员程序。

人道主义事务协调办公室日内瓦总部，有专门的紧急电话号码和电子邮件地址，可以在动员期间使用：

联系电话：+41（22）917 1600　　电子邮件：undac_alert@un.org

注意事项：在各种紧急情况下，虽然上述电话号码可用于与人道主义事务协调办公室日内瓦总部联系，但电子邮件地址只用于联合国灾害评估与协调队成员在收到动员警报后确认是否参与部署，因为在其他时段不查验该邮箱。除非意外情况导致系统不可用，否则应始终通过虚拟现场行动协调中心在线确认是否参与任务部署。

动员警报（M1）

- · 如果已发生或预计会发生重大灾害，那么人道主义事务协调办公室将在虚拟现场行动协调中心上开启专题讨论，并在必要时向联合国灾害评估与协调队发出动员警报。
- · 对于联合国灾害评估与协调队各成员和国家联络人，通过自动发送的短信和电子邮件，向其发出动员警报（M1），要求联合国灾害评估与协调队成员确认其是否能参与任务部署。
- · 在必要时，与联合国灾害评估与协调队国家联络人或行动联络人核实后，联合国灾害评估与协调队成员确认其是否可以执行任务，并通过虚拟现场行动协调中心在线答复，说明其是否可以执行任务、联系方式、最近的机场和最早的出发时间。
- · 在极少数场合下，由于预料不到的情况，动员警报可能会被取消。在这些情况下，将发出"联合国灾害评估与协调队取消信息"。

整装待命（M2）

- 根据灾害类型、所需相关技能、语言技能等，从准备好的联合国灾害评估与协调队成员中，人道主义事务协调办公室挑选出一支联合国灾害评估与协调队。
- 在虚拟现场行动协调中心，利用自动发送的短信和电子邮件，人道主义事务协调办公室向灾害评估与协调队成员和国家联络人发出整装待命信息（M2），通知相关成员已被选中，立即整装待命。
- 入选的成员直接向人道主义事务协调办公室确认收到 M2 整装待命信息，并填写、签署和答复 M2 回复表（确认并同意参与部署）以及保险投保单，然后做好出发的各项准备。

队伍派遣（M3A）

- 队员的最终组成名单和派遣决定，由人道主义事务协调办公室负责。
- 通过虚拟现场行动协调中心，利用自动发送的短信和电子邮件，由人道主义事务协调办公室向选定的联合国灾害评估与协调队成员发送团队派遣（M3A）信息。
- 人道主义事务协调办公室负责队员的旅行安排，为他们在受灾国入境做准备（落地签证、接机、宾馆安排）。通过电子邮件，将电子机票发送给选定的联合国灾害评估与协调队成员，并附上旅行证明（代替签证），队员可以将其打印出来，在执行任务途中随身携带。通过电子邮件、WhatsApp 群组和联合国灾害评估与协调队任务软件（UMS），可以建立队伍内的通信联系。
- 人道主义事务协调办公室日内瓦总部安排相关保险事项，包括下列服务：
  ——紧急服务热线号码。
  ——援助和医疗后送。
  ——应急计划。
  ——理赔事项，如医生、住院、药品等。

有关保险范围和程序的更多详细信息，请参见联合国灾害评估与协调队任务软件。

注意事项：其他各种必要的保险，由入选队员或其赞助国政府／组织负责。

- ·人道主义事务协调办公室日内瓦总部，与联合国安全安保部（UNDSS）一起，办理完所有入选队员的旅行授权申请，入选队员最好在出发前收到这些办理好的旅行授权申请。
- ·入选团队成员出发执行任务。

队员名单一旦确定，每一位队员就应做好出发前的最后准备，并且在指定队长的带领下，队伍应开始以下准备事项：

——确定任务目标、职权范围（ToR）和可能需要的职能。

——确定分布在受灾国／受灾区域的联合国相关机构、人道主义事务协调办公室、灾害评估与协调队的成员。

——确认旅行安排、航班、签证要求、每日生活津贴（DSA）、旅行证明等。

——在人道主义救援人员身份数据库中登记联系信息（见第 H.1 节）。

——如果人道主义事务协调办公室日内瓦总部及其联络点没有发起群聊通信，那么可以利用 WhatsApp、Skype、Slack，或类似即时通信应用程序建立群聊，并举行队伍的第一次线上会议。

——联系所有队员，讨论个人技能、优势和劣势，从而开始团队建设过程。

——针对受灾国家研究其具体的情况，包括政治和社会经济状况、气候条件、医疗需求和安全状况，从以往的应急响应措施中吸取经验教训。根据需要，将这些内容上传至虚拟现场行动协调中心。

——查询二手资料来源，如国际／受灾国新闻、媒体、社交媒体、人道主义网站等。如果受灾国有民事保护推特账户，那么请关注该账户。

——获取具体灾情信息，如灾害影响、可能的生活条件、个人行李要求、所需装备和其他要求。

——登录并下载联合国灾害评估与协调队任务软件更新内容和特定任务文件夹，查收任务电子邮件（见第 C.3.1 节）。

文化敏感性

受灾国的文化、政治、社会和宗教因素，可能会影响队伍实现其任务目标的方式，每位队员必须考虑这些因素，确保适应当地习俗，避免冒犯或疏远当地救援人员。这些因素举例如下：

——妇女戴头巾可能属于必须遵守的习俗。

——正式场合不允许短袖、短裤着装。

——可能禁止消费某些食品或酒类。

——应尊重当地会议管理、等级制度和习俗，这可能决定着任务的成败。

在部署前，队员应研究当地文化信息，例如受灾国外交部的旅行建议等，并在抵达后初步了解该国的习俗和传统。对于这些信息，通常可向当地工作人员和司机询问。

旅行证件

部署队员时，人道主义事务协调办公室通常将签发国际旅行电子机票，以及代替签证的联合国旅行证明。这些票据和证明将通过电子邮件发送给队员，每一位队员应将其打印出来，在任务旅行期间随身携带。在智能手机或平板电脑上，这些资料至少应保存一份电子副本。队员应尽早前往机场，确保有时间处理有关出发安排的各种问题。某些航空公司不熟悉联合国旅行证明，可能需要向其解释队员正在执行联合国紧急救援任务，如有需要，将在抵达受灾国时发出签证。

现金

执行灾害评估与协调队任务时，每日生活津贴（DSA）用于支付灾害评估与协调队成员的个人开支，将直接转到队员的银行账户，或通过联合国开发计划署在当地的办事处发放当地货币。

如果队员不希望将每日生活津贴转入其银行账户，而宁愿通过联合国开发计划署在当地的办事处领取当地货币，那么应在部署前告知人道主义事务协调办公室。

队员应注意，可能需要几天时间自己才能收到每日生活津贴，尤其是在发生灾害的情况下。因此，他们应携带受灾国接受的国际货币（通常为美元、欧元或其他主要国际货币）现金（小面额），出于安全考虑，队员随身携带的现金不宜过多。

行李

前往受灾国的旅程中，可能涉及多次航班换乘，队员应将个人装备打包好，以便能够携带最重要的物品登机，确保在抵达后可以立即开展工作。建议最大限度地利用手提行李的允许重量。在中转换乘点，记得留出充足的时间进行安全检查，遵守关于手提行李中禁止携带物品的最新国际航空旅行规定。

为了抵达灾害现场，如果队员需要继续换乘受灾国的国内航班，那么其行李的允许重量可能远低于国际商业航班的规定值。行李打包和行李选择时，应提前考虑上述情况。原则上，人道主义事务协调办公室日内瓦总部预订的机票，允许携带两件行李，所以，在换乘限制行李重量的受灾国的国内航班时，可以重新打包两个行李，将暂时不需要的装备留在宾馆或类似地点。

旅行途中

旅行期间，队员应尽可能多安排休息时间，这一点很重要，因为在抵达受灾国后，他们将立即开始工作。如果在旅途中发生任何意外情况，如错过换乘航班，应立即通知人道主义事务协调办公室。

C.3.1 联合国灾害评估与协调队任务软件（UMS）

作为一个整体，联合国灾害评估与协调队，要求其成员从任务一开始就执行通信和信息管理规程。联合国灾害评估与协调队任务软件（UMS）用于支持联合国灾害评估与协调队，确保队员能够远程协作，在同一空间中制作、共享和存储文档，并在局域网或互联网上完成信息同步。该软件还提供接口，可以访问执行任务所需的关键标准指南和模板（称为联合国灾害评估与协调队工具箱），可离线使用。

> 联合国灾害评估与协调队任务软件用户手册，可通过以下网址获取：http://portal.undac.org/pssuportal/portalrest/filesharing/download/public/wwfVZOw5ry8RqBq。视频教程可通过以下网址获取：https://www.youtube.com/watch?v=P5o_Fofgd7k。

通过联合国灾害评估与协调队任务软件，可以为每个任务设立一个灾害评估和协调电子邮件账户。邮件地址格式为：任务名称@undac.org，用户名和密码将提供给灾害评估和协调队队长。电子邮件收件箱，可以访问以下地址：https://mail.undac.org。

如果需要，可以创建更多的邮件地址，例如，用于特定职能领域或现场行动协调中心（OSOCC）的各个单元。

C.3.2　行动计划（PoA）

任务行动计划的制定是队长的责任，在队伍组成确定后，应立即开始制定行动计划。每位队员都应参与计划制定进程，该进程一般由人道主义事务协调办公室和队长共同发起，应通过 Skype 或类似方式，尽快安排举行线上队伍会议。队长与人道主义事务协调办公室一起，联系人道主义事务协调办公室驻受灾国/受灾区域办事处、人道主义事务协调办公室总部和驻地协调员/人道主义协调员，协调行动计划的制定。

起草行动计划时，应考虑以下内容：

- 队员组成、联系人、救援能力、可能的职能和职责、现场支持和部署计划。
- 清晰简洁的任务目标。
- 抵达现场后的初步活动，例如与相关方举行会议，包括驻地协调员/人道主义协调员、人道主义事务协调办公室、受灾国主管部门、安全和安保指定官员、机场管理机构等。
- 信息管理策略，包括报告要求和在截止日期前上报的明确信息成果。关于信息管理策略的更多细节，见第 I.2 节。
- 内部和外部沟通计划。

总体而言，行动计划为执行任务奠定了基础，为后续规划指明了方向。创建行动计划可以采取线上方式，因为部署时间紧迫，在抵达受灾国之前，队员几乎没有时间见面。通过制定行动计划，可以让队员进入"任务模式"。在此过程中，队员能够集思广益，预测挑战和机遇，规划救援方法。更重要的是，通过制定行动计划，确保每位队员在抵达灾区时明确最初的任务。

在开始初步规划时，虽然可能有很多未知情况，但通过查阅各种来源的二手资料，可以获知有关灾情发展状况的重要信息。在发生灾害的情况下，通信线路可能中断，信息残缺不全，数据支离破碎，各类信息相互冲突，与原来的基础资料和灾前信息一样，灾情中的二手资料通常是唯一的信息来源。在某些情况下，在联合国灾害评估与协调队抵达之前，将发布一份正式的情况分析，总结相关信息（见第 J.2 节）。情况分析可以在远程通过线上方式进行，由人道主义事务协调办公室或其他合作伙伴的专家提供摘要。行动计划的其他重要信息来源，是灾害评估和协调的标准职权范围（见第 B.1.4 节），或针对具体任务确定的各类初步职权范围，与 M2 整装待命信息一起发布。

内容

行动计划应简明扼要，可以仅列出要点，避免过多的细节信息，因为这些信息会随着情况的发展而变化。应包括以下内容：

- 情况—应包括各种已知信息的摘要，包括灾害事件、遭受的损失、国家应急响应措施、国际应急响应措施和紧急情况（包括次生风险）的发展预测。
- 任务目标—应反映联合国灾害评估与协调队的职权范围，并以相关要求为基础，包括紧急援助协调员、联合国驻地协调员 / 人道主义协调员和受灾国政府的指示，紧急情况下的救援要求，以及受灾国的国内救援要求。在任务目标中，应明确任务的重点事项，如评估支持、信息管理、协调、组群协调支持、现场行动协调中心的建立、联络、现场协调，以及执行任务的预期基地，可以将基地设在首都并根据需要前往灾区现场，也可以将基地设在灾区现场并在首都设立联络点。至关重要的是，任务目标必须符合以下要求：

  ——具体。简洁明确地定义将要完成的工作。

  ——可衡量。可以提供目标已完成的切实证据。虽然总体任务目标是任务完成情况的衡量标准，但通常也需要建立几个短期或较小的衡量指标。

——可实现。既符合实际情况，又有一定挑战性，但内容足够明确，可以实现。队伍必须具备实现目标所需的相应知识、技术和能力。

——现实。需要考虑到所有相关因素和限制条件，确定队伍能够完成的目标。

——时限性。按照规定的时间表完成任务。

· 组织—根据任务目标，应在各职能领域内创建团队组织，在队员之间进行具体责任分工。队伍的基本结构不仅应包括联合国灾害评估与协调队及支援人员，还应包括人道主义事务协调办公室的其他临时增援人员，并应涵盖以下职能：领导和管理（队长和副队长）、信息管理（评估、分析和报告）、行动（促进协调、与救灾人员和组群协调员等联络）、后勤（运输、食宿供应）和支援（行政和通信）。队伍组织的运作区域，还应包括队员的部署地点（现场和 / 或首都），以及队伍基地。

· 工作方案—为实现任务目标，需要在各职能领域内计划开展相应的活动，对此应进行简要描述，说明这些活动与任务执行时间表之间的关系。重要的是要确定与任务目标直接相关的活动，并持续更新这些活动方案。

· 移交和撤离—包括对后续事项的预案，包括队伍撤离后应继续进行的任务活动、工作移交的对象以及可以终止的具体活动。在任务的早期阶段，虽然这些预案并不精确，但随着任务的逐步开展，将这些预案纳入后续工作是很重要的。由于执行任务的时间通常很短，因此从一开始就应考虑结束任务的安排。

· 受灾国相关机构—包括联合国驻地协调员 / 人道主义协调员，救援队伍将在其领导下开展工作，还涉及其他重要的相关机构，如人道主义国家工作队和其他协调机构、受灾国主管部门，包括受灾国和灾区地方灾害管理主管部门等。

· 后勤和资源—包括关于队伍后勤安排信息，即已经提供的或尚需提供的，如住宿和交通，队伍资源，如通信装备，以及任务支持资源，即办公设备和任务资金。

- 任务支持—包括关于从人道主义事务协调办公室区域办事处、人道主义事务协调办公室总部提供任务支援和远程支持的措施信息，以及关于来自其他行动伙伴的各种支持／资源的信息（见第 B.5.2 节）。
- 信息管理策略—包括队伍与相关方的沟通程序，即人道主义事务协调办公室区域办事处、人道主义事务协调办公室总部、现场办事处和联合国驻地协调员／人道主义协调员。在抵达受灾国后，应尽早向人道主义事务协调办公室提交第一份报告。此后，队伍应定期发送相应的情况报告／更新信息。行动计划的这一部分内容，应阐明队伍内部的信息沟通流程，以及与相关机构之间的信息沟通要求，即报告时间、报告格式以及报告对象。在每次任务中，还必须确定队伍为相关方报告提供信息的方式，包括联合国驻地协调员／人道主义协调员办公室针对受灾国层面情况的报告，和／或人道主义事务协调办公室的情况报告（来自区域办事处或全球总部），这些规划很重要。第 H.2 节介绍了制定信息管理策略的详情，第 J.1.1 节介绍了联合国灾害评估与协调队的标准报告。
- 安全和安保—包括关于受灾国和灾害现场安全和安保方面的信息，即队伍救援行动的说明，如合作伙伴系统、报告流程和身份识别。联合国灾害评估与协调队任务软件中，包含一个单独的安全和安保规划模板。关于任务安全的详细资料详见第 G 章。
- 媒体策略—包括与国际和国内媒体的沟通策略，这类沟通应与相关方协商，即驻地协调员／人道主义协调员、人道主义事务协调办公室区域办事处，在大规模紧急情况下，还应与人道主义事务协调办公室总部协商。这些计划包括商定的沟通方式，以及每日更新的关键信息。队伍应指定一名针对国际媒体的发言人（通常为队长），每天与所有团队成员分享商定的关键信息。对于国际媒体高度关注的紧急事件，相关发言人应选择人道主义事务协调办公室训练有素的媒体官员。如果队长不能流利地使用当地语言，则可能需要为受灾国媒体安排另一位发言人。关于制定媒体沟通策略的详细资料详见第 K 章。

对于某个联合国灾害评估与协调队，如果它是人道主义事务协调办公室更大范围应急响应行动的一部分，则需要界定、商定和充分理解该队伍的内部组织、职能、领导和报告关系，确保"人道主义事务协调办公室统一领导下"的应急响应行动协调一致。这一点至关重要，否则可能导致工作重复、服务缺口、缺乏对联合国驻地协调员 / 人道主义协调员和人道主义国家工作队领导的支持，甚至导致人道主义事务协调办公室在人道主义救援体系内丧失公信力。

作为管理工具的行动计划

行动计划是一份具有灵活性的文件，应在任务期间随着情况的发展而进行调整。然而，确保行动计划的及时调整可能具有挑战性，而创建一个纸上谈兵而不付诸行动的计划则容易得多。行动计划应作为一种管理工具，用于指导救援行动。如果一个行动计划过于严谨翔实，那么它就会变得和草率肤浅的计划一样糟糕。因为前者可能过于细节化，还没有开始执行就因情况改变而过时了。

而后者可能太过肤浅，无法准确反映情况和定义需要完成的工作。挑战在于找到两者之间的平衡点，并制定一项合适的计划，提供足够具体的框架来指导和构建工作方案，特别是针对救援行动第一周，但该计划又要足够灵活，以适应（快速）发生的变化。

为确保行动计划能够及时调整，同时用作管理工具，探索各种计划项目并确定衡量进度的基准节点，这种方式可能是有用的。可以利用不同的软件，通过电子文档完成这项工作，或者在墙上的大幅图表中列出计划。图 C-1 是一个简单结构的示例，其中任务目标已重新定义为时间表上的基准节点。

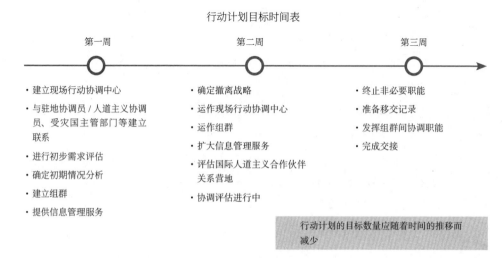

图 C-1 任务目标时间表示例

要完成的任务可以分解为已定义的活动，可以针对队伍，也可以针对每个职能领域或每位队员。如果条件允许，队伍应每天进行一次行动审查，探讨当天和接下来几天计划即将开展工作的各种变化。

D　任务执行中

D.1　简介

联合国灾害评估与协调队抵达受灾国后，最初 24 小时对于建立信任和随后的运作至关重要。因此，必须尽可能仔细地考虑和充分准备在最初 24 小时内采取的行动。联合国灾害评估与协调队或其队长与相关方的初次会议也非常重要，参加会议的人员包括联合国驻地协调员 / 人道主义协调员、人道主义国家工作队和（或）受灾国政府。

以下是通常与灾害评估和协调任务执行阶段有关的活动清单。此处列出的所有活动并非总是适用，可能还有未列出的其他活动。这份清单主要是作为任务活动指南，联合国灾害评估与协调队成员可酌情使用。

抵达

- 完成入境手续，如入境检查、清关等。
- 确保当地运输和后勤安全。
- 与受灾国相关机构举行会议，包括联合国驻地协调员 / 人道主义协调员、受灾国主管部门、人道主义事务协调办公室的区域办事处 / 受灾国办事处、联合国相关机构、区域组织、非政府组织和其他利益相关方等。
- 获取安全情况 / 简报，并根据需要最终确定队伍具体的安全和安保计划。关于联合国安全和安保的更多信息，另见第 G 章。
- 确定关键事项，消除先入为主的想法，明确任务目标。

最终确定行动计划

- 确认任务目标，并与相关方协商最终确定职权范围，包括联合国驻地协调员 / 人道主义协调员、人道主义国家工作队、受灾国主管部门和 / 或人道主义事务协调办公室区域办事处 / 受灾国办事处 / 总部。
- 通过适当的格式最终确定行动计划，将其用作管理工具。
- 另请参见第 C.3.2 节"行动计划（PoA）"。

- 确定其他需求/限制因素，确定所需资源。
- 设定其他联络点工作队员的职能（如果已部署）。
- 针对联合国灾害评估与协调队、人道主义事务协调办公室或行动支援伙伴，确定所需的额外人员配置，可以采取远程方式，也可以作为现场队伍的一部分，并在需要时通过人道主义事务协调办公室日内瓦总部提出请求。
- 考虑移交和撤离策略。

初期行动

- 在联合国灾害评估与协调队任务软件中，按照灾害评估和协调每日更新模板，在每天行动结束时，通过电子邮件或电话向人道主义事务协调办公室日内瓦总部通报最新信息。
- 起草一份初步的灾害评估和协调报告，分发给人道主义事务协调办公室日内瓦总部、联合国驻地协调员/人道主义协调员、人道主义事务协调办公室受灾国办事处或区域办事处以及其他相关机构。联合国灾害评估与协调队本身不发布人道主义事务协调办公室的情况报告，但队伍的报告将被纳入人道主义事务协调办公室的情况报告中。关于联合国灾害评估与协调队的标准成果，另见第 J.1.1 节。
- 行动的最新情况，可以在虚拟现场行动协调中心上发布。
- 建立联系人列表，并在虚拟现场行动协调中心上共享。
- 与所有队员共享紧急联系电话。
- 在虚拟现场行动协调中心上，标示出队伍所在的位置，例如住宿宾馆、现场行动协调中心、联合国灾害评估与协调队办公室等。
- 设法购买本地 SIM 卡。有关个人移动电话的建议，另请参见第 Q.1.4 节。

执行

- 在区域/受灾国/联合国灾害评估和协调总部层面，支持联合国驻地协调员/人道主义协调员、人道主义国家工作队、受灾国主管部门和/或人道主义事务协调办公室。

- ·建立和／或支持协调组织，如现场行动协调中心、组群间协调机构。
- ·根据需要，在方案和／或行动层面发挥领导作用，或提供支持。
- ·促进和／或支持评估和信息管理相关流程。
- ·根据需要，支持其他利益相关方协调应急响应行动，如联合国各机构、具体的组群、军民协调（CMCoord）机构、非政府组织、现场联络点等。

巩固

- ·分析情况，重新审视任务目标，必要时调整行动计划。
- ·建立新的目标，根据需要调整职能和职责。
- ·分析工作量，根据需要调整或请求其他资源。
- ·建立新的队伍例行活动，例如会议／简报、报告。
- ·明确移交和撤离策略。

D.2 抵达

队伍抵达受灾国后，应立即办理必要的入境和海关手续。对于某些国家，特定的装备，如卫星通信设备，可能需要申报。入境所需相关文件，通常由人道主义事务协调办公室交给联合国灾害评估与协调队的队长，或交给携带装备的支援人员。按照惯例，联合国驻地协调员／人道主义协调员办公室或人道主义事务协调办公室驻受灾国办事处（如果有的话），会收到队伍抵达的通知，在队伍抵达前通常应已做出所有必要安排，包括落地签证（如有必要）、装备入境、机场接机，并在有条件的情况下预订宾馆。每位队员都应携带联合国驻地协调员／人道主义协调员驻受灾国办事处的详细联系方式，以及其他关键人员的联系方式，用于在抵达后有需要时进行联系。

建立信任

执行任务的经验表明，有三个主要因素对任务成功执行至关重要。通过这三个主要因素，队伍与其进行合作和协调的关键合作伙伴之间，能够快速建立信任。如果队伍缺少某些特定技能，无法开展某些活动来实现任务目标，那么应立即与人道主义事务协调办公室日内瓦总部讨论，然后采取相应行动。成功建立信任的关键因素如图 D-1 所示。

灾害评估和协调工作队有良好的声誉，但这并不意味着轻而易举就能建立必要的信任和合作关系。每一次执行任务，都需要从零开始，一步一步地与合作伙伴建立信任。

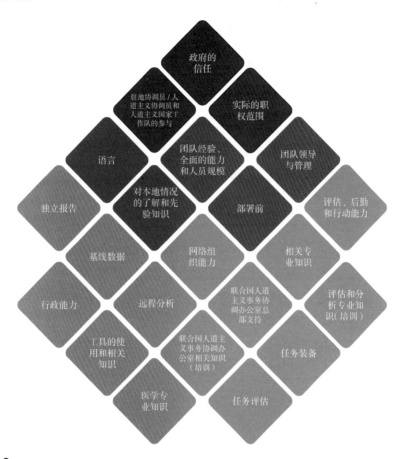

 确定任务：通过与政府、联合国驻地协调员 / 人道主义协调员和人道主义国家工作队以及联合国人道主义事务协调办公室合作并在其支持下，尽早就队伍实际情况和可实现的职权范围达成共识，这一点至关重要。这是任务成功的一个主要因素，以此获得政府等主要利益相关方的信任。

 一个强大的团队应同时满足以下适当要素：领导力、专业知识和相关的最好是当地的经验和技能，包括语言能力和团队规模。

 拥有相关的专业知识（如测绘或环境专业知识），建立或联系各类救援机构的能力（如城市搜索与救援队、紧急医疗队、欧盟民事保护机构、组群间协调机构），确保队伍在信息管理和主导分析方面发挥核心作用，从而实现协调和决策。

图 D-1 成功建立信任的关键因素

建立联系

队伍抵达受灾国首都后，首先采取的一项行动是与联合国驻地协调员／人道主义协调员和人道主义国家工作队以及受灾国主管部门会面。在某些情况下，人道主义事务协调办公室可能在受灾国派驻了代表，或者人道主义事务协调办公室区域办事处的工作人员可能已经抵达受灾国。在这种情况下，联合国灾害评估与协调队应立即与人道主义事务协调办公室工作人员取得联系，共同决定下一步的行动。如果队伍抵达的地点并非受灾国首都，那里没有联合国驻地协调员／人道主义协调员或人道主义事务协调办公室的代表，那么队伍应立即着手建立行动基地，并与受灾国／受灾地区主管部门取得联系。

建立队伍基地

在首都，设立队伍行动基地的地点，通常应建立在靠近联合国驻地协调员／人道主义协调员的联合国主要办事处，并取得人道主义事务协调办公室受灾国办事处或受灾国灾害管理机构的支持。如果条件不具备，经与联合国驻地协调员／人道主义协调员和人道主义事务协调办公室协商，该队伍或许只能选择另一个地点建立基地。地点可能选在宾馆，或在联合国另一个机构的办公室，或在受灾国某个主管部门的办公室。如果队伍直接到达紧急事件现场，而联合国驻地协调员／人道主义协调员或人道主义事务协调办公室代表没有在现场，队伍应着手确定一个可以开展行动的基地，最好是尽可能靠近受灾国应急响应主管部门。

为了充分利用时间，队伍可以在此时分开行动，根据最初的行动计划执行不同的任务。一名队员可以和支援人员一起建立队伍基地，安装通信和办公装备，而另一名队员可以负责行政和后勤。在此期间，队长可能还有其他队员，可以继续与联合国驻地协调员／人道主义协调员、人道主义国家工作队和／或受灾国主管部门举行会议。

任务支出

对于特定限额内的联合国灾害评估与协调队的任务支出，人道主义事务协调办公室通常会授权联合国驻地协调员／人道主义协调员代表人道主义事务协调办公室承担，用于支付队伍在受灾国内的旅行费用（包括所需车辆的租金）、雇用当地工作人员（所需的司机和口译员）的费用，以及根据需要租用办公场所和装备的费用。每一笔开销金额，将向联合国灾害评估和协调队队长通报，并授权其酌情通过联合国开发计划署驻该国办事处领取资金，和（或）支付此类费用。

与联合国驻地协调员 / 人道主义协调员、人道主义国家工作队或受灾国主管部门的首次会议极为重要，因为队伍能够借此明确其职能、目标、作用和受信任度，从而迅速建立协作关系，更好地了解当前情况。重要的是要注意：受灾国内的许多救援机构本身也可能受到灾害的影响，并对其所面临的挑战感到不堪重负。队伍应表现出专业精神，以及对当地救灾能力、安排和挑战的清醒认识，并保持谦逊的态度。同时，联合国灾害评估与协调队属于外部资源，人们可能会认为其即将"接管"救援工作。因此，队伍要表现出同理心，强调团结，提供团队的专业技能和经验，支持合作伙伴的灾害管理工作，这一点很重要。对于初期的自我介绍，联合国灾害评估与协调队应进行精心准备，这是专业精神的体现，作为初始行动计划的一部分，应加以认真考虑。

准备过程中应解决以下问题：

- · 确定代表队伍发言的人（通常是队长）以及参会人员。
- · 根据联合国灾害评估与协调队成员的专长，确定回答具体问题的人选。
- · 准备一份自我介绍的大纲，大纲要简短、切题、扼要（参见下文）。
- · 如果条件允许，应采用可视化简报的形式（但请记住时间不宜过长），或者准备关于联合国灾害评估与协调队系统的宣传册，并准备好名片或联系人清单（通用模板可在联合国灾害评估与协调队任务软件中调用）。
- · 尽力查明救援协调的具体组织结构，人道主义国家工作队的组成人员，及其所代表的组织。在向受灾国主管部门通报情况时，也应同样查明受灾国协调机构的组织情况。
- · 询问有关背景和最新情况（任务旅行途中可能发生的情况变化）。目前的优先事项，以及具体的挑战和制约因素。
- · 针对灾害的应急响应、灾情可能的演变，询问受灾国协调机构的看法和意见。询问受灾国从以往（类似）紧急情况和应对措施中吸取的经验教训。
- · 会议结束时，就任务目标、汇报流程、签核程序达成一致，最终确定职权范围。

有关会议管理的更多详细指导，请参见第 L.2.2 节。

简报涵盖的问题

队伍在自我介绍时，应包括以下内容：

- 简要介绍灾害评估和协调的概念，即人道主义事务协调办公室的快速应急响应工具，包括介绍以往非常类似的灾害评估和协调任务、最近的重大紧急事件、类似的紧急事件、灾害评估与协调团队在受灾国的其他任务。
- 简短介绍每位队员的经验，以及所部署的支援合作伙伴的能力（这些内容可以做成一份宣传册）。
- 在支持人道主义国家工作队、政府和合作伙伴方面，联合国灾害评估与协调队可以承担的增值服务任务包括：
  —— 协调初步需求评估和分析。
  —— 支援信息管理。
  —— 建立所有国际应急响应组织之间的协调联系，包括非政府组织、捐助者、外国军事力量、私营部门、双边应急响应团队等。
  —— 与受灾国和地方应急管理主管部门建立职能关系，确保与国际应急响应的对接渠道，例如通过现场行动协调中心 / 联络官等。
  —— 支持组群间协调，建立或加强人道主义协调的具体组织结构，包括在灾害现场的协调。
- 如果灾害救援需要现场行动协调中心，那么对这一概念进行简短介绍。
- 对初步行动计划的概述，包括与人道主义事务协调办公室全球应急响应资源的联系，以及与受灾国主管部门建立密切工作关系的方法。
- 概述可能需要的人道主义事务协调办公室的其他服务，包括次生 / 环境影响评估。

与联合国驻地协调员 / 人道主义协调员、人道主义国家工作队和 / 或受灾国主管部门会晤时，应遵循的原则：

- 在首次会议上穿职业装，如夹克、领带或类似着装。
- 表现出对受灾国的尊重和同情，表达出团结精神。

- 强调队伍部署的目的，是为了通过加强受灾国现有的应急响应能力来帮助其开展灾后救援。
- 强调联合国灾害评估与协调队是专业应急管理机构，由紧急援助协调员和人道主义事务协调办公室派出，提供救灾协助。
- 强调人道主义事务协调办公室和联合国灾害评估与协调队本身并不参与管理救援方案，而是在情况分析、协调和解决办法方面提供帮助，从而调动资源以进行有效的应急响应，因时因地精准满足受灾群体的各项需求。
- 根据上述内容，说明队伍可以在国际层面提高对灾情和需求的认识。
- 强调队伍是自给自足的，不会消耗人道主义国家工作队成员国或受灾国主管部门的资源。
- 提出相关问题，了解灾情、受灾地区和受灾国内环境情况、现有的国内和国际应急响应情况、优先事项、救灾能力、能力短板、挑战、制约因素、灾情的可能发展趋势等。

应避免的错误：

- 多位队员同时发言。
- 浪费时间，造成每个人都很忙，面临压力。
- 表现出不耐烦、恼怒或心不在焉的迹象，例如使用手机。
- 代表人道主义事务协调办公室做出承诺，或在向受灾国主管部门通报情况时，代表联合国驻地协调员／人道主义协调员做出承诺，但事先没有经过讨论和商定。
- 做出各种资金承诺。

在首次会议上，应确定首都和受灾地区的主要联系方式。其中可能涉及以下各方：

- 人道主义国家工作队的成员国，即组群的牵头机构。
- 组群协调员，适用于创建了组群间协调论坛的情况。

- 受灾国主管部门负责应急响应的主要工作人员。
- 受灾国主管部门负责协调国际救援的主要工作人员，适用于有专人负责的情况。
- 最有可能代表援助国家应对紧急情况的主要外交使团。
- 国际人道主义组织，包括在受灾国派有代表的非政府组织。
- 受灾国人道主义组织。
- 灾区现场的联合国代表机构。
- 负责应急响应的地方主管部门。
- 应对紧急情况的国际组织。
- 受灾地区的受灾国救援组织。

安全情况简报

执行任务的联合国灾害评估与协调队成员，是联合国工作人员，必须遵守联合国安全和安保的规定。

全面负责某个国家安全问题的联合国人员，也称为指定官员（DO），通常是联合国驻该国的驻地协调员。在部署之前，针对联合国灾害评估与协调队每位成员的任务旅行，人道主义事务协调办公室将向联合国安全和安保部（UNDSS）申请授权，并为队伍申请在受灾国内使用军用飞机或船只的特别授权。除特殊情况外，指定官员有权决定队伍是否可以获得相关授权，并为此提供咨询。除非已收到指定官员的特别安全许可，否则队伍不得使用军用飞机或船只。

在抵达受灾国后，所有队员必须尽快得到联合国安全部门驻受灾国官员的安全简报。如果联合国驻地协调员／人道主义协调员没有发出安全情况简报，则队伍应要求获取安全情况简报。

联合国安全风险管理模型是一种管理工具，用于分析可能影响团队人员、资产和行动的安全和安保威胁。在安全风险管理的框架内，将进行有关的安全风险评估，涉及联合国灾害评估与协调队所部署的国家和／或地点。所有安全决策、安全规划和安全风险管理措施的实施，都必须以安全风险评估为基础。在行动计划中，联合国灾害评估与协调队应确保考虑相关因素。任务的要求必须与安全措施相平衡，例如使用军用飞机的授权、国内旅行安全检查、宵禁、护送、无线电和专用安保设备的使用。任务要求与安全措施之间的任何潜在冲突，必须在初期阶段尽早查明并解决。在某些情况下，联合国安全和保安部的一名安全官员，受过联合国灾害评估与协调队培训，可以作为灾害评估与协调队的一员。关于安全和安保程序的详细资料，请参见第 G 章。

最终确定行动计划

与联合国驻地协调员 / 人道主义协调员的首次会面、安全情况介绍和其他重要会议之后，根据收到的信息和可选择的方案，队伍应确认或调整其任务目标。应在此基础上最终确定行动计划，随后队伍应立即开始救援行动。

D.3　执行

由于灾害情况和灾区环境的多样性，很难提供执行任务活动所需的确切蓝图。与协调、评估和分析以及信息管理方法有关的具体活动，虽然可在本手册的相应章节中找到，但每项任务都有其相应的特点，需要根据具体情况变化而开展行动。

情况会持续变化，优先事项可能每天都不同。在这种情况下，重要的是不要忽视行动计划中确定的总体任务目标。与联合国灾害评估与协调队方法的基础要素（见第 B.2.1 节）一起，总体任务目标应为任务提供方向并成为行动的指南。

因此，应养成定期查阅行动计划的习惯，开展行动评价，相应地调整日常工作计划。考虑以下因素：

- · 影响任务目标的新形势。
- · 队伍组织的可能变化，包括人道主义事务协调办公室增援人员的部署、队伍专业能力的短板和可能的增援需求。
- · 协调工作的各项需求，以及队伍为协调工作提供最佳支持的方法。
- · 通过情况分析和关键地点 / 地区的实地访问，确定信息缺口。
- · 通信、安全和安保方面的最新情况。
- · 受灾情况的最新官方统计数据，以及会见媒体和其他人员所需的关键信息。

性骚扰、性剥削和性虐待

在联合国体系内，对任何形式的性骚扰、性剥削和性虐待都采取零容忍政策。

- 性骚扰—指各种性挑逗、性要求以及与性有关的语言或身体行为或手势，或任何其他可能会或被认为会导致他人感觉受到冒犯或受到羞辱的性行为。
- 性剥削—指为达到性目的，实际或企图滥用对方的脆弱性、权力差异和信任的行为，包括但不限于从对他人的性剥削中获取金钱、社会或政治利益。
- 性虐待—指通过强迫或在不平等或胁迫条件，实际或威胁实施性侵犯行为。

性骚扰与性剥削和性虐待的区别在于，如果工作人员之间滥用权力差异，那么就可能发生性骚扰。而性剥削和性虐待的对象，则是某位受益人或社区的某位成员。

联合国灾害评估与协调队的所有合作同事和合作伙伴，其行事方式都应专业得体。为此，应遵循以下指南：

- 始终尊重当地居民，让他们获得应有的尊严。
- 对于联合国所有工作人员和相关人员，性骚扰、性剥削和性虐待都是不能接受并严令禁止的行为。
- 联合国灾害评估与协调队的宗旨是服务和保护人们的生命，而性骚扰、性剥削和性虐待则对会人们的生命造成伤害。
- 性骚扰、性剥削和性虐待破坏纪律，损害联合国的声誉。

如果联合国灾害评估与协调队的任何成员发现性骚扰、性剥削和 / 或性虐待的情况，必须向主管方报告，包括联合国驻地协调员 / 人道主义协调员、联合国灾害评估与协调队队长或人道主义事务协调办公室日内瓦总部的任务联络点。

巩固

救援任务进行到中期，或者更早的时候，根据情况，重新审视任务目标，确定其是否需要调整，这是很重要的。获取和分析更多信息后，就会发现最初预想的情况可能已经改变。可能会有更多的可用资源，并且可能需要建立新的目标，并对职能和职责进行更改。对任务总体目标的各种修改都应与主管方协商，包括驻地协调员／人道主义协调员、人道主义事务协调办公室区域办事处和人道主义事务协调办公室总部。在修订行动计划之前，必须澄清以下问题：

- 行动目标的方向是否正确？
- 执行相关任务的人是否合适？
- 是否需要增加人力或物力资源？
- 工作量采用平均分配方式，还是轮换执行方式？
- 是否需要延长任务期限，是否应该动员更多的队员？

根据对这些问题的回答，相应修改行动计划，包括对队伍组织结构和责任划分的更改。

在任务中期，必须最后确定移交和撤离策略，确保救援体系部署到位，避免队伍所建立的救援架构在任务结束后崩溃。要避免灾区对队伍服务和救援架构的依赖，设法制定在队伍离开后可持续救援的解决方案。在建立一个救援架构或提供一项救援服务时，应从一开始就考虑清楚当地合作伙伴在未来 6 个月内是否能够维持。建立一个救援架构或一项救援服务可能很容易，但如果没有队员提供的资源，则可能无法持续。

E 任务结束

E.1 简介

终止联合国灾害评估与协调队任务的决定，由人道主义事务协调办公室总部做出，之前应与相关方协商，包括联合国驻地协调员 / 人道主义协调员、人道主义事务协调办公室区域办事处和灾害评估与协调队队长。在做出终止任务的决定后，队伍应向相关方通报情况，包括联合国驻地协调员 / 人道主义协调员和人道主义国家工作队，根据情况通报受灾国主管部门。

移交 / 撤离

- · 确定需要移交的具体服务和可以终止的具体工作。
- · 指导将接管救灾架构的其他救援人员，确保其继续开展工作。
- · 向受灾国内的战略合作伙伴提交最终报告 / 汇报，涉及联合国驻地协调员 / 人道主义协调员、人道主义国家工作队、受灾国主管部门。
- · 与人道主义事务协调办公室日内瓦总部合作，确认离境相关的行政程序和后勤工作。
- · 根据需要，支持人道主义事务协调办公室日内瓦总部安排对任务进行外部评价。

汇报

- · 进行队内汇报，包括总体任务分析、SWOT 分析（优势、劣势、机会和威胁）、任务结束报告和心理影响报告（必要时安排专业力量跟进）。
- · 向外部相关方汇报情况，包括人道主义事务协调办公室日内瓦总部、人道主义事务协调办公室区域办事处、远程支援和其他相关方，内容重点是任务具体情况和获得的经验教训（填写汇报表）。
- · 通过书面形式记录最佳做法，供日后方法更新的参考。
- · 进行绩效评估（个人和队伍）。

- · 撰写任务报告，即完整的任务报告和捐助者总结。
- · 根据情况，核对任务支出，例如零用现金。
- · 提交单独的费用报告（见第 E.2.3 节）。

E.2 移交和撤离

根据救援行动 / 灾难的规模，必须尽早明确是否需要加强人道主义事务协调办公室在受灾国的力量，或派出新的人员，或者受灾国相关机构或国际合作伙伴是否可以接管灾害评估与协调队建立的职能。行动的具体方向一旦开始明确，包括行动规模、时间框架、次生影响、情境发展、国家和国际应急响应等，可以进行更详细的队伍移交 / 撤离规划。

队伍任务逐步减少的典型现象如下：

- · 日常工作成了每天的主要内容。
- · 工作时间变得更有规律，业余时间也在增加。
- · 饮食和睡眠变得有规律。
- · 电子邮件的收发频率在减少。
- · 针对现场行动协调中心 / 行动中心的询问在减少。
- · 情况发展的趋势越来越清晰。

如果准备延长执行任务的期限，应与人道主义事务协调办公室日内瓦总部和人道主义事务协调办公室区域办事处的任务联络人进行讨论，进行前瞻性规划，即联合国灾害评估与协调队成员是否可以延长其任务期限，安排新的队伍进行轮换行动，或人道主义事务协调办公室快速部署其他增援人员。必须确定移交职能和服务的对象，决定是否要留下各种救灾协调装备，这些安排很重要。同样重要的是，要确定队伍为结束任务而需要采取的行政和后勤活动。

在任务开始时，制定的撤离计划应具有前瞻性和策略性。随着任务的开展，应对计划进行必要的调整，进一步明确细节和关键行动，让计划更加具体。在任务接近结束时，需要明确最后一周 / 最后几天的详细计划，包括队伍情况汇报和任务结束报告。如果与另一支联合国灾害评估与协调队轮换行动，则启动任务报告，这样第二支队伍可以从任务当前进展节点继续进行，而不必报告第二支队伍到达之前的细节。

应编写一份详细的任务移交说明，具体说明移交的具体职能、资源和服务，以及移交对象。在许多情况下，移交说明可以附在任务报告的末尾。

对于那些接管协调职能的人员，移交说明应包括以下内容：

- 情况—情况报告，地图，最新情况，行动主题和未来发展趋势。
- 任务目标—过去目标和现在目标，可能目标和未来的目标，早期恢复情况，关注的问题和评论。
- 关键救援人员/合作伙伴—受灾国主管部门、非政府组织、联合国、军方、捐助者等，以联系人名单的形式呈现，包括联系对象、联系内容、联系地点等。
- 继续开展活动和进程—例如，组群间协调机构、领导职能、信息管理、其他协调职能。
- 现状评估—已经完成的具体工作，有待完成的具体工作，应该完成但尚未完成的工作，协调机制的优势和劣势。
- 行动信息—安全、安保、后勤、通信。
- 管理、财务、受灾国内的支持—包括应继续开展的工作和所涉及的财务影响（联合国灾害评估与协调队撤离后，任务资金将停止发放）。管理流程可能需要单独的移交说明，可在联合国灾害评估与协调队任务软件中获取相应模板。

应保留所有关键信息的副本（最好是电子版），以便与相关方分享，包括国内相关机构和人道主义事务协调办公室日内瓦总部。必须提供任务支出和原始收据的详细清单，通常将清单提交给联合国开发计划署驻受灾国办事处。

在离开受灾国之前，须解决各种尚未处理的财务问题。此外，联合国灾害评估与协调队所有在受灾国内领取每日生活津贴的队员，都必须在出发前从联合国开发计划署领取相应的津贴。

在撤离期间，还必须留出时间，在队伍内进行内部汇报，提炼要纳入任务报告的要点。

E.2.1 任务报告

每次任务结束时，起草任务报告是一项重要的工作。这通常是为了驻地协调员／人道主义协调员更好地开展后续工作，在某些情况下也可以帮助受灾国政府提升救灾能力，但任务报告也是为了与全球所有应急响应合作伙伴分享。报告应侧重于队伍所完成的工作，包括本次应急响应行动中的最佳实践，对未来应急响应计划的改进建议，以及对灾害评估和协调方法的更新建议。

任务报告应作为撤离和移交策略的一个组成部分。虽然编写任务报告是联合国灾害评估与协调队队长的责任，但所有队员都应该为任务报告的编写尽一份力。联合国灾害评估与协调队的许多成员，具备执行救援任务的经验，能够提供关于未来灾害应对准备工作的建议，帮助受灾国政府机构或部署在受灾国的联合国机构。在提供建议方面，虽然队伍具有独一无二的作用，但为了让这些建议更加有效，必须对建议采取后续的落实行动，融入正在进行的全局性应急响应准备方案。因此，在任务报告过程中必须记录这些建议，供人道主义事务协调办公室区域办事处和其他相关伙伴参考，以采取后续落实行动。以这些建议为基础，开展更有针对性的灾害应对准备活动，灾害评估与协调队系统可以支持这些准备活动，或将其纳入正在实施的措施。

任务报告也是整理最佳实践方法的绝佳机会，可考虑将这些方法用于更新灾害评估和协调方法和培训。要注意的是，灾害评估和协调方法具有动态性和前瞻性。整理任务执行过程中的经验，是充实和提升灾害评估与协调队现场工作手册及其培训材料的最佳途径。然而，如果在任务结束后这些经验没有记录下来，则可能很容易丢失，最终被遗忘。

除任务报告外，人道主义事务协调办公室日内瓦总部还将编写一份简短的任务报告，概述此次任务的要点，分享给联合国灾害评估与协调队成员的赞助国政府／赞助组织。这份报告也会在灾害评估和协调咨询委员会的年度会议上分发。

E.2.2 汇报

任务结束时，应进行队伍内部汇报，达成以下目的：

> - 返程回国前，给此次任务画上句号，例如，任务回顾、成就、挑战、SWOT分析（优势、劣势、机会和威胁）、队伍绩效自我评估、队伍管理和个人经验、心理影响。
> - 确定今后受灾国内相关工作的建议，例如对未来灾害事件的准备。
> - 吸取经验教训，并丰富联合国灾害评估与协调队系统整体能力的积累。

对于内部汇报，重要的是要了解各种应激反应、累积压力或有待解决的重大事件压力。有关应对任务压力的更多信息，请参见第 S.3 节。

汇报的要点应使用规定格式进行总结，包括标准模板"队伍汇报"、SWOT分析和联合国灾害评估与协调队任务软件中的建议，应仅与队员和人道主义事务协调办公室日内瓦总部的任务联络员分享。汇报内容是保密的，不应向非相关方传播。

在发生重大灾害的情况下，只要队伍的日程允许，与外部合作伙伴一起，人道主义事务协调办公室日内瓦总部和区域办事处可以尝试组织一次更正式的情况汇报，作为全面应急响应评估的一部分，这种汇报通常是在任务后采取电话会议的形式。

评估

任务结束后，人道主义事务协调办公室日内瓦总部和各队伍成员，还将进行救援行动绩效评估。其目的在于：通过自我反思的形式评估队员的任务执行情况。因此，针对联合国灾害评估与协调队成员，这种方式提供了一个自我评估的机会，根据任务执行情况总结经验教训，这样队伍未来的培训和部署可以更加因地制宜，并能够指导专业力量发展。

E.2.3 行政事务

执行任务返回后，联合国灾害评估与协调队所有成员应尽快完成费用报告，以便能够迅速结算其应报销费用。人道主义事务协调办公室日内瓦总部将协助完成这一程序。

要处理费用开支报告，队员应通过电子邮件发送以下文档扫描件：

- · 签发的所有登机牌和各类机票、火车票或其他交通票据的原件。
- · 与个人费用支出相关的所有附加费用票据原件，如超重行李费、签证费、机场税、出租车费收据、公务电话或互联网费用票据等。
- · 联合国开发计划署签发的每日生活津贴支付收据（如适用）。

请注意：联合国行政事务方面的规定非常严格，除非得到正式授权并提供正式收据原件，否则费用不予报销。因此，在产生这些费用之前，必须与联合国灾害评估与协调队队长和（或）人道主义事务协调办公室日内瓦总部协商。

对于送交人道主义事务协调办公室日内瓦总部的所有原始文件，联合国灾害评估与协调队成员应保留一份复印件作为自己的记录凭证。

管　理

联合国灾害评估与协调队队长和副队长负责管理灾害评估与协调队。这两个角色有明显的区别，但也有相同之处。此外，通常预期联合国灾害评估与协调队发挥领导作用，冲在协调工作的最前线。要做到这一点，需要了解一些关于队伍工作、领导和管理的相关内容。

本主题包括以下两章：

F. 队伍管理

本章讨论适用于灾害评估和协调概念的队伍动态、队伍协调和领导模式。还提供联合国灾害评估与协调队队长指南，其中包含按主题排列的提示和技巧，以及对本书中相关章节的引用。

G. 安全和安保

本章介绍了联合国安全管理流程，这些流程与联合国灾害评估与协调队的关系，相关内容阅读的链接，以及关于个人安全和安保的提示和技巧。

F　队伍管理

F.1　队伍运作

如果队员怀着对共同目标的强烈责任感，那么产生的协同作用就会大于个人绩效的总和，这时的队伍就不仅仅是一群人简单相加。本节探讨将一群人打造成一支队伍的具体方法，从而形成联合国灾害评估与协调队的集体领导，这是队伍要努力实现的目标。

F.1.1　队伍组建

简单地将一群人加在一起，并不能形成一个团队。如果只是一群人，那么其中的每个人独立工作，不参与计划，很少相互依赖，彼此间也没有相互支持。如果是一个团队，那么其中的每个人为了一个共同的目标而协同工作。队员可以做出贡献，并提出建议，负责任务的不同部分，同时了解自己在整个队伍中的职责。

根据团队动态的经典模型，将一群人打造成一个团队的过程涉及以下几个阶段：

- · 组建期（Forming）—涉及每位队员的自我介绍，通常发生在队员第一次见面或队员随后相互介绍时。每位成员很可能会受到其自身期望的影响，渴望了解队伍作为一个整体进行运作的具体方法。

  在这一过程中，团队成员将定位自己的目标，开始确定自己做出贡献的方式，并从其上级领导处寻求指导。
- · 动荡期（Storming）—对于队伍的理想运作模式，每位队员会有不同的意见。对冲突感到焦虑的人，可能会觉得头脑风暴阶段很困难。优秀的团队会明白：某种程度的冲突是发展的必经阶段，队员会积极听取彼此的意见，共同商定一条前进的道路。如果做不到这一点，则可能会导致队伍分崩离析，因为每位成员都会试图坚持自己的观点来应对难关。

  这应该是建立规则、流程、结构和角色的阶段。团队运作上的细节管理，此时变得尤为重要。

- 规范期（Norming）—队伍现在有了一套协商一致的运作方法，队员同意遵守共同的工作方法。在这一阶段，队员能够将个人意见与队伍的整体需求相协调。合作取代了上一阶段的冲突。

  这是培养团队精神的阶段，团队变得有凝聚力，信息和意见沟通开始变得更顺畅。

- 执行期（Performing）—这一阶段的重点是实现队伍目标，而不是局限于内部流程。队员关系稳定下来，可能会建立对彼此的忠诚。

  这是队伍高效运作的阶段，能够执行更复杂的任务，应对更严峻的变化。

  在最后这个阶段之后，队伍可能会经历成长的第五个阶段，例如：

  ——由于队员发生变化，重新回到组建队伍阶段。

  ——如果队员变得自满，进入调整期（Dorming）。

  ——或者成功实现目标，完成任务工作，进入解散期（Adjourning）。

请注意：队伍的这种发展过程不一定是线性的。如果队员、领导或任务分工发生重大变化，那么队伍通常会重新经历之前的阶段。由于队伍的组成人员不同，每个阶段所经历的时间可能会有所不同，某些队伍可能一直没有进入完全发挥作用的最后阶段。联合国灾害评估与协调队尤其需要考虑上述情况，因为这些队伍通常在紧急环境中开展工作，其优先事项、任务和作用都在不断变化。

队伍绩效

队伍绩效的成功实现通常涉及几项关键步骤。这种划分方法不是基于精确的科学理论，而是基于最佳实践，可以将其视为提高队伍执行任务效率的得力助手。这些步骤就像是构建积木，其中每一块都建立在前一块的基础上。

- 目标—清晰定义队伍想要达到的目标。这也可以看作是团队的"战略方向"。
- 角色—建立职能和角色，决定实现队伍目标的行动人员和行动内容，以及各种角色之间互动和沟通的模式。尽力避免模糊不清的规定，并且在任务初期评估队伍的运作情况。

- 程序和流程—定义完成工作的方法，包括履行每项职能（以及现场行动协调中心中的各单元）的方法，队伍内部结构和流程。
- 人际关系—以上步骤越明确，就越有利于优化队员之间的互动方式。关于队伍目标、行动人员和行动内容，如果存在困惑和（隐藏的）分歧，则可能会导致团队内部效率低下、充满摩擦。人际关系管理，请参见第F.2节。

F.1.2 队伍协调

在队伍构建的每个阶段，都有一些需要重点关注的行动建议（表F–1）。

表 F–1 行动建议

阶段	行动
组建期	留出时间让队员互相了解，即使在紧急情况下，也要安排少量时间 定义明确的任务目标，如果条件允许，进行队伍演练来建立责任感 概述队员角色和职责，在队伍创建中纳入提供支援的合作伙伴 快速建立队伍系统，确保队员能够在其职能范围内和／或现场行动协调中心单元内进行协作并决定行动程序
动荡期	明确组织架构和决策机制 确定队伍内部沟通的程序，最好采用可视化沟通方式（见第I.2节） 提供主动参与行动的机会，让所有队员都能够做出贡献 确保商定的行动方案得到落实 承认在这个阶段队员可能会有紧张和负面情绪，但要保持积极主动，并进行公开对话，以尽量减少摩擦
规范期	确保队伍参与正在进行的规划和资源分配，允许保持灵活性 向各职能领域和／或现场行动协调中心单元分派任务并提供支持 指导个别队员和提供支援的合作伙伴，尤其是经验较少的人员
执行期	跟踪对队伍绩效的反馈，寻找改进方法 扩大外部合作机会，促进合作伙伴的领导机会 给合作伙伴提供能力建设的机会，作为移交和撤离策略的一部分

在联合国灾害评估与协调队内，经常将领导和管理角色分开，特别是在执行较大规模的任务时。联合国灾害评估与协调队队长的作用更多是针对外部，旨在支持政府部门、联合国驻地协调员/人道主义协调员和人道主义国家工作队，而副队长/现场行动协调中心管理人员的作用则更多是针对内部，侧重于队伍的运作和程序。但是这种区别并不十分明确，某些工作范围可能存在重叠。这两个角色都需要纳入另一个角色的要素，同时了解各自的总体责任。队伍领导与管理如图 F–1 所示。

| 指明方向 | 确保队员全力投入 | 激励、鼓励、鼓舞 | 规划 | 组织 | 监控和监管 |

领导 ⬌ **管理**

| 根据情况调整领导风格 | 做出各项总体性决定 | 审查进展情况 | 维持系统和工作进展 |

图 F–1　队伍领导与管理

F.1.3　情境领导

联合国灾害评估与协调队队长和副队长，可能面临需要采用不同领导风格的情况。

根据情境领导方法，可以针对所面临的情境调整领导风格。例如，在需要快速决策的危机时刻，采取权威果断的领导风格可能更合适，而民主的领导风格可能最有利于促进决策制定的责任感。

采取权威果断的领导风格，这名领导者可以激发行动力、组织各项活动并做出决策。这种风格果断自信，在开始制定流程和时间表时，在队伍安全受到威胁时，在领导者明显比其他队员更有经验时，或者在时间紧迫时，这种领导风格可能是合适的。不同的领导风格如图 F–2 所示。最重要的技能是能够进行清晰的沟通。

图 F-2　不同的领导风格

协商型风格的领导，引导讨论、提出涉及所有队员的问题，并激励队员自愿承担责任，从而取得领导成果。这种风格寻求围绕决策建立共识，有助于确保流程的执行和建立信任。这种领导风格的最关键技能在于引导，在队伍的动荡期，可以有效地利用这种风格。然而，这种风格非常耗时，因此需要保持灵活性，适当地换用其他领导风格。

民主型风格让队员自己做出决定，鼓励其他人充分利用自己的专业知识。然而，领导者仍然对总体结果负责。这种风格主要是在队伍的规范期和执行期采用。在联合国灾害评估与协调队的任务即将结束时，采用这种领导风格将变得更加重要，此时任务和行动架构将移交给其他组织，从而确保合作伙伴能够利用其专业知识和经验，掌握救援进程。

为实现联合国灾害评估与协调队的高效领导，根据情境的性质、队伍的发展阶段和队伍内的动态，可以灵活采用各种领导风格。

F.1.4　联合国灾害评估与协调队集体领导

我们经常谈到联合国灾害评估与协调队的集体领导，即整支队伍共同发挥领导作用，帮助全球人道主义救援体系朝着共同目标前进。发挥领导力不是队长一个人的责任，而是整支队伍的共同责任。关于建立信任的方法，请参见第 D.2 节。

集体领导这一概念，挑战了"领导力来源于个人"的传统观念。权力、责任和责信制涉及更多的人员，从而为相关方创造参与领导的机会，包括所有队员，以及灾害评估和协调各职能领域和（或）现场行动协调中心各单元。

根据联合国灾害评估与协调队的方法，协调可以看作是各项行动的协同作用，其总体效果大于单项行动效果的总和（见第 L.2 节）。为了实现协同作用，通常需要在队伍中建立一个倾向于扁平化的结构，对于处理自身角色和执行相关任务的具体方法，队员有很大的自由。现场行动协调中心这一概念的设计，进一步促进了这种协同作用。从表面上看，现场行动协调中心采用了一种传统的职能型组织模式，属于一种命令和控制系统；但是，实际上，现场行动协调中心是各种职能领域的一个集合，其职责更倾向于服务现场行动协调中心的各个相关方，而不是现场行动协调中心本身。另见第 M 章"。

表 F–2 列出了传统型领导与集体型领导之间的一些差异。

表 F–2　传统型领导与集体型领导的差异

要素	传统型领导	集体型领导
领导方式	个人领导	队伍和职能领域领导
决策方式	队长	分布式决策，并与责任领域保持一致
组织结构	等级结构	扁平化结构，且基于网络构建
沟通方式	自上而下	多向且透明
多元化和包容性	多元文化影响的空间较小	多元文化影响的空间较大
领导流程	下达指令	集体商讨
问责对象	联合国灾害评估与协调队队长	分布在灾害评估与协调队各职能领域以及现场行动协调中心各单元

F.1.5　内部协调

在联合国灾害评估与协调队内部，管理工作流程的细节通常由副队长或现场行动协调中心管理人负责。成功协调的关键，通常是确保队内有足够的信息交流。

没有简单的"万能"解决方案可以实现这种协调，但可以采用以下一些策略：

- 配备记录关键信息的白板，记录例如活动安排、任务概况、行动计划。
- 列出重要文件的"待读"清单。
- 利用联合国灾害评估和协调任务软件或其他共享工作区中的信息输入区。
- 定期 / 每日召开队内会议。
- 定期通报情况和情况的最新变化。

- 每隔一段时间（×小时）进行一次 5 分钟的短会，即所有队员在短时间内停止工作，每个人快速通报一下其活动进展情况，然后再继续执行任务。
- 定期与分支机构/办事处一起召开电话会议。
- 利用即时通信应用程序进行群聊，如 Skype、WhatsApp、Slack 或类似应用程序。

相比于较大规模队伍或分布在更广地理区域的队伍，规模较小的队伍可能更容易实现内部信息交流。对于大规模队伍，以及通常与人道主义事务协调办公室增援人员和各类支援人员联合行动的队伍，管理工作流程可能既需要队伍总管理人，也需要每个职能领域或现场行动协调中心各单元的单独管理人或联络人。

F.1.6 人际关系管理

理想情况下，如果队伍明确了目标、职能和流程，那么个性因素的冲突会显著减少，但不同的个性偏好还是会影响队伍人际关系，以及队伍合作的有效性。承认人们有不同的工作风格或与他人相处的方式，这样有助于了解不同人的需求和偏好。这种心态通常有助于消除因人性引发的冲突。

例如，在寻找解决方案的过程中，某位同事天性喜欢说话不假思索，你应该包容这位同事的习惯，即使你自己倾向于默默思考清楚，然后再与他人讨论。你自己的方式，可能会让他人觉得无法融入讨论中，但这可能源于你自己的偏好，即在分享想法之前先解决问题。

有许多心理测验工具，可以帮助队员更好地了解自己，帮助队伍分析其作为一个集体的优势和劣势。大多数心理测验工具，都需要经过培训的专业人员来解释量表评估的范围，帮助个人和队伍理解评估结果。应急响应人员通常认为，联合国灾害评估与协调队任务的紧迫性不利于暂停工作并分析队伍人际关系。然而，在任务早期可以召开队伍建设会议，重点关注个人偏好以及队伍的优势和劣势，这样可以在以后节省宝贵的时间和精力。通过这种方式，还有助于舒缓烦恼和累积的压力（有关管理压力的更多信息，请参见第 S.3 节），否则这些负面情绪可能没有健康的宣泄途径。了解队员的多样性，可以改善沟通和实际工作，帮助联合国灾害评估与协调队更高效和更有效地运作。

F.2 联合国灾害评估与协调队队长指南

以下内容旨在为联合国灾害评估与协调队队长提供快速指南，其中包括关于队长和任务管理的提示和技巧，也包括联合国灾害评估与协调队手册中的重要参考资料。

准备

关于队长工作的建议：

- 担任联合国灾害评估与协调队队长的人，应深入了解灾害评估与协调队的概念、支援机制和最近的任务部署，以及人道主义事务协调办公室及其授权范围、组织结构和各种工具和服务，包括人道主义筹资机制。
- 随时了解联合国机构间常设委员会（IASC）的最新发展情况，以及国际人道主义应急响应政策、思维方式和组织架构、灾害趋势、经验教训和重大国际灾害发生后进行的国际评价。
- 与人道主义事务协调办公室日内瓦总部保持密切联系，参加未执行任务时的定期培训活动。

参考资料：第 A.1 ~ A.4 节，第 B 章，第 C.2 节。

动员

关于队长工作的建议：

- 要确保队伍的部署融入人道主义事务协调办公室全球应急响应体系中，并确保人道主义事务协调办公室其他部门的增援部署力量尽可能与联合国灾害评估与协调队合并，形成"由人道主义事务协调办公室统一领导的一个机构"。
- 与人道主义事务协调办公室日内瓦总部讨论，形成一个尽可能具体的职权范围规定，预测接下来的行动步骤，商定可能需要的救援资源和行动能力。
- 评估队伍的人员构成，例如专业技能和软技能、经验、性别、区域 / 本地知识和语言等。

- · 队伍的人员构成一旦明确，立即召开一次队伍在线会议，让队员参与讨论初步任务目标，并就队伍职能和个人任务进行公开讨论。
- · 评估行动支援合作伙伴的其他支援需求，并将其纳入初期队伍会议。
- · 查找受灾国相关机构的联系信息。
- · 启动一个初步计划，包括受灾国入境手续、资源、装备、文件、签证等。
- · 确保尽快向队伍提供相关的二手资料和基础资料，包括受灾国现有的协调机构（国内机构和国际机构）、应急响应规划、以往应急行动的经验教训等。
- · 启动并规划人道主义事务协调办公室各办事处、行动伙伴和/或灾害评估与协调队网络所需的远程支持。

参考资料：第 C.3 节。

初步规划

关于队长工作的建议：

- · 集思广益，与队员一起规划工作方法。
- · 建立救援资源列表。
- · 预测将要面临的挑战和机遇。
- · 建立"任务模式"。
- · 优先安排和分配重点任务，包括人道主义事务协调办公室的增援和支持人员。
- · 制定初步时间表。
- · 确保初始计划为后续规划指明方向并奠定基础，即使初步规划将会有变动。
- · 根据快速部署要求，通过远程方式制定初始计划，因为在进入受灾国之前，几乎没有时间让队伍临时集结。
- · 制定一个初始计划，总比没有计划好，有备无患，未雨绸缪。

参考资料：第 C.3.2，H.1 节。

与联合国驻地协调员 / 人道主义协调员和 / 或人道主义国家工作队举行会议

关于队长工作的建议：

- 这类会议是一种双向互动，获取信息与提供的信息同样重要。
- 介绍自己的情况时，做到简明扼要、直达主题。
- 强调队伍部署到受灾国的目的：协助 / 支持驻地协调员 / 人道主义协调员和人道主义国家工作队，向他们汇报情况。
- 会议成果中应明确任务的总体目标和行动计划的框架。
- 询问关于联合国当前协调工作的安排，例如：
  —— 是否有包括非联合国救援人员或捐助方在内的人道主义国家工作队，以及最新的应急预案。
  —— 是否有人道主义组群、职能领域的工作办法，以及由哪些国际机构和（或）国内机构（共同）牵头。
  —— 相关机构和 / 或组织是否已指定为关键应急响应领域的牵头机构（根据什么应急预案）。
  —— 是否有政府相应主管部门或指定的国家灾害管理机构。
  —— 国际人道主义救援体系的负责人，例如组群牵头机构，是否已经与政府相应主管部门联络。

参考资料：第 D.2 节。

行动计划（PoA）

关于队长工作的建议：

- 从任务一开始，就应进行战略性思考，不要陷入日常运作的具体事务。不能让日常事务主导队长的工作安排，否则会很容易失去大局观。
- 思考可能实现的目标，而不是想要实现的目标。队长只能做其资源、能力和行动框架所要求的事情。
- 无论怎样计划，都会遇到实际情况的变化；计划应该最好带有一定的预测性。几乎可以肯定，实际情况基本不可能如计划一般，但仍然可以依靠计划取得成功。

- 重要的不是计划本身，而是制定计划这一过程，以及对未来可能面临挑战的思考。制作并写下行动计划，按照计划采用灵活的方式进行工作，根据需要即兴发挥。即使细节内容无法按照计划的方式进行，也可以通过适当更改而完成计划。
- 首先确定总体任务目标。本手册提供了行动计划应包含内容的通用格式，但其实是任务目标决定了制定、组织、展示和实施计划的具体方式。
- 在任务初期，应考虑任务结束时的撤离策略，根据任务的进展情况调整这一部分的计划内容。
- 确定需要开展现场行动的具体时间和地点，最适合某个特定现场的队伍具体队员。
- 对所需的资源进行分类，以确保队伍效率。考虑当地资源（合作伙伴组织、应急响应团队）和国际资源（联合国灾害评估与协调队伙伴、人道主义事务协调办公室和远程支持）。
- 在资源存在各种限制的情况下，如队员数量不足、运作支持缺乏，确保目标仍可实现。
- 如果有人提供资源或工作人员，最好是接受而不是拒绝这类援助，即使没有明显的资源短缺，这是通常应当遵循的原则。因为在紧急情况的初始阶段，任务量可能迅速增加，最好安排好备用的资源和人员。

作为一种管理工具，行动计划可以发挥以下作用：

- 可以创建为一份清单，其中包含实现目标所涉及的相关问题。
- 行动计划更多的是关于流程管理，而不是具体成果。
- 可以创建为带有基准节点的时间表，然后用于检查任务成功和失败的具体实施情况。
- 执行任务的责任可以进一步细分，这些责任可以分配给具体的队员。
- 行动计划应作为队伍计划和成就的记录，并作为关于任务进展的队伍整体经验。
- 利用行动计划来定义具体的支持需求，但不要让资源限制计划的实施。

参考资料：第 C.3.2、D.2.1、D.3.1 节。

队伍管理

关于队长工作的建议：

- 意识到领导能力和管理能力之间的区别。管理能力涉及的是结构和流程。领导能力涉及的是愿景、方向指导、道德标准设定、决策和社交技能。领导能力确保做事的目标正确，管理能力确保做事的方式正确。
- 如果尚未有副队长，则可以指定一名副队长，了解其可以承担的具体管理职责。
- 领导能力是通过个人行为表现出来的。如果仅有技能，那并不能成为一名领导；如果具备领导风格和领导行为，尤其是对他人的领导行为，那就可以成为一名领导。
- 领导风格有不同的类型，有权威果断型，即由领导者自己做出所有决定；也有服务导向型，即领导者通过服务让队员表现出色。根据当时的具体情况，采用合适的领导风格。例如，在紧急行动的情况下，选择权威果断型风格可能是合适的，但在制定方案和计划时，选择服务导向型风格可能是合适的。
- 在紧急行动中，队员将表现出不同的个性，并采用不同的团队工作方式和表现方式。要思考促进队员发挥作用的机制，在可能和需要的情况下调整自己的领导方式。
- 如果行动的地理位置较分散，则需要规定明确的汇报关系和工作责任，每个具体的地点要做的具体事情。
- 对于分散在各地的队员，队伍领导要时刻记住自己的责任，定期给队员打电话。
- 保持队伍工作中的合作和沟通，注意队员中累积压力和疲劳的风险。

参考资料：第 F.1、F.2、G.4、S.3 节。

协调、范围、方法和技术

关于队长工作的建议：

- 铭记联合国灾害评估和协调方法的基础要素，即联合国灾害评估与协调队的核心价值观、灾害管理和人道主义协调之间的桥梁纽带、人道主义原则，以及联合国救灾协调和协调团队提供支持或发挥领导作用的方式。
- 评估现有组织结构和决策流程，相应地调整队伍的组织结构。
- 确定主要利益相关方，其对协调支持的要求，以及与利益相关方并肩作战的更好方式。
- 与关键决策者保持密切联系至关重要。

参考资料：第 B.2、L.2、H.1 节。

现场行动协调中心

关于队长工作的建议：

- 通常，队长不应担任现场行动协调中心管理人的角色。
- 清楚地考虑自己的工作地点，确保接近受灾国主管部门和其他重要相关机构。
- 《现场行动协调中心指南（2018）》和《联合国灾害评估与协调队现场工作手册（2018）》介绍了现场行动协调中心的基本职能，但只有现场情况才能决定需要的具体职能，以及具体的优先事项。
- 对于全球人道主义救援体系而言，现场行动协调中心是其服务提供方，最初现场行动协调中心可能是一个直接协调救援行动的机构，如国际城市搜索与救援队（USAR）。但从长远来看，这个机构可能会发展成为人道主义事务协调办公室现场办事处，和/或人道主义国家工作队的支援中心。

参考资料：第 M.3 节。

联合国人道主义军民协调（UN–CMCoord）

关于队长工作的建议：

- 如果军事力量要在人道主义应急响应中发挥重要作用，那么通常需要一个专门的军民协调机构。
- 了解人道主义军民协调的目的、范围和维度。
- 在联合国灾害评估与协调队中整理一份军民协调技能清单。
- 通过人道主义事务协调办公室日内瓦总部，请求提供军民协调人员和（或）专业力量。
- 与联合国驻地协调员／人道主义协调员协商后，考虑发布针对具体情况的军民协调指南。
- 与联合国驻地协调员／人道主义协调员或指定的行动协调员一起，建立明确的沟通渠道。
- 根据联合国军民协调办公室的关键策略，确定专职军民协调官员的任务。
- 确定所在行动区域内的国际和国内军事救援人员，根据救援行动背后的政治形势建立和维持适当的联络方式。
- 通过透明的信息交流、持续对话，与合作伙伴一起克服挑战，建立对彼此工作的信任和信心。

参考资料：第 N.4 节。

评估和分析（A&A）

关于队长工作的建议：

- 评估应为决策提供信息依据。在早期阶段，初步评估主要是为战略决策和初步应急响应资金分配提供信息，而在后期阶段，则为方案拟订和情况监控提供信息。
- 评估是一个始于准备阶段的过程。在应急响应方面，评估是一个持续的过程，利用这一过程收集可用信息，对其进行整理和分析，从而为应急响应决策提供信息。不能简单地将评估视为实地考察。

- 评估是一个信息迭代的过程，每一步都建立在前一步的基础上，并提供越来越多的细节信息。每一个阶段的调查结果，将为下一阶段的响应方案设计和工作重点提供参考。

- 制定一项强化协调方法的评估和分析计划，例如，建立现场行动协调中心评估和分析单元，建立评估工作小组（AWG）等。

- 评估流程总是从收集二手数据开始，并与实际调查结果进行比较，确定灾害的影响。

- 确保能够获取来自总部或类似机构工作人员的远程支持，进行二手数据审查和支持分析。

- 首先，要着眼大局；然后，要更深入地研究前期评估中发现的问题。评估的重点也要随情况而调整，从初期的生命救援到后期的灾后恢复。

- 分析首先是一种认知过程，也是最重要的一个环节，最好通过队员合作进行。

- 最初，紧迫的时间影响很大，因此，只需要大致了解一下情况。灾情的规模有多大？存在的主要问题是什么？是否有任何特定群体/部门/地理区域受到特别严重影响并需要紧急援助？队伍中是否需要特定的专业力量，例如与处理危险品相关的专业力量？最好对整体情况有一个粗略掌握，而不要拘泥于特定问题的细节。

- 评估过程应采用协作方式，包括共同分析，确定次生风险，促进对行动背景的共同理解。

- 联合国灾害评估与协调队的作用是确保评估顺利开展和进行协调，而不一定是进行具体评估。然而，联合国灾害评估和协调的每支队伍都必须做好准备，在必要时，特别是在紧急情况的早期阶段，启动并负责评估进程。

参考资料：第 I 章。

信息管理（IM）

关于队长工作的建议：

- 在任务早期，信息管理职能应分配给队伍的一名或多名指定成员，但所有队员都应参与其中。
- 应制定一项信息管理策略，包括外部和内部沟通渠道，将其纳入行动计划。
- 确保建立一个强大的系统来处理信息。
- 信息技术和软件解决方案，不应牵制队长和队伍的行动和决策。
- 信息管理任务的成功与否，通常以所产生和传播信息的质量来衡量。
- 信息超载的情况也有可能发生。需要考虑请求资源协助，包括由人道主义事务协调办公室其他办事处和合作伙伴提供远程支持的选项。

参考资料：第 H 章。

报告

关于队长工作的建议：

- 在某些国家，联合国灾害评估与协调队需要直接提供信息，供联合国驻地协调员 / 人道主义协调员办公室情况报告参考。而在另外一些国家，队伍报告则作为人道主义事务协调办公室区域或全球总体情况报告的一部分，确保就报告时间、报告内容以及报告对象达成一致。
- 在第一次会议期间，针对各种报告成果的最后期限和签署程序，与联合国驻地协调员 / 人道主义协调员达成一致。
- 试着设想自己是报告的接收方，预测所需要的具体信息。
- 明确情况报告的主要受众，但主要受众可能会在任务过程中发生变化。
- 将结论放在前面（BLUF），是一个很好的经验法则，这样报告的受众就可以立即知道报告的重点内容。
- 即使报告由其他队员撰写，在分发前也应得到队长的批准。

参考资料：第 J 章。

联合国灾害评估与协调队行动简报

关于队长工作的建议：

- · 最好每天进行一次简报。
- · 通过行动计划明确第二天的任务及责任分工。
- · 确保所有队员获悉简报内容，可以采用不同的方式，线下简报、线上简报，或由其现场行动协调中心各单元的代表作简报。
- · 利用行动简报进行定期汇报，寻找各类问题迹象，包括累积的压力、疲劳以及队员或队伍其他潜在职能问题。

参考资料：第 C.3.2、L.2.2、S.3 节。

媒体

关于队长工作的建议：

- · 务必与联合国驻地协调员／人道主义协调员讨论媒体策略。这类人员了解受灾国和潜在的各种困难。
- · 在重大紧急情况下，预计人道主义事务协调办公室总部将向媒体发布关键信息。
- · 务必掌握最新的官方数据和关键数据，例如死亡人数、受伤人数、受灾国城市搜索与救援队数量等。
- · 通常情况下，队长应担任媒体联络人，否则队长必须确保总体的媒体应对策略，指定一名发言人。
- · 媒体是一个很好的宣传工具，但发布的信息应仅限于队伍的专业领域。
- · 媒体信息应反映公开报告中的内容，以及紧急呼吁中要求的内容（关键信息）。
- · 向媒体发布的具体信息应得到联合国驻地协调员／人道主义协调员的确认。
- · 确保所有队员都了解每天的关键数据和信息，以免媒体发布会时措手不及。
- · 只进行事实陈述，而不发表个人观点，永远不要对媒体发布虚假信息。

- 如果有必要，最好在联合国灾害评估与协调队中专门指定一名社区联络专家；如果条件不允许，至少相关人员要能够使用当地语言，从而协调人道主义救援重要信息的编辑和传播工作。

参考资料：第 K 章。

筹资

关于队长工作的建议：

中央应急响应基金（CERF）：
- 救援机构关于使用中央应急响应基金的申请，必须由联合国驻地协调员 / 人道主义协调员核准；救援机构不能直接向紧急援助协调员提交拨款申请。
- 拨款申请文件应打包发送给紧急援助协调员，以及中央应急响应基金秘书处。电子邮件地址为 Cerf@un.org。
- 资金使用预算必须遵循中央应急响应基金模板，并提供一份资金项目分配表。
- 利用中央应急响应基金，可以快速启动初期应急响应。这项基金并不是要满足所有需求，而是快速提供所需资源，确保应急人员能够启动关键的生命救援行动，与此同时设法调动更多的资金。
- 需要中央应急响应基金资金的情况，通常也需要生成紧急呼吁。联合国驻地协调员 / 人道主义协调员，将中央应急响应基金的现有资金分配给最优先、最紧急的拯救生命行动。
- 中央应急响应基金不能替代紧急呼吁，而是要双管齐下。发出紧急呼吁，和申请中央应急响应基金，应同时进行；发出紧急呼吁与收到捐助者投入和资金之间存在时间差，中央应急响应基金是一个快速筹资工具，可以弥补资金短缺。
- 理想的做法是：编写紧急呼吁的同时，在其中确定中央应急响应基金供资的项目优先次序，在紧急呼吁文件中的财务汇总表中显示中央应急响应基金的分配情况。

- 除极少数情况外，中央应急响应基金不会为紧急项目提供 100% 的所需资金。
- 另请参见 https://cerf.un.org/apply-for-a-grant/rapid-response。

紧急呼吁：

- 联合国驻地协调员 / 人道主义协调员和人道主义国家工作队，必须对整个救援行动过程和最终结果负责。
- 联合国灾害评估与协调队，特别是队伍中的人道主义事务协调办公室工作人员，可以支持人道主义国家工作队编制紧急呼吁书，但只能指定 1 ~ 2 名具有相关专业知识的专职工作人员。
- 受灾国政府必须支持紧急呼吁，有时（但不总是）作为发出呼吁的执行伙伴。
- 呼吁书必须简短明了，很快（在几天到一周内）编制完成并发出。
- 呼吁书借鉴了人道主义响应计划（HRP）的编制方法，但篇幅明显缩减。
- 通过授权牵头机构，利用相应职能领域 / 组群系统发出呼吁。
- 需要确定是只列入紧急救助需求，还是也列入救援过渡期间的需求。
- 在任务初期，针对紧急呼吁执行策略和流程，队长必须与联合国驻地协调员 / 人道主义协调员达成一致。审查紧急呼吁进度，始终与联合国驻地协调员 / 人道主义协调员保持密切联系。
- 安排联合国灾害评估与协调队的成员，支持关键组群牵头机构，但要注意不要让紧急呼吁支持消耗队伍的全部资源，也不能让其占据团队所有工作和时间。
- 如有需要，请咨询人道主义事务协调办公室日内瓦总部，或人道主义事务协调办公室区域办事处，安排一名有经验的紧急呼吁书撰写人。
- 无论是灾区现场，还是受灾国首都和人道主义事务协调办公室日内瓦总部，都要确保所用方法和关键信息的一致性。
- 抵制夸大资金需求的做法。
- 保护并帮助呼吁书撰写人。安排一名优秀的受灾国员工协助翻译。

· 做好发生意外的准备。在撰写呼吁书的过程中，相关情况和最后期限可能会发生变化。

参考资料：第 A.3.4、A.3.5、L.3.5 节。

任务结束

关于队长工作的建议：

· 撤离和移交／过渡策略，必须包括在初期的行动计划中，以及每一期临时计划和队伍行动简报中，否则很容易在紧迫的任务执行过程中迷失方向。如果不能正确规划和执行移交／过渡策略，可能会严重危及队伍的救援成果和需要较长间才能取得成功的任务，导致救援工作失去稳定演进和创新的机会。联合国灾害评估与协调队离开后，还可能在行动管理方面留下一个巨大的缺口。

· 通常情况下，一项有效的策略，需要对队伍控制下的资产和流程进行持续盘点，尽早确定能够履行队伍关键职能的当地合作伙伴，如有必要，可以在移交之前加强当地合作伙伴的能力。

· 需要注意的是，在确定合作伙伴并确定其准备就绪后，可在任务执行过程中进行适当的移交／过渡。不应将全部移交／过渡留到任务最后阶段。

· 人们通常会更容易记住队伍撤离时的情景，而不是他们在执行任务期间所做的具体工作。

参考资料：第 E.2 节。

G 安全和安保

G.1 简介

每项任务都有其相应的风险。队员可能面临与安全相关的威胁，如武装冲突、高犯罪率、恐怖主义行为和国家内乱。此外，经常存在由实际或潜在灾害导致的安全威胁，例如山体滑坡、建筑物倒塌、输电线塔倒塌、环境危害（例如暴露于空气中的危险化学品、气体泄漏等）、洪水和疾病。联合国灾害评估与协调队成员，必须明确"可接受的风险"范围，并在这个范围内开展工作。要做到这一点，需采取一切合理措施以降低风险，然后平衡考虑各种剩余风险与相关任务活动的重要性。换句话说，所要采取的行动是否足够重要，值得冒剩余风险（即采取所有合理措施后仍然存在的风险）。

在受灾国，联合国工作人员的安全和安保的最终责任在于该国政府。在联合国安全管理系统和人道主义事务协调办公室责信框架内，紧急援助协调员全面负责人道主义事务协调办公室人员的安全和安保，并对联合国秘书长负责。人道主义事务协调办公室总部的安保联络人，负责协调本组织对安全和安保的日常应急响应，向所有相关救援人员提供咨询、指导和技术援助。在国家层面，人道主义事务协调办公室主任对紧急援助协调员负责，负责其所监督的人道主义事务协调办公室人员及其家属的安全、安保和健康，保护人道主义事务协调办公室的所有资产和财产。

人道主义事务协调办公室驻受灾国办事处主任，负责联合国灾害评估与协调队在部署期间的安全和安保。如果受灾国没有人道主义事务协调办公室办事处，也没有人道主义事务协调办公室指定的其他官员在场，那么在安全和安保指定官员的领导下，由联合国灾害评估与协调队队长负责队伍的安全和安保。联合国灾害评估与协调队队长相关的具体职责，请参见第 G.2、G.4 节。

与联合国安全和安保部（UNDSS）的安保和安全专业人员一起，队长将在力所能及的范围内努力降低联合国灾害评估与协调队的风险，但每位队员都必须对自己的安全和安保负责。

本章介绍了联合国系统内的安全和安保机制，并为联合国灾害评估与协调队成员提供了工具和指导，帮助确保队员的个人健康、安全和安保。第 G.2 至 G.4

节介绍了相关背景，概述了与安保有关的角色和责任，包括联合国安全风险管理，这是一种安全管理方法，首先考虑的是联合国人员的安全，然后考虑的是基本资源的安全。本章其余各节讨论与各类任务有关的个人安全。

健康相关问题、饮食以及在发生医疗紧急情况时应采取的措施，均包含在第S章"个人健康"中。在这一章中，还介绍了特殊气候区域救援行动相关的特定健康和安全指南。每次任务动员之前，联合国灾害评估与协调队成员应阅读相关章节。

除了学习和运用本章的安全和安保知识外，联合国灾害评估与协调队的所有成员还必须参加以下在线课程：

- · 现场安全基本教程 II。
- · 现场安全高级教程。

这些课程必须每3年更新学习一次，才能继续签约灾害评估与协调队。

此外，联合国灾害评估与协调队成员，可能需要在当前安全风险较高的国家参加培训，学习现场环境安全与安保方法（SSAFE）课程。团队成员还应参加敌对环境意识培训（HEAT）课程，但这不是必修课程。

G.2　联合国安全管理系统

责信制框架详细说明了与安保决策有关的各种角色、责任和责信制，涉及秘书长和每一位工作人员。责信制框架还提供了安全相关的决策体系架构。在联合国，与安全有关的日常决策在现场制定，通常由联合国的最高级别代表负责，行使安全和安保指定官员的职责。

在执行任务时可能遇到下列安全相关职位，联合国灾害评估与协调队成员应有所了解：

- · 联合国安全和安保部（UNDSS 或 DSS）—联合国安全和安保部是负责联合国安全风险管理咨询和协调的部门。通过运用安全风险管理程序，安全和安保部针对安全管理提供咨询意见，协调指定官员批准的安全风险管理措施的执行。

- 安保指定官员（DO）—在每个有联合国派驻人员的国家或指定地区，通常由秘书长任命联合国在当地的最高级官员为安保指定官员，并得到受灾国政府认可。在主管安全和安保事务的副秘书长领导下，安保指定官员对秘书长负责，并负责在整个国家或指定地区的联合国人员、运作场所和资产的安保。

- 安保管理队（SMT）—安保指定官员担任安保管理队负责人，队员包括在部署区域的联合国各组织的负责人和首席安全顾问。安保管理队的成员负责向安保指定官员提供咨询意见和支持，涉及联合国在驻地的所有人员、运作场所和资产的安全和安保决策。

- 首席安全顾问 / 安全顾问（CSA/SA）—由安全和安保部任命在全球范围招聘的安全专业人员，担任各类安全相关事务的首席顾问，支持安保指定官员和安保管理队。安全专业人员是每个部署区域的高级安全官员，对联合国安全部门负责。虽然安保指定官员负责首席安全顾问的日常管理工作，但在实际事务上，首席安全顾问将同时向安保指定官员以及安全和安保部报告。

- 现场安全协调官（FSCO）—在面积较大的部署区域，可能部署在全球范围招聘的多名现场安全协调官，协助首席安全顾问并在其监督下开展工作。

- 地区安保协调员（ASC）—可由安保指定官员任命地区安全协调员，在地域面积较大的国家，灾区的距离和安全风险水平与首都存在着较大差异时，需地区安全协调员控制和协调安全事务。

- 监督员与副监督员—通过与安保管理队协商，由安保指定官员 / 地区安保协调员任命监督员，协助执行安全计划。无论受雇于哪个组织，在行使与安全有关的职能时，监督员都要对安保指定官员 / 地区安全协调员负责。

同联合国所有工作人员一样，联合国灾害评估与协调队成员必须遵守联合国的安全政策、指南、指令、计划和程序。这包括接收安全简报的要求：在抵达受灾国内后，尽快接收联合国安全和安保部的安全简报。

联合国安全政策和规定相关的更多具体信息，可在联合国《安全政策手册》

（SPM）中查阅，联合国灾害评估与协调队任务软件中包含了《安全政策手册》。队员还应熟悉相关的联合国安全指令，可以查阅以前版本的《联合国现场安全手册》（这一文件正在被《安全政策手册》取代，但某些部分仍然可以参考）。

G.3 安全风险管理

在联合国安全管理系统内，安全风险管理模式提供了评估和管理风险的各种工具，供所有工作人员使用。确定已识别的恶性安全事件所造成的风险级别，制定安全风险管理方案。安保指定官员和安保管理队，选择、批准、实施和监控已确定的安全风险管理措施。

有关安全风险管理的更多信息，请参阅《安全政策手册》第四章。

G.3.1 安全风险管理（SRM）流程

安全风险管理流程是一种基于风险的结构化决策工具。这一工具提供了相关指导，用于查明和评估指定区域内联合国工作人员、资产和行动所面临的威胁。利用这一工具，还可以确定降低相关风险水平的措施和程序，确保在可接受的风险范围内实施救援方案。该流程还包括一个关于可接受风险的结构化决策模型，从而平衡安全风险与计划关键度。

需要注意的是，联合国安全管理系统针对的是风险，而不是威胁。虽然识别威胁是流程的一部分，但决策是根据风险评估做出的，即暴露于已识别威胁的可能性及其显著影响。

G.3.2 计划关键度（PC）

计划关键度（PC）框架，是联合国系统的一项共同政策，用于根据可接受风险做出决策。通过这个框架，可以制定指导原则和系统性结构化方法，以确保联合国工作人员产出方的关键度可以与安全风险相平衡。计划关键度框架是联合国安全风险管理流程的一部分。

在安全风险高或极高的环境中，需要实施计划关键度框架，将其作为组织的强制性策略。计划关键度框架可以评估计划在特定情况下对联合国战略成果的贡献。计划关键度由在当地的联合国高级代表负责，这名高级代表可以由驻地协调员或秘书长特别代表（SRSG）担任，负责救援行动计划。关于计划关键度框架的更多信息，可以在联合国灾害评估与协调队任务软件中查询。

G.4 安全相关责任：联合国灾害评估与协调队队长

联合国灾害评估与协调队队长负责确保队伍遵守联合国安全和安保要求。所有队员都必须清楚地理解和接受这一点。如果任务对于队伍安全构成了难以承受的风险，队长有义务拒绝此相关任务。此外，队长还负责与驻扎在受灾国内的联合国安全和安保部联络，从而协调必要的安保需求，确保联合国灾害评估与协调队成员能够安全地执行联合国任务。

如果联合国人道主义事务协调办公室在受灾国内设有办事处，联合国灾害评估与协调队队长在安全和安保方面的具体职责如下：

- · 确保所有队员收到联合国安全和安保部的安全简报。
- · 确保相关规定的具体安排得到执行，包括人道主义事务协调办公室、联合国安全和安保部和受灾国相关安全政策和程序，从而维护人道主义事务协调办公室人员、行动和装备的安保和安全。
- · 联合国灾害评估与协调队在受灾国开展工作过程中，确保安全和安保是所有活动的核心组成部分。
- · 与联合国安全和安保部联络，针对联合国灾害评估与协调队所有活动和行动，确保采取有效的安保风险管理办法（包括确定每项活动和行动的可接受风险水平）。
- · 联合国灾害评估与协调队队长，管理和指导队伍在受灾国的所有与安全有关的活动。
- · 确保定期更新国家灾害评估与协调队队员名单，将此名单提供给安保指定官员。
- · 针对团队在安全方面的特别关注，将其告知安保指定官员、安全和安保部、人道主义事务协调办公室安全联络人和 / 或其他指定官员。
- · 对于联合国灾害评估与协调队在受灾国的队员，确保其充分和完全遵守与安全有关的所有指令。
- · 与安全有关的所有事件，向安保指定官员和人道主义事务协调办公室安全联络人报告。

- 确保灾害评估与协调队所有队员适当配备所需的安全和安保装备，并接受这些装备使用方法的培训。
- 受灾国的各种事态发展，如果对联合国灾害评估与协调队人员、行动、部署场所和资产的安保和安全有影响，那么应随时向人道主义事务协调办公室总部及其安保联络人通报。
- 针对安全事项，确保与相关执行伙伴进行协作。

如果受灾国内没有人道主义事务协调办公室办事处，那么联合国灾害评估与协调队队长应履行以下职责（作为安保管理队的人道主义事务协调办公室安保联络人）：

- 作为安保管理队的临时成员，参加安保管理队所有会议和培训。
- 确保灾害评估与协调队队员充分了解安全相关信息，以及受灾国正在采取的措施。
- 在联合国灾害评估与协调队内，确保建立一个功能完备且运作良好的安全管理通信系统，将其充分纳入联合国国家应急通信系统。
- 在少数情况下，联合国灾害评估与协调队的队员被选为监督员或地区安保协调员，确保他们得到适当的支持，为他们提供适当的时间以接受相关培训。
- 对于联合国灾害评估与协调队队员不遵守安全政策的各种情况，应向安保指定官员以及安全和安保部报告，在必要时采取适当行动。

安全和安保计划模板包含在联合国灾害评估与协调队任务软件中，并应成为整个任务行动计划的一部分。

G.5 安全相关责任：联合国灾害评估与协调队队员

与联合国系统各组织雇用的联合国各类工作人员一样，联合国灾害评估与协调队的每位队员都对其所属组织负责。所有工作人员，无论何种职位或级别，都有责任遵守联合国安全管理系统及其各组织的安全政策、准则、指令、计划和程序。

联合国灾害评估与协调队的每位队员负责事项:

- 学习并掌握收到的联合国安全管理系统的相关信息。
- 在前往受灾国的行程前,通过人道主义事务协调办公室日内瓦总部的任务联络点,确保获得安全许可。
- 如果需要在受灾国内赶赴相关现场,要确保在行程前获得安全许可。
- 参加安全简报会,并在参会文件上签字,证明已经听取了简报。
- 了解行动所在地负责安全管理的关键人员。
- 携带适当装备,用于在各种行动区域提供服务。
- 在行动区域,无论是否在执行任务,遵守安全和安保部和人道主义事务协调办公室的所有安全条例和程序。
- 注意自己的言行举止,确保不危及自己和他人安全。
- 及时报告各种安全事件。
- 及时学习"现场安全基本教程Ⅱ"和"现场安全高级教程"的在线课程。

G.5.1　个人安全与安保

除了上述职责外,联合国灾害评估与协调队成员必须遵循的最重要的一条建议,是在执行任务时要时刻保持安全和安保意识。以下是通用安全和安保措施清单,在不同的情况下可能会有所帮助:

- 在潜在的风险情况变得严重之前,关注周围正在发生的事情,并做出相应的应急响应。学会"审时度势、随机应变"。
- 观察当地居民的行为(特别是在行车途中),包括当地居民常规习惯的改变,因为这可能预示着即将遇到大麻烦、发生炮击事件等。
- 不要随身携带过多的现金。所携带的现金应该分成较小的金额,放在不同的地点。如果需要支付服务费用、税款等,则应携带足够的金额。
- 不要让每天的日常行动有一成不变的规律,因为这会让潜在的侵犯者更容易制定针对你的计划。

- 在联合国灾害评估与协调队基地、生活区、宾馆等住处，查明可能的逃生路线，以应对建筑物受到攻击或发生火灾的情况。与其他队员约定好集合地点，以便清点人数。观察每个房间的窗户数量和位置，确定房间的最佳逃生路线，寻找最佳掩护位置等。了解现场火灾逃生计划，或为自己制定火灾逃生计划。将以上这些行为变成日常习惯。

- 如果要离开队伍基地，请确保告知他人，最好是队长或负责队伍安全的指定人员，告知自己的行踪，持续时间以及预计返回时间。如果需要，可以创建并使用外出 / 归队记录表。

- 如果经常在两个固定地点之间定期往返，例如在生活区和基地之间往返，那么每天尽量改变路线和时间。

- 在灾害评估与协调队基地外，始终与另一名队员同行。如果条件允许，建立一种"伙伴同行系统"。

- 进入受灾现场前，向刚去过同一地点、经由同一路线的人询问，了解安保和安全情况。如果条件允许，在地图上标记安全事件。

- 在发生交通事故时，应遵循联合国安全和保安部确定的安全简报程序。

- 如果配备了头盔和 / 或防弹衣或防弹背心，请确保使用这些装备；在关键时刻确实有用，可能会拯救生命。如果不穿戴这些装备而导致受伤，可能会自己承担后果。

- 停车时，如有必要，请确保停车的车位方便快速驶离，例如，不要让车头对着墙或其他障碍物。

- 制定一条规则：千万不要搭载陌生人，因为不知道他们的身份，或者他们是否有其他意图。特别是不要搭载军事人员或警察，因为他们可能具有危险性，或者可能成为袭击目标，从而危及自身的安全。同样，如果因为车辆故障而受困某地，出于同样的原因，也不要接受警察或军事人员提供的载送服务。

- 如果成为抢劫的目标，保持冷静，不要反抗，仅在要求说话时才开口说话，服从命令，保持合作，避免眼神接触，在大多数情况下，让对方明白自己是联合国代表。不要挑衅对方或扮演英雄。然而，要明白每件事的情况都有所不同，因此在决定行动方案时，应自己根据情况做出判断。

· 开车时，尽量避开坑洼路面。这些坑洼路面可能是有未爆弹药的弹坑，或埋有地雷的坑洞。要特别注意口径较小的孔洞，因为这些孔洞可能是炮弹的射入孔。有其他车辆碾过的坑洞，并不意味着下面没有未爆弹药；可能有 35 辆车侥幸碾过，而第 36 辆车却会引爆弹药。

· 谨慎使用相机和智能手机的相机。不要在有军事活动、士兵或检查站的地方拍照。

· 做好疏散准备，随时准备一个手提袋，装好私人物品、保暖衣物、备用食物和饮料、急救箱、头盔和防弹衣（如已提供）。

· 随身携带联合国证件和个人护照。如果官方要求出示护照，那么提供护照的复印件可能更好，不要提供护照正本。即使是护照副本，也可能同样有效。

情 况

　　良好的情况感知，是高效且责任明确的人道主义应急响应的关键。为了实现这一目标，需要最大限度地提高我们理解现有信息的能力。因此，良好的信息管理、评估和分析至关重要，这些过程相互依存，需要仔细规划，并关注所处的背景。我们还需要能够有效地将自己的知识传达给他人。

　　对于灾害评估与协调队常规任务中的整个信息管理流程，在下图中进行了概述。联合国灾害评估与协调队成员，可将其用作指南，确保在信息管理工作中获得高质量成果，帮助自己进行相应的规划。

　　情况主题由四章组成，大致遵循信息管理流程中描述的专题顺序：

　　H. 信息管理规划

　　本章包括确定范围和评估信息格局的方法，动员和部署期间查找基本信息的资源，制定信息管理策略的方法，以及设置文件夹结构的方法。

　　I. 评估和分析

　　本章包括评估和分析的基本原则，介绍协调评估和制定分析策略的方法。其中包含收集数据、处理信息的技巧，以及进行有意义分析的方法建议。

　　J. 报告和分析式成果

　　本章包括报告的基本原则、联合国灾害评估与协调队标准报告的内容以及分析式成果。

　　K. 媒体

　　本章包括与媒体合作的方法，与人道主义事务协调办公室／联合国灾害评估与协调队公共信息官员合作的方法，以及使用社交媒体的基本原则。

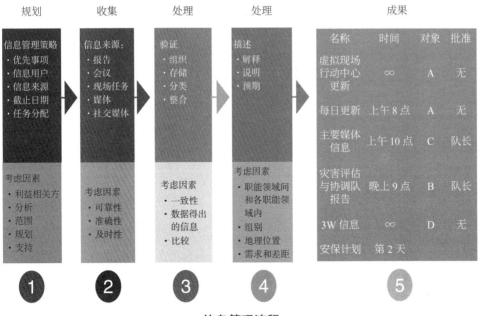

信息管理流程

H　信息管理规划

人道主义应急行动的执行和协调，需要尽量获得可靠、准确的最新信息。决策者需要了解受到影响的群体，具体的需求，以及人道主义救援人员的应对方式，从而制定应急响应策略，指导资源分配、解决优先需求和弥补能力短板，降低风险。为了向人道主义利益相关方提供及时和可靠的数据和信息，需要妥善规划信息管理流程。

H.1　信息格局

从发出部署通知的那一刻起，联合国灾害评估与协调队就应准备好评估其部署任务紧急情况的信息格局。充分利用现有的各种资源，确保队伍能够立即投入工作。队伍准备得越充分，就越有助于人道主义应急响应。

在特定环境中，对现有的信息结构和信息管理系统保持开放的心态，这一点很重要。队伍一旦抵达现场，就必须适应环境，形成协同效应，调整信息收集方式。

部署前

全球人道主义救援体系和灾后重建人员可利用许多工具和服务，联合国灾害评估与协调队成员在部署期间也应了解、运用和（或）推广这些工具和服务：

- 联合国灾害评估与协调队任务软件（UMS）—该软件是队伍的内部文件共享工具。软件提供了一个文件结构，将在部署阶段增加一些现有信息，包括初步情况分析、国家应急预案、联合国灾害评估与协调队的其他资源（如果可用）。有关联合国灾害评估与协调队任务软件的更多信息，参见第 C.3.1 节。
- 全球灾害预警与协调系统（GDACS）—是联合国和欧洲联盟委员会于 2004 年设立的一个合作框架，目的是在突发重大灾害的早期阶段弥补信息收集和分析方面的显著能力短板。在过去十年中，利用全世界灾害管理人员和信息系统的集体力量，全球灾害预警与协调系统促进了国际信息交流和决策。全球灾害预警与协调系统综合网站（http://www.gdacs.org）提供以下灾害信息系统和在线协调工具：

——GDACS 灾害警报—在突发灾害发生后，立即向大约 25000 名订阅用户发布和传播相关警报。欧盟委员会联合研究中心（JRC）和全球洪水观测站提供了自动化估算和风险分析，由此构成全球灾害警报的基础。

——虚拟现场行动协调中心—在发生自然灾害的情况下，虚拟现场行动协调中心是行动信息的一手来源，提供紧急情况下救援队伍部署相关信息、灾情最新进展、重要基础设施状况等。网址为 https://vosocc.unocha.org。

——（GDACS）卫星制图和协调系统（SMCS）—在重大灾害事件期间，这个平台用于协调不同卫星制图组提供的卫星图像分析和制图。卫星制图和协调系统是一种工具，可以显示收集的具体卫星图像、其覆盖范围、执行分析的卫星测绘组以及分析类型。除了作为卫星图像分析专业人员的业务协调工具外，卫星制图和协调系统还是过去事件的元数据档案，同时还是一个讨论区。这项服务得到了联合国卫星中心（UNOSAT）的协助，该方案由联合国训练研究所（UNITAR）提供。网址为 https://gdacs-smcs.unosat.org。

· 人道主义救援人员身份数据库（HID）—该数据库是联系灾害响应参与人员的信息管理工具。人道主义救援人员可以下载相应应用程序，查看其部署地区或发生灾情的国家，帮助他们快速与其他救援人员取得联系。救援团队所有成员都需要单独登记。网址为 https://humanitarian.id。

· 人道主义响应信息网（HumanitarianResponse.info）—是一个收集救援行动信息的网站，帮助组群进行在线沟通。该网站提供了会议日历、文档存储库和评估注册表。发生人道主义紧急事件后，该网站通常紧随虚拟现场行动协调中心迅速启动，将在灾情发生后维持数月（有时数年）。网址为 https://www.HumanitarianResponse.info。

· 人道主义数据交换（HDX）—是一个数据存储库，可用于下载受灾国的信息，如人口统计和行政边界等，还包括通用业务数据集（COD），是一个参考数据集，用于支持人道主义应急响应的所有参与人员的操作和决策，如图 H-1 所示。该数据集的读取方法简单，可以帮助救援人员了解某个地区的居住人口、国家的组织结构，例如行政区的数量和名称等。网址为 https://data.humdata.org。

通用业务数据集提供了一个通用框架，可以整合和分析不同来源的数据。通用业务数据集分为两类：核心通用业务数据集和国别通用业务数据集。

对于信息和数据产品以及有效协调支持，核心通用业务数据集至关重要。在应急响应的各个方面，这些功能至关重要，用于有效的风险分析、需求评估、决策制定，以及人道主义事务协调办公室和合作伙伴报告。其中，支持应急响应的最关键数据集，是基本行政边界和人口统计数据。这些数据通常由政府或国家主管部门提供。在紧急情况发生后，可以从多个来源获得事件相关数据。

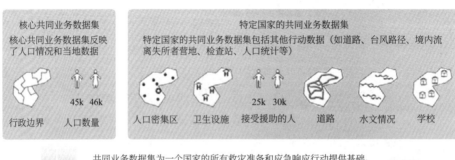

共同业务数据集为一个国家的所有救灾准备和应急响应行动提供基础。利用共同业务数据集，合作伙伴可以分享相同的数据，从而对灾情和应对措施达成共识。

 信息管理单元和工作团队确定并与"数据来源"或数据所有者联系，以分析、整理、检查并就具体的业务数据集达成共识。

图 H-1 通用业务数据集（COD）

根据当地灾害情况和行动要求，在国家级层面定义国别通用业务数据集。例如在救援行动期间可能受到影响或需要使用的关键基础设施，如学校、卫生设施和难民收容所；或地形数据，如河流、地表覆盖区和海拔。针对各种灾害类型，该技术支持包推荐了通用业务数据集，并为每个数据集提供了详细的技术信息，确保这些信息在质量和准确性上达到最低标准。网址为 https://humanitarian.atlassian.net/wiki/spaces/imtoolbox/pages/42045911/Common+Operational+Datasets+CODs。

- 援助网（ReliefWeb）—援助网是一个用作文件储存库的网站。虽然网站上的行动信息较少，但可以查阅有用的文件，如从过去的紧急情况中吸取的经验教训或评价、情况报告、紧急呼吁文件等。网址为 https://reliefweb.int。
- Redhum—类似于援助网，但只包括加勒比地区和拉丁美洲的信息。网址为 http://www.redhum.org。

部署期间

部署后，对于地方应急管理机构（LEMA）可能使用的具体信息结构和来源，联合国灾害评估与协调队成员需要熟练掌握。此时，灾后重建人员也可能已经部署到受灾国。关于充分适应新环境的具体方法，下面提供了一些技巧：

- 进行信息管理利益相关方分析—确定关键参与者，了解其收集和共享的信息，以及充分地支持这些参与者的方法。如果受灾国的灾害管理官员在国内开展行动，他们很可能会组建一个信息工作小组，提供第一手信息。在偏远地区，灾后重建人员通常制定了实施方案，他们了解各种情况，有许多信息渠道，并可能获得后勤支持。

应确定现场的重要应急响应参与人员，并启动一个协商流程，分享和接收信息，包括确定参与人员可以提供或帮助提供的具体信息，以及参与人员获取帮助的最佳方式。利益相关方分析，应涵盖利益相关方的特征，例如：

- 在应急管理架构中的地位（战略、方案、行动）。
- 组织任务和战略 / 政治目标。
- 灾情背景知识。
- 专业类型或领域。
- 行动的地理覆盖区域。
- 信息成果的质量。
- 联系人。

利益相关方分析将有助于确定联系对象、需求内容、会议优先事项的安排，以及讨论的主题。利益相关方可能会发布报告，或提供在线信息，这些信息也可以加以利用。相比于信息管理，利益相关方分析工作具有更多的用途，应该作为各种行动计划（PoA）的重要组成部分。行动计划内容，另见第 C.3.2 节。

- 考虑相关资源—信息管理任务通常过于庞大，无法由单一队员完成，如有需要，队伍应在确定能力短板后请求远程支持。人道主义事务协调办公室区域办事处、人道主义事务协调办公室总部或行动支助伙伴，都可以提供远程支持（关于行动支持的更多信息，参见第 B.5 节）。在信息管理利益相关方分析期间，可确定与其他人道主义组织的关键信息管理 / 分析人员进行合作。也可以通过数字人道主义网络（DHN）获得支持，这是一个具有信息管理能力的志愿者组织网络。网址为 http://digitalhumanitarians.com。
- 移交程序—各种新建的信息管理流程和工具，都需要作为移交 / 撤离策略的一部分进行移交。尽量避免"新发明"和复杂的流程。要时刻意识到，很可能需要有人来接管和维护所创建的流程。如果使用特定的软件或创建复杂的数据库，那么其他人可能无法接手。保持流程和工具简单易懂。

简而言之，在部署之前，就可以评估信息格局。部署开始后，就必须适应环境，将所有信息工作与灾害评估和协调任务目标联系起来。

H.2 信息管理策略

规划外部和内部的信息流动，应成为制定行动计划的一个重要部分。另请参见第 C.3.2 节。这项规划将成为队伍的信息管理策略。在任务初期，信息管理策略可以像图表一样简单，显示联合国灾害评估与协调队与重要利益相关方之间的沟通渠道，但后期应扩展充实更多细节。回答以下关键问题，有助于制定队伍的信息管理策略：

- 队伍正在进行的信息交流的主要对象是谁？
- 需要制定哪些决策，由谁制定，以及做出这些决策需要哪些信息？
- 队伍将发布哪些信息成果，何时发布？
- 队伍将如何处理、分析和传播信息？
- 队伍应该建立什么样的内部和外部沟通渠道，将使用什么工具？
- 队伍如何确保信息在内部以及队伍与合作伙伴之间畅通流转，即队伍如何确保正确的信息在正确的时间出现在正确的位置？

图 H-2 给出了一个通用示例，显示了外部和内部沟通渠道、常规信息成果和各种沟通会议的简单概述。

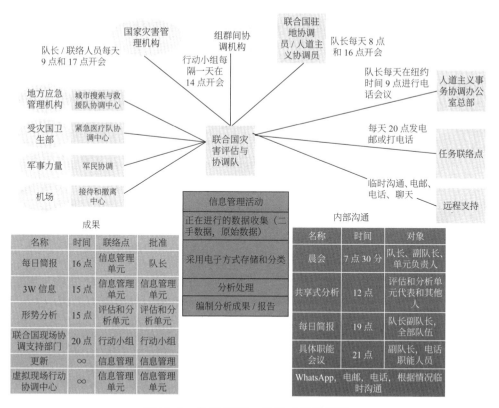

图 H-2　沟通渠道、信息成果和活动

要明确用于内部和外部沟通的工具，确保在队伍内部以及与外部合作伙伴进行有效沟通。在规划信息流时，需要考虑特定信息的共享方法和共享对象。例如，如果队员正在参加协调会议，那么需要仔细考虑如何将队伍队员收到的信息反馈到所创建的内部和外部信息成果中。

H.2.1 文件夹结构和命名规范

管理和处理数据的方式，会影响信息成果的效率和有效性，团队组织得越好，就越容易根据需要产出其他信息成果。存储文档和数据的第一步，是创建适当且直观的文件夹层次结构，定期将副本保存在外部存储器中。

在任务开始时，通过联合国灾害评估与协调队任务软件，联合国灾害评估与协调队可以访问标准文件夹结构，其中还包含许多模板和背景材料。所提供的工作空间是通用的，应根据任务的需要加以调整。

工作空间的管理，应该是队伍中负责信息管理队员的职责。

在调整文件夹结构时，要确保只有 1 ~ 2 个人决定文件夹的具体结构，而队伍的其他队员则应遵循这些结构，保持规律性和一致性。如果许多人同时设置自己版本的文件夹结构，那么可能很容易形成许多不同的结构，并且信息可能会丢失。

即使文件夹结构没有好坏之分，也最好避免文件夹和子文件夹的层级过多。每个主文件夹的子文件夹不应超过两个。否则，用户很容易感到困惑，不知道文件放在何处，也不知道应该从哪里开始。在对文件进行分类时，添加标签是一种有用工具，因为标签不依赖于文件夹结构，并且在必要时可以使用多个标签。例如，对存储在多个位置的经常访问的文件或文件夹可以赋予相同的标签，这样它们就可以出现在相同"虚拟文件夹"中，对应于所添加的标签。这些文件（和文件夹）可能包括利益相关方地图、工作计划、联合国灾害评估和协调报告等。

结构和命名的一致性非常重要，不仅文件夹结构保持一致，而且文件夹和文件的命名规范（包括版本控制）保持一致，并且为了提高效率，每个人都必须遵循相同的规则。

文件夹和文件的命名，必须满足以下要求：

- · 名称必须是唯一的。
- · 指示文件包含的内容。
- · 名称可被眼快速读取，即如果没有特别要求，那么不使用代码或特殊字符，如下划线、连字符或圆点等。
- · 按照 00、01、02 等依次编码，按字母顺序或数字顺序自然排序。
- · 对于版本控制，采用包含日期的格式，例如：年份月份日期。也可以按顺序排列文件。
- · 最重要的是，必须保持命名规范的一致性。

最佳做法

联合国灾害评估与协调队应推广最佳做法，并与合作伙伴分享应急响应数据报告模板。例如，关于行动人员、行动任务和行动地点的 3W 信息。模板可以在联合国灾害评估与协调队任务软件中获取。

此外，应考虑存储和共享数据和信息的方法。如果包含敏感信息，则在联合国灾害评估与协调队任务软件中共享时，只能使用文件综合命名规范。如果信息对全球人道主义救援体系有较大的帮助，并且属于非机密信息，那么可以通过以下工具进行共享：人道主义数据交换（用于数据）、虚拟现场行动协调中心和人道主义响应信息网（用于信息）等。

数据和信息很可能不完整，而且很快就会过时。但队伍不能因此停止共享。在许多情况下，在数据集或报告中，只需加入一份承认信息不足之处的简单免责声明。

人道主义信息管理原则

信息过载是不可避免的。因此很有必要进行筛选，确定信息的优先顺序，并找到协调信息冲突的方法。处理（过量）信息流动是人道主义应急响应中的一项重大挑战，需要在整个队伍中分散信息管理责任，避免某个人成为"瓶颈"而阻碍队伍内的信息流。

遵循以下人道主义信息管理原则，可以为信息处理奠定坚实的基础：

- 易用性—应采用易于使用的格式和工具，并在必要时将信息翻译成通行语言或当地语言，从而确保人道主义信息的易用性。
- 包容性—信息交流应建立在多利益相关方高度自主的伙伴体系基础上，特别是受灾群体和受灾国政府代表。
- 互用性—所有可共享的数据和信息，都应以人道主义组织易于检索、共享和使用的格式提供。
- 责信制—通过了解信息来源并运用收集、转换和分析方法，用户必须能够评估信息的可靠性和可信度。
- 可验证—信息应具有相关性、准确性、一致性，按照合理的方法，通过外部来源进行验证，并在适当的背景框架内进行分析。
- 相关性—信息应当是真实的、灵活的且响应快速的，并由行动需求驱动，以支持危机处理各个阶段的决策。
- 客观性—在收集和分析信息时，应利用各种来源，从而为解决问题和提出解决方案提供多样且平衡的视角。
- 中立性—信息不应受到政治干预，以免歪曲当前形势或应急响应行动。
- 人道性—信息绝不应被用来歪曲、误导或伤害受灾或处于危险中的群体，并应尊重受灾群体的尊严。
- 及时性—人道主义信息必须持续更新，并及时提供。
- 可持续—人道主义信息应公开来源，保存完好并分类归档，以便检索供未来使用，如用于行动准备、情况分析、经验教训总结和评价。
- 保密性—对于非公开共享的敏感数据和信息，应进行相应的管理，并明确标记。

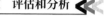

I 评估和分析

I.1 评估和分析基础知识

评估和分析（A&A），是联合国灾害评估与协调队任务的重要组成部分。这一过程包括收集和处理多源数据，并使用有针对性的方法为决策提供及时有效的信息。

> - 评估—可以被定义为确定和衡量受灾地区人道主义需求的一种方法。
> - 分析—可以定义为解释可用信息（包括"原始"数据）的过程，以确定重要事实、发展趋势和异常情况，从而为决策提供信息。

评估和分析过程的目标，是通过确定主要问题及其根源和后果，帮助人们了解人道主义救援情况。评估和分析的目的不是直接确定干预措施，而是描述最紧迫的问题及其原因。在查明问题并考虑经验教训、应对能力（国内和国际）、灾后重建计划、供给渠道和资源可用性后，建议开展应对行动。

对于参加紧急任务的联合国灾害评估与协调队来说，人道主义援助的总体目的几乎都是一样的：通过查明和确定救灾援助需要的优先事项，协助受灾国家政府、联合国驻地协调员/人道主义协调员和人道主义国家工作队进行战略决策。在许多情况下，这是此项任务的主要目标。然而，重要的是要记住，评估和分析包括许多流程，而不是简单地探访现场来了解正在发生的事情。

不能将其变成一种无组织的、方式特别的灾区探访之类的行动。有效的评估和分析工作包括设定明确的目标，收集、整理和分析二手和原始数据（见第 I.2.3 节）的基本规划，以及制定和报告基于实证的建议。按照惯例，涉及收集信息的各类现场探访都应有明确的目标，有组织性，并包括最基本的准备工作。

对于评估和其他信息收集工作，适用于以下四项一般原则：

明确需要了解的内容

通过各种媒体和沟通渠道，可以获得的数据和信息量正在稳步增加。在紧急情况下也是如此，数据收集工作需要有针对性，以免浪费资源收集无用的信息。

明确需要了解的信息内容，信息涉及的时间，必须清晰定义并缩小信息范围，直到明确我们需要的具体信息，以及收集信息的目的。决策和信息需求如图 I–1 所示。这一切都应具体、翔实。紧急情况下，所有信息收集过程都应与协调救援、优先事项、相关决策以及这些决策的制定者联系起来。

　　因此，根据此流程图中描述的问题，开始评估和分析流程。

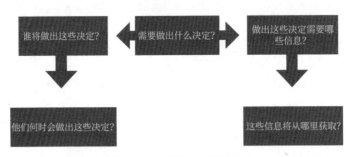

图 I–1　决策和信息需求

　　这些问题的答案，将为评估和分析工作创建一个框架。针对准确性的需求，将与针对速度和及时性的需求相平衡，从而有助于进一步明确需要获取的信息内容。

　　许多突发紧急情况，特别是在最初的混乱阶段，不同灾难的评估和分析的目标大致相同。评估和分析应为总体统一行动做出贡献，重点确认以下内容：

- 危机的范围（多大）和规模（多大）。
- 受影响最严重的地理区域。
- 受影响最严重的群体。
- 受影响最严重的部门。
- 按人道主义职能领域和跨领域分列的优先需求，即综合需求。
- 驱动因素，即导致危机及其最严重后果或可能发生的一系列事件的潜在因素或根本原因。
- 脆弱性和风险。
- 行动限制。

解读信息的意义，而不是简单罗列数据。如今，太多的评估和分析式成果将数据和报告混合在一起，而没有进一步的解释，将所有解读工作留给了读者。评估和分析是解释性分析，而不仅仅是对问题的描述性总结。需要解释问题发生的原因，强调可能导致的后果，如图 I–2 所示。

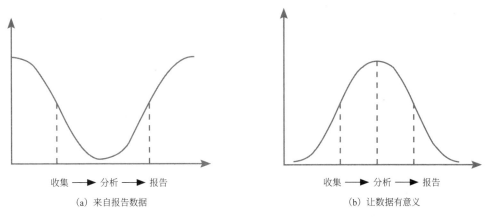

图 I–2　报告与分析

应该尽量多分析，少报告。简单地收集信息、重新包装并传递信息，这样做是远远不够的。堆砌信息并不意味着能更好地说明情况，必须解释数据的含义，而不是仅仅总结事实和数字。

紧急情况下的评估和分析带有局限性，不确定性并非例外而是普遍情况。正确地分析需要花费时间，但在紧急情况下，花费时间是一种奢侈，不可能有充足的时间。人命关天的时刻，需要快速做出决策；但是在决定下一步行动前，少量的信息分析仍有必要。精度与准确度的关系如图 I–3 所示。

如果没有任何事实或证据支持，仅根据片面的假设和观点做出重要决定，即使在最好的情况下也会带来危险。及时进行分析，即使带有局限性，总比完全不分析要好得多。

在初期的应急响应行动中，不要追求分析的精确性，只需要大致准确即可，并设计一个"够用"的流程，确保及时做出决策。

"够用"意味着选择一个可实现的解决方案；很可能是简单的，而不是复杂的。在应急响应中，快速简单的需求评估方法可能是唯一可行的办法。

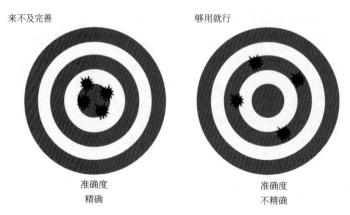

图 I-3　精度与准确度

然而，仍然需要说服决策者，并提出论据，说明这些建议源自一种折中的方法。考虑到情况的紧迫性，以及需要迅速做出决策的可用时间和信息有限，在现有的条件下给出最佳选择。通常情况下，当救灾行动管理人员将评估和分析式成果提交给政府决策者时，他们会要求提供更多细节，推迟做出决策，因为他们对缺乏信息和不确定性程度感到不安，意图避免承担相关责任。

评估和分析循环

评估和分析过程不能一蹴而就，而需要迭代渐进，这意味着每个评估和分析过程都应建立在前一个过程的基础上，因为随着应急响应的不断推进，所需的信息会变得更加详细，更专业化，也更具长期性。评估和分析循环如图 I-4 所示。

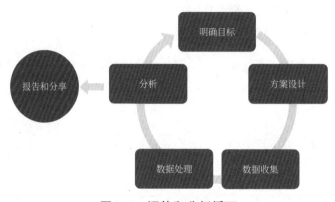

图 I-4　评估和分析循环

对联合国灾害评估与协调队而言，这意味着第一批报告很可能是以其他渠道获取的数量有限的报告为基础的。然而，一旦收集到足够的二手数据，通过有针对性的现场调查收集观察结果和原始数据，就可以再对情况做进一步评估。

I.2 评估协调和分析策略

大规模灾害的人道主义应急响应正变得越来越频繁。评估工作也同样是这种情况。能否找到适当的评估协调策略，取决于许多因素：决策的信息需求；受灾国对评估的准备程度；评估工作机构的数量和能力；调查结果的类型和时限；协调单元收集和整合这些调查结果的能力；灾害评估和协调在各种紧急情况中的具体作用和任务。

联合国机构间常设委员会（IASC）人道主义危机协调评估行动指南，区分了以下两种情况：

- 同步评估——由各组织分别进行评估，但采用一致性方式，可以对结果进行比较（采用共同的行动数据集，共享关键问题或指标），并通过确保最低限度的地理和时间同步，避免分歧和重复内容。
- 联合评估——采用一种方法，共享资源，通过协作方法，对结果进行联合评估分析。

指南全文可在以下网址下载：https://interagencystandingcommittee.org/needs-assessment/documents-public/operational-guidance-coordinated-assessments-humanitarian-crises。

经验表明，在受灾国内没有任何准备或协调机构的情况下，直接进入灾区现场，获得及时、全面而具体的信息成果，这几乎是不可能的。为了应对这一挑战，必须考虑一项简单的策略，确保联合国灾害评估与协调队能够在评估背景信息中建立某种秩序，利用现有资源促进和保持对灾情的共识，向各国政府和合作伙伴提供及时的决策支持。这项策略至少应考虑三个要素：队伍内部的组织方式（内部分析设置），建立外部协调的方式（评估协调），以及所需的具体方法和工具（分析计划）。通过这三个要素可以回答第 I.1 节中提出的关键问题。

内部分析设置

· 在队伍中明确指定一位队员作为联络人，管理评估和促进分析。
· 为这一职能分配足够的资源。
· 确保与现场行动协调中心其他职能部门的有效联系和协作。
· 探讨可以委派给远程支持团队的具体信息管理工作和分析。

评估协调（外部设置）

· 在队伍内部或现场行动协调中心内部，清楚地传达评估和分析职能的目的和能力。
· 解释协调评估的重要性（共享数据和结果、同步计划的评估、鼓励共享分析、减少评估疲劳以及最大限度地利用现有资源）。
· 在协调会议期间，将评估和分析作为一项经常性的简报内容。
· 在较大规模紧急情况下，成立一个小型的专职评估工作组。在较小规模紧急情况下，应设法利用现有平台，例如协调例会、信息管理工作组或其他类似平台。
· 设置电子邮件和建立评估登记表，以便轻松收集和共享评估结果。

数据收集和整合规划（分析计划）

· 制定分析计划（见第1.2.3节），确定关键问题，利用合理资源给出这些问题最优答案，以及回答这些问题可以采用的具体方法和工具。根据具体情况、时间和资源限制，重点可能放在二手数据分析上。
· 如果仍存在重大信息缺口，则可能需要组织一次多组群初期快速评估。另请参见第1.2.4节。在规模更大的紧急情况下，可能需要结合正在进行的二手数据分析，进行多组群初期快速评估，并协调正在进行和计划进行的评估。

I.2.1 内部分析设置与评估和分析单元

成功开展评估和分析协调的关键，是在队伍内分配足够的专用资源，并明确责任。虽然联合国灾害评估与协调队的所有职能领域都有助于分析，但仍需要指定人员专门牵头。在规模较小的紧急情况下，应至少设置一名管理评估和分析档案的人员，由一名信息管理员和地理空间信息服务专家提供支持。对于规模较大的紧急情况，建议设立评估和分析单元。现场行动协调中心评估和分析单元的结构和设置，请参见第 M.3.2 节。

联合国灾害评估与协调队任务动员阶段，可利用人道主义事务协调办公室各专设部门、区域和／或国家级办事处，以及灾害评估和协调行动伙伴（如评估能力项目、联合国卫星中心、Map Action、REACH 等）的能力，通过在线虚拟方式建立评估和分析职能。

评估和分析单元是现场行动协调中心情况通报职能的一部分，所有评估和分析过程都在其中进行管理。评估和分析侧重于收集和分析二手数据和原始数据，并与信息管理资源密切合作。

评估和分析单元的用途：

- 形成对人道主义救援情况的共同认识，特别是当前的和预测的人道主义需求、重点领域、群体和职能领域以及能力短板。
- 支持现场行动协调中心管理层（以及联合国驻地协调员/人道主义协调员，视需要而定），制定人道主义局势的行动规划，并为跨职能领域战略决策提供信息。
- 帮助协调正在进行的评估，促进人道主义合作伙伴（受灾国政府、联合国机构、人道主义组群、非政府组织等）之间的联合分析。

主要任务：

- 管理与组群、机构和政府评估和分析的外部协调，例如，建立和协助评估工作小组（AWG）（见第 I.2.2 节），以及参加组群和国际非政府组织协调会议。评估工作组的职权范围，可以在联合国灾害评估与协调队任务软件中查询。
- 根据需要，管理信息的内部整合，并进行协调分析，配合现场行动协调中心其他职能领域和单元以及联合国驻地协调员/人道主义协调员办公室。
- 根据需要，与其他职能领域和联合国驻地协调员/人道主义协调员办公室协商，定期编制情况分析报告/简报和下文规定的信息分析式成果。与制图团队密切合作。
- 负责二手数据和原始数据的分析（根据单元设置和可用的远程支援能力，可以通过远程方式支持二手数据的审查）。
- 协调现场评估（原始数据采集），并在任务启动时牵头多组群初期快速评估流程。另请参见第 I.2.4 节。
- 与现场行动协调中心管理层协商，管理针对评估和分析的外部沟通（通过电子邮件、在线内容和召开会议）。

数据管理和信息管理工具：

- 评估和分析单元网络空间，可以是一个托管信息分析式成果、报告、联系人、会议日程和评估登记表的站点，例如人道主义响应信息网或虚拟现场行动协调中心。
- 评估登记表是一种表格或数据库，记录了按日期、组织、地点和职能领域标记的已进行和计划进行的评估，带有报告链接，最好托管在某个网站，如人道主义响应信息网。
- 数据库包含危机前数据（受灾群体、人口结构、贫困数据、以往救援的经验教训）和危机中的数据，按问题类型、地点、严重程度、可靠性、日期、相关分析类别、部门、弱势群体和数据来源进行标记。联合国灾害评估与协调队任务软件中提供了一个模板。
- 数据库可视化。

评估和分析阶段

在大规模紧急情况下，联合国灾害评估与协调队执行常规任务期间，进行评估和分析活动并取得相应成果，这些内容在表 I-1 中进行了概述。在中等规模紧急情况下，可用资源较少，可以采用经过调整的版本。

表 I-1　评估和分析活动

场景	描述	机遇与挑战
紧急事件联合评估（多组群初期快速评估）	在驻地协调员/人道主义协调员的领导下，与组群牵头机构商定，进行初步的多职能领域快速评估	·准备程度 ·参与广度与评估速度 ·评估期望与资源限制 ·评估成果的及时性
针对性的多组群初期快速评估和评估协调	对于存在明显信息差距的领域，进行多组群初期快速评估，同时进行部门评估，以及二手数据分析的协调工作	·评估工作重复 ·持续通知应急响应情况 ·更细致的评估
没有联合评估，而是注重于协调和同步评估	强调二手数据分析以及评估的协调和同步	·评估工作重复 ·对数据共享意愿和及时性的依赖 ·遵循同步的评估办法

- 第一阶段（72 小时）—激活虚拟评估和分析单元，确保在部署联合国灾害评估与协调队时立即启动二手数据分析。具有评估和分析专业知识和经验的灾害评估和协调行动合作伙伴，可立即开始远程分析工作，启动和牵头分析报告起草工作，除非合作伙伴另有决定。初始分析式成果如下：

  ——初步情况分析，包括对遭受灾害的主要地区和人口情况的估计，对危机前脆弱性和生活状况的分析，以及从以往救灾行动中吸取的经验教训。

- 第二阶段（抵达受灾国后的前三天）—虚拟评估和分析单元的工作，逐步移交给现场评估和分析单元，重点是建立适当的协调机构（评估工作组），集中针对受灾最严重的地区进行二手数据分析，并制定原始数据采集计划。主要分析式成果如下：

  ——二手数据：更新初步情况分析，完成初步的国家概况评估，以及受灾最严重地区／区域的详细资料。

  ——原始数据：与主要利益相关方商定评估协调和同步评估方法，以及设计和商定最适合当前紧急情况的原始数据采集策略。

- 第三阶段（抵达受灾国后的第 2 周和第 3 周）—全面实施评估和分析，在此阶段，二手数据分析将针对紧急情况的具体细节展开，并探索特定的主题领域，在各地理区域中形成更小的分析粒度。应协调和（或）直接收集原始数据，解决信息缺失的问题，并确认初期的各种假设。在较大规模紧急情况下，评估和分析职能也将在次级现场行动协调中心得到支持。主要分析式成果如下：

  ——二手数据：持续分析受灾最严重的地区、弱势群体和最紧迫的人道主义问题，同时确保对可能部署的次级现场行动协调中心提供足够的支持。

  ——原始数据：根据联合和同步评估的初步数据而编制的简报。完成的初步报告草案。

- 第四阶段（撤离）—联合国灾害评估与协调队任务周期之后，需要进行持续的需求分析。在这些情况下，应做好规划，做到无缝过渡，并应考虑以下备选方案：

  ——如果联合国人道主义事务协调办公室在现场部署了工作人员，将承担现场行动协调中心建立的协调职能，评估和分析职能应由人道主义事务协调办公室评估协调员负责。即使分析职能的任务有所减少，也可能需要合作伙伴的持续支持，延续有效的分析职能。

  ——如果人道主义事务协调办公室在现场没有部署人员，或正在逐步撤离，那么评估和分析职能可移交给驻地协调员/人道主义协调员办公室。随着相关工作人员的逐渐减少，需要对评估相关任务进行优先级排序，先保证重点任务。

  ——如果人道主义事务协调办公室在现场没有部署人员，那么评估和分析职能及其工具应移交给受灾国政府。与此同时，受灾国政府还应开展相应的能力建设。

表 I–2 中列出了建议的评估和分析式成果。在联合国灾害评估与协调队任务软件中，每一项成果都有更详细的解释。根据评估和分析单元的能力和设置，需要对一些评估和分析式成果进行优先级排序。

表 I–2　评估和分析式成果

类型	内容	阶段
形势分析	人道主义影响初步概述	I
受灾群体估算	对身处危险环境群体人数的初步估算	I
任务量估计＋人道主义概况	对身处危险环境中的弱势群体的估计和描述，以及解释性说明	II
地理概况	受影响地区、灾区或生计区的概况分析	II 和 III
专题报告	深度报告侧重于特别关注的领域，例如市场运作、境内流离失所者营地的保护问题、从受灾国以往的应对措施中吸取的经验教训等	II 和 III
差距分析	信息和应急响应能力差距分析	III

表 I–2（续）

类型	内容	阶段
定期简报资料包	按要求为联合国驻地协调员 / 人道主义协调员和协调会议提供最新信息	II 和 III
评估覆盖地图	评估登记表的地理信息可视化，显示评估发生的地点，最好按区域细分	III
评估结果	初步评估结果，来自灾害评估和协调工作队和合作伙伴进行的直接观察，或多组群初期快速评估	III
评估报告	初步评估报告，来自灾害评估和协调工作队和合作伙伴进行的直接观察，或多组群初期快速评估	III 和 IV

I.2.2 评估协调（外部设置）

联合国灾害评估与协调队的一个主要作用，就是支持评估和分析过程中的协调工作。至少应创建一个专用的电子邮件地址，这样方便队内共享评估信息，确保评估协调成为协调会议期间的一个常规讨论事项。

与合作伙伴讨论的要点包括：

- 创建一个评估工作小组（AWG）或利用现有平台。
  - ——理由：如果一般性协调会议在参与者人数和议题数量上过多，那么最好将讨论分开进行，将技术合作伙伴聚集在一起，只关注评估和分析问题。
  - ——工具：评估工作小组的职权范围示例，可在联合国灾害评估与协调队任务软件中查询。
- 鼓励及时分享关于已开展和计划开展各项评估的信息。
  - ——理由：帮助应急响应社区避免信息缺口和重复工作。
  - ——工具：评估和分析联络点、评估登记表和评估覆盖地图的专用电子邮件地址。
- 鼓励及时分享评估结果和数据，参与共享分析会议。
  - ——理由：合作伙伴组织将从评估结果中受益，联合国灾害评估与协调队可以利用这些结果促进共享分析，形成多职能领域分析式成果。

> ——工具：评估和分析联络点的专用电子邮件地址、调查的概况、定期共享分析会议（见第 I.5.3 节）、PowerPoint 演示文稿和报告模板。
>
> · 鼓励以同步的方式进行有计划的评估。要做到这一点，可以与合作伙伴协调所涉及的具体领域，同步进行问卷调查（例如，商定一套以同样方式拟订的核心问题），并整合现有的资源。
>
> ——理由：出现评估疲劳的风险越小，进行有意义的多职能领域分析的潜力就越大。
>
> ——工具：评估登记表、标准问卷、评估覆盖地图、抽样协调表。

I.2.3　数据收集和整合规划（分析计划）

在各种紧急情况下，都可以设定一系列关键问题，用于帮助了解人道主义救援形势。在现有资源范围内，为了确定回答这些具体问题的方法，建议制定一个简单的分析计划，将问题分解为更小的细分问题、潜在数据源和分析式成果。

表 I–3 显示了一份分析计划的摘录样本，反映了关键问题与分析式成果之间的联系。

表 I–3　分析计划的摘录样本

分析计划示例				
关键问题	核心领域 / 关键主题分析	更小的细分问题	数据源	分析式成果
群体的住所可能因热带气旋 X 的影响而遭受重大损失	（多地区）灾害范围和规模	热带气旋路径 + 破坏性风速	国家气象研究所（二手资料）	显示按一级及以上风力分解的热带气旋路径的地图 按适当的行政级别、风力和住房设施容易受到影响的人口百分比细分的受灾群体分析表
		生活在受影响地区的人口	人口普查，全球人口数据评估 WorldPop（二手资料）	
		受影响地区的建筑类型	国家统计数据，世界银行数据（二手资料）	

在任务初期，主要问题通常包括：

- 哪些地区受到了灾害的影响，其中哪些地区受影响最大？
- 有多少人受到灾害的影响，其中有多少人生活在受灾最严重的地区？
- 受影响人口在危机前的抗灾薄弱环节有哪些，生活状况怎样？哪些是最弱势的群体？
- 地方和国家的灾害应对能力如何？采用何种方式应对？
- 危机有多严重，即地震 / 飓风的强度与受灾群体的灾后恢复能力相比有多大？基础设施和应对能力怎样？
- 最紧迫的问题是什么？

多组群初期快速评估分析框架（见第 I.5 节），概述了适用于各种特定紧急情况的标准主题和问题。

用于回答上述问题的参考信息可以通过多种渠道获得，并采用不同的格式。无论信息来自哪种渠道，信息内容都可以分为二手数据或原始数据，见表 I-4。两者同等重要，应该相辅相成。

表 I-4　二手数据或原始数据

二手数据	原始数据
其他人收集的信息，可能经过了一些分析	直接通过现场调查采集的数据，数据仅进行了采集，而没有进行分析
例如： ·相关知识 ·基线数据 ·经验教训 ·网络资源 ·评估报告 ·电子邮件 ·媒体报道 ·卫星图像分析（见第 J.2.1 节） ·照片 / 视频 ·社交网络 ·即时通信应用程序 ·会议和简报（其他应急响应人员）	例如： ·会议和简报（受影响群体） ·电话沟通 ·访谈 ·实地考察 ·直接观察

注：如果这些示例数据是由联合国灾害评估与协调队自己采集的，或者是为了向灾害评估与协调队分析式成果提供信息而采集的，那么这些示例数据只是原始数据。否则，应将其归类为二手数据进行处理。

I.2.4　多组群 / 职能领域初步快速评估（MIRA）

多组群初期快速评估，是联合国机构间常设委员会开发并确定的一种方法，用于进行快速多职能领域需求评估。

多组群初期快速评估，有助于形成对灾情的共识，包括灾情范围和严重程度、受影响最严重的地区、最弱势的群体和最亟待解决的问题。

多组群初期快速评估，主要包括两个步骤：

- · 整合和分析目前已有的二手数据。
- · 开展和协调现场评估，填补信息空白，并检查初步分析的结果。

多组群初期快速评估，采用以下主要方法要素：

- · 在需要回答的关键问题和以此为基础开发的分析框架指导下，采集、组织和分析二手数据和原始数据（见第 I.4 节）。
- · 选取"够用"的方法，推荐一种有针对性的采样方法，并在灾情的初始阶段侧重于社区层面的数据（关键知情人）而不是家庭层面的数据。

多组群初期快速评估，旨在利用相对较少的资源及时生成调查结果，从而提供更具操作性的信息，供初步战略决策和进一步深入评估参考，如图 I–5 所示。这种评估方案的主要附加价值在于：将评估结果迅速和持续地反馈到正在进行的行动中，而不是制作一份精心修饰、旁征博引的报告，因为这种报告很可能会出现延迟发布的问题。而从第一步（即二手数据分析）得出的结果，应在最初的情况分析中加以反映（见第 J.2 节）。从多组群初期快速评估报告的第二步开始，应持续不断地向协调会议反馈调查结果。

根据灾情背景和信息差距，应对多组群初期快速评估进行调整，并不同程度地强调原始数据或二手数据。针对最紧迫的优先需求、受影响地区和主要受影响群体，仅利用二手数据，通常就有可能形成初步共识。然而，需要原始数据来填补空白，并为受灾民众提供发声渠道，以确定受灾民众所表达的最迫切的需求，以及希望获得的援助类型。

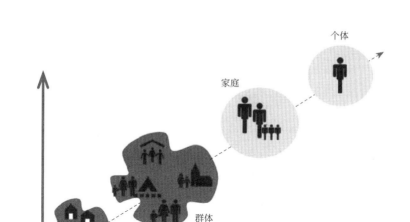

图 I-5　多组群初期快速评估阶段和随时间变化情况

　　多组群初期快速评估，旨在提供初始情况的概述，帮助决策者在应急响应的第一阶段确定优先领域。这种评估的目的，并非提供所需的细节，从而为具体和本地化的人道主义干预措施提供信息，也不能取代深入的职能领域评估。重点在于要了解多组群初期快速评估能提供什么，不能提供什么，并让决策者和利益相关方明白这一点。有一种常见的误解，认为多组群初期快速评估提供了具有统计代表性的数字，事实并非如此。在紧急情况阶段，提供有统计代表性的数据既不可行，也不应该推荐，因为危机发生后的早期阶段，形势在不断变化，而且应急响应人员能够吸收和利用这些详细信息之前，这些信息就已经过时了。受影响 / 需要救助的群体人数等数据，应仅根据二手数据进行估算。多组群初期快速评估阶段和数据收集技术如图 I-6 所示。

　　根据危机的严重程度，在人道主义事务协调办公室增援人员抵达之前，联合国灾害评估与协调队可能会启动多组群初期快速评估进程。在规模较小的紧急情况下，预计不会出现其他增援，队伍可能会进行全面的多组群初期快速评估。然而，启动多组群初期快速评估进程时，需要考虑附加值和相应的操作空间。多组群初期快速评估阶段和评估类型如图 I-7 所示。

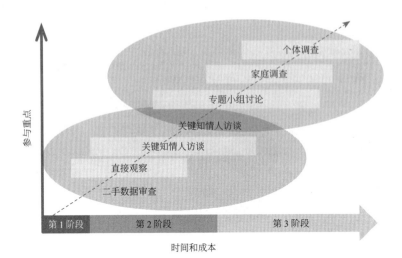

图I-6 多组群初期快速评估阶段和数据收集技术

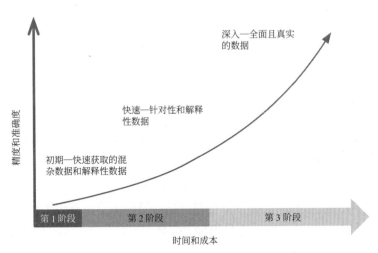

图I-7 多组群初期快速评估阶段和评估类型

如果受灾国政府不允许进行其他评估，那么团队必须分析开展多组群初期快速评估的方式，更好地支持受灾国的救援行动，并相应地调整其策略。重要一点的是，各类多组群初期快速评估，都必须由评估专家领导或监督。

应当注意的是，多组群初期快速评估的计划、执行和最终确定，可能需要花费很长时间。经验表明，如果受灾国以前没有此类评估经验、灾前评估准备工作很少或根本没有准备，或缺乏主要利益相关方的支持，那么联合评估可能需要长达六周的时间才能完成。如果按照这个时间框架，那么可能会导致分析式成果过时，并且成本可能超过收益。

> 相关详细信息，请参阅最新的多组群初期快速评估指南。此项信息以及标准调查问卷、情况分析和报告模板，可在联合国灾害评估与协调队任务软件或以下网址查询：https://www.humanitarianresponse.info/en/program-cycle/space/document/multi-sector-initial-rapid-assessment-guidance-revision-July-2015。

I.3　数据收集

如上所述，数据分为两大类：二手数据和原始数据。

I.3.1　二手数据审核（SDR）

二手数据审核（SDR）可以定义为数据整理、综合和分析的严格过程，建立在对政府、非政府组织、联合国机构、媒体、社交媒体等不同来源的所有相关信息初步研究的基础上。即使是基本的二手数据审核，也能提供有价值的信息。至少，研究人口数据、受灾前发挥作用的现有基本服务、受灾前的弱势群体、生活地区以及受灾群体的生活状况，可以提供可靠的背景数据，用于与危机中数据进行比较。二手数据来源如图 I–8 所示。

根据来源的不同，二手数据有不同的类型和格式，例如引用、描述或只是关于事实、数字或一般情况的文本。在分析过程中，每一条相关的数据，都需要以一种便于检索的方式进行采集和存储。

应将数据从其原始格式转录为特定格式，用于进一步检索、处理和分析，如电子表格、Word、Excel 或其他专用软件的格式。在联合国灾害评估与协调队任务软件中，可以找到一个简单的模板。

例如，可以按照各种属性来标记二手数据：

- · 日期。
- · 地理位置（行政级别）。
- · 群体。
- · 经济部门。
- · 来源类型。
- · 网络链接。
- · 可靠性编码。

明确所需要的信息 – 参考分析计划

- · 范围和规模
- · 地理位置
- · 群体
- · 确定的优先职能领域
- · 驱动因素和整合因素
- · 脆弱性和风险点
- · 行动限制因素

识别来源 – 确定可靠性和相关性

来源	示例
国家机构	政府部门、大学和研究机构、地方主管部门
联合国机构、国际和国内非政府组织	情况报告、评估报告、组群会议记录、筹资呼吁、人道主义概况、流行病学概况、灾情汇总表
国际媒体和当地媒体	电视报道、报纸和杂志文章
地理空间数据和卫星图像	联合国卫星中心和谷歌地图
数据库和数据集	国际灾害数据库、防灾网、ALNAP 评价性报告数据库、共同业务数据集
网站	援助网、路透警示网、庇护中心图书馆、DevInfo 网、联合国的国家门户网站
社交媒体	脸书、推特
大规模调查	人口和健康调查（DHS）、多指标组群调查（MICS）、人口普查

图 I-8　二手数据来源

这些属性可以稍后用作筛选条件，用于搜索回答特定问题或关于特定区域、经济部门或类似内容的数据。属性的数量和类型，应以信息系统的总体目标为指导。

在大规模紧急情况下，可使用在线平台进行二手数据处理。利用信息系统，数据片段可以直接从电子文本轻松复制到分析模型中(有关模型使用的更多信息，请参见第I.4.1节)，而不需要建立单独的数据库。这种方法使二手数据审核更有效，但在操作前需要专家进行辅导。在这种情况下，二手数据审核专家将远程和(或)与联合国灾害评估与协调队一起部署，为队伍提供支持。

可靠性

二手数据审核是最困难的一项工作。收集到的信息有多少可靠性？数据是否带有偏见？数据是真实呈现的信息，还是精心修饰后的宣传材料？数据是否值得信赖并可以利用？

通常情况下，数据的质量与来源可信度(即来源的可靠性)密切相关。以下编码系统是评估数据可靠性的示例。类似的编码方法广泛用于：执法部门，世界各地的情报机构和媒体机构，以及人道主义救援人员。如果将数据存储在表格或数据库中，可以使用 A ~ E 的等级代码对数据源进行评级。数据可靠性编码系统见表I–5。

表I–5　数据可靠性编码系统

可靠性	结果	可靠性历史记录	专业知识	偏见动机	数据来源的透明度
A	可靠的	是	是	否	是
B	还算可靠	是	否	否	是
C	不那么可靠	否	否	是/否	是/否
D	不可靠	否	否	是	否
E	无法判断				

或者，可以采用数字、颜色编码或组合方式。然而，无论选择哪种系统，都应该始终保持一致。

请记住，即使是来源可靠的数据也可能是错误的，同理，来源不可靠的数据却可能正确。对于可能支持后续分析的数据和标记不一致的内容，应仔细评估检查。处理二手数据时，请考虑以下问题：

- 这条信息有意义吗？
- 它是否符合一般情况？
- 它是相关的，还是过时的，是否应该被归类为危机前的数据？
- 数据是否合理？
- 数据是否得到证实或与其他数据相矛盾？
- 这条信息是"独立的"数据，还是对相同数据的重复解读，例如，国际媒体报道引用了受灾国媒体报道，而受灾国媒体报道引用了政府报告？

尽管通常是在评估流程后期进行分析，但重要的是要记住，两项数据一旦放在一起进行比较和研究，分析就开始了。

在大多数情况下，需要通过收集原始数据来补充对整体情况的了解。二手数据审核的目标，是帮助缩小实地考察的地区范围。

I.3.2 原始数据收集

通常，二手数据审核并不能回答所有问题，需要对评估不足的地区进行实地考察，收集原始数据，并通过二手数据检查假设。然而，即使是形式最简单的实地考察，也需要进行规划和安排。应仔细考虑信息收集目的，需要回答的具体问题/有助于收集关键信息的具体问题，现场观察/调查对象，需要的具体资源等。

原始数据收集有 5 个主要目的：

- 检查二手数据的分析式成果。
- 阐述二手数据的分析式成果，即进行更深入的解释。
- 填补二手数据中的空白，即针对没有数据的情况，收集相关数据。
- 回答分析计划中的关键问题。
- 确定具体的应急响应信息，即援助受益方的优先事项、实施手段和适当的干预措施。

即使制定了总体分析计划，也需要为实地考察制定详细计划。

收集原始数据的实地考察模板，可在联合国灾害评估与协调队任务软件中获取。

I.3.3 原始数据收集方法

为快速需求评估而收集原始数据时，通常采用三种方法即关键知情人访谈、直接观察和社区小组讨论。应基于分析计划，选择相应的方法。

如果将三种方法相结合，那么可能会得到最好的结果。例如，前往实地考察采访关键知情人时，可以在旅行中采用直接观察法。然而，应注意鉴别这些观察结果，因为在较难进入的地区，可能会呈现出非常不同的情况。一旦到达现场，评估小组的一些成员就会进行访谈或社区小组讨论，而另一部分组员则可以按照数据审查清单四处走访并观察情况。在联合国灾害评估与协调队任务软件中，可找到一份数据审查清单样本。实地考察计划样本如图 I-9 所示。

有关性别因素的考虑，请参见第 I.3.7 节，以确保了解不同群体的妇女、女孩、男子和男孩的情况、需求、优先事项和能力。

- ·任务目标
- ·地点选择
- —将要考察的地点
- ·考察方法
- —访谈技巧
- —表格 / 问卷

- ·队伍组成
- —角色
- —任务分配
- —团队位置
- ·后勤
- —交通、通信、考察路线等
- ·管理员
- —口译、用品等

- ·安全性
- —考察许可
- —考察陪同
- —应急程序
- ·出发前准备
- —培训（Kobo 工具箱等）
- —装备检查
- —简报

- ·数据敏感性
- ·上传到数据库
- ·报告

图 I-9　实地考察计划样本

关键知情人访谈

关键知情人访谈，是与受灾社区选定的个人进行有组织的谈话，对方要事先了解情况，以收集关于灾害后果和影响，以及随之而来的社区需求信息。对于危机影响和人道主义关切问题，这些信息有助于社区达成共识。关键知情人的特点是他们非常了解自己的社区、居民、受访地点和／或危机，这是由于他们的专业背景、领导角色或个人经验。

关键知情人包括村里的长者、安置营地的管理人、地方主管部门、市长或代表特定专业的更具技术知识的人士，如医疗卫生人员或学校教师。在时间、财务和人力资源利用方面，关键知情人访谈具有较高的效率。

访谈分为两种类型，采取不同的方法，具有不同的优势，见表 I-6。

表 I-6　两种访谈类型

半结构式访谈	结构式访谈
访谈方法：在对话中使用开放式问题清单，以促进对特定主题的讨论。以叙述的方式记录回答内容	访谈方法：使用关于选定主题的调查问卷，确保所有访谈都以相同的方式回答相同的问题。从选项列表中选择问题的答案。注意，必须要设置一个"其他／详述"选项，以收集一些未曾预料的回答
访谈方式选择原因：访谈内容分析是一项繁重的工作，因为谈话内容可能相当宽泛，但答案可以围绕要点进行总结，然后进行分类，以反映知情人的优先事项。然后可以对总结表进行汇总和比较，确定访谈模式和优先顺序	访谈方式选择原因：相比于半结构式访谈，更容易进行内容汇总和答案比较，精确度更高 设计问卷需要专业知识和经验。知情人的选择至关重要，进行访谈可能需要大量人力
如果还不知道需要访谈的内容，但需要对某个主题进行一般性探讨，而无法确定结构化问卷中包含的答案选项，那么最好采用半结构式访谈	如果需要访谈的内容是已知的，并且可以设计每个问题的答案，那么最好采用结构式访谈。这种方式特别适用于基于移动通信的数据采集，由于在数据采集过程中同时进行数据录入，因而显著加快了数据处理速度

对于无法在问卷中预先编码的信息，或者当需要上下文信息来更好地理解问题时，建议使用半结构化访谈来获取相关信息。

采访关键知情人时的注意事项：

进行关键知情人访谈，需要良好的访谈技巧。在采访者和访谈对象之间建立良好的关系，对获得高质量的数据大有帮助。

应遵循的原则：

- 征求访谈对象同意进行访谈，并确保访谈对象了解访谈的目的。
- 如有必要，可配备一名专业的口译人员。
- 在评估小组成员和知情人安全和方便的时间和地点进行访谈。
- 访谈应在访谈对象方便的情况下进行，但每次访谈尽量不要超过45分钟或1个小时。
- 在同一地点采访多个关键的知情人，以进行信息交叉核对。

应避免的错误：

- 评估小组成员戴着墨镜，或切入问题过快。在进入具体问题之前，要有耐心进行过渡，花点时间与访谈对象建立良好的关系。
- 访谈时过于关注所使用的问卷或表格。持续不停地做笔记，可能会破坏访谈的顺利进行。
- 将访谈安排在一个易受打扰的场所。理想情况下，应该由两名成员进行访谈，其中一个人可以做笔记，另一个人可以主持谈话。
- 涉及不恰当的敏感问题，例如性别暴力行为等。从容易回答的事实性问题开始。

如果条件允许，评估小组成员应在实地考察过程中举行会议，讨论进展情况，并商定针对访谈方法或时间安排的各种必要修改。利用直接观察的结果（见下文）来验证信息，剔除与关键知情人答复不一致的内容。在实地考察的后半程，通过这种方式，评估小组成员能够检查这些问题的答案。

数据敏感性

收集原始数据时，考虑所涉及的各种敏感问题，例如，关键知情人回答问题是否存在任何风险，是否有数据暴露的漏洞等。在人道主义背景下，负责任的数据收集和管理尤其重要，在规划数据收集过程中应考虑以下问题：

- 是否能够分享这些数据？
- 有没有可能基于这一数据集识别出知情人？

- 获得知情人同意。确保利益相关方了解收集数据的目的，并同意分享数据。
- 根据敏感度管理不同的数据。尽可能保持透明；但是，在必要时，对数据进行转述，确保无法追溯到其来源。
- 将如何处理这些数据？数据会被移交吗？如果会，移交给谁？他们将如何管理这些数据？应该将数据处理掉吗？
- 针对数据收集目的、具体风险和敏感问题，是否应对数据收集人员进行培训 / 做简要介绍？

访谈工具

在收集原始数据时，可能会决定利用基于平板电脑和智能手机的移动数据收集应用程序。联合国灾害评估与协调队使用的是免费 Kobo 工具箱，基于开放式数据工具包。有关 Kobo 工具箱的更多信息，请参阅 https://www.humanitarianresponse.info/en/applications/kobotoolbox。

在联合国灾害评估与协调队任务软件中，提供了标准关键知情人调查问卷的打印版本和 Kobo 版本。表格设计得简明扼要，但可以根据需要修改。每个部分都以一个问题开头，确定相关问题是否存在，从而避开不相关的问题。

直接观察

通过直接观察，可以得出受灾地区的第一手印象，并为访谈收集的数据添加相关背景和意义。观察分为两种类型：

- 结构化观察（寻找）—寻找特定的行为、对象或事件（或证实其不存在）。例如，人们用餐前是否用肥皂洗手。清单通常用于提醒关键问题，并记录观察结果。
- 非结构化观察（查看）—观察以了解存在哪些问题。例如，妇女和男子如何进出营地。通常列出一组简短的开放式问题，由观察人员回答。

在进行直接观察时，需要注意的一些优势和劣势见表 I–7。

表 I–7 直接观察的优势和劣势

优势	劣势
· 在紧急情况下，可用于快速收集不同类型的信息 · 不容易受到知情人偏见的影响 · 可用于交叉检查知情人的答复和其他评估方法的结果 · 可以生成问题，供进一步查询 · 评估团队可以形成自己的观点	· 仅提供第一手印象，而不是完整的情况 · 需要观察人员的技术专长来回答问题 · 可能影响被观察者的行为，扭曲调查结果

直接观察清单如下：

- · 开始观察之前，征求现场居民的许可，解释观察原因以及使用观察信息的方式。
- · 以开放的心态进行观察。在可行的情况下，尽可能地将观察结果与关键知情人访谈进行比较。
- · 尊重当地文化和性别习俗，着装、举止和交流方式都要尊重当地习俗。
- · 体谅当地人的关切，并重视危机的影响。
- · 邀请现场居民参加观察。
- · 首先与一两名社区成员一起在现场周围到处看看。问他们在路上观察到的现象，解释发生的现象，及其背后的原因。
- · 顺便走访一些特别关注的地点，如取水点、厕所、公共洗漱区、学校、储存设施、墓地、集市和卫生设施。
- · 应立即记录观察结果，确保其准确可靠。
- · 如果有多名观察者，试着交换看法并尽快讨论大家的观察结果。

直接观察工具

联合国灾害评估与协调队可以采用两种直接观察表格：一种是简单的表格，可以通过电子邮件或虚拟现场行动协调中心共享，填写表格耗时不要超过 10 分钟，查看灾情严重程度、受影响人数、流离失所情况、应急响应和最紧迫的问题；另一种是更详细的表格，提供给联合国灾害评估与协调队成员和其他受过培训的人员。在联合国灾害评估与协调队任务软件中，两种表格都可以取用。

社区小组讨论

这种方法可用于在一组人员中收集信息，在经验丰富的主持人的帮助下，这些人受邀参加关于特定主题的结构化讨论。社区小组讨论是一种灵活的工具，用于快速收集信息，不同于其他已建立的社会研究方法，如专题小组讨论。

危机发生后，大量受灾群体可能生活在封闭的环境中，因此，可能很难对受灾群体规模或构成进行严格界定。通过社区小组讨论，可以收集其他数据收集技术无法收集到的信息和观点。通过这种方式，可以获得更大的信息多样性，并确保人们能够听到不同的观点。与访谈中信息的单向流动不同，社区小组讨论通过小组讨论的多向交流生成数据，可以得出小组集体分析的结论。人们分享和比较相互不同的观点时，通过倾听，可以获得丰富的信息，不仅仅是关于人们的想法，还有人们看待某种情况的方式，以及对其背后原因的分析。讨论的目的，是从社区的角度了解灾害对社区的影响方式。

社区小组讨论清单如下：

- 社区小组通常由具有不同特征或背景的人员组成，具体取决于位于灾区现场的人员。社区小组参与者通常是现场挑选的，一般是临时挑选的，但每个小组应尽可能确保人员组成的多样性，涵盖不同背景、职责、性别、年龄、宗教和／或少数民族的人员，确保全面了解灾区现场情况。
- 在适当的情况下，可以召集单独的男性和女性小组，以及不同年龄段的小组，了解基于不同性别和年龄段的需求。社区小组参与者的选择，还将取决于实地考察的具体关注点、目的和目标以及可用时间。
- 理想情况下，社区小组应该人员精简，保持专注，让每个人都有机会发言，并允许个人代表整个小组进行发言。4～8人的小组，是社区小组讨论的理想规模。
- 在实地考察中，一旦确定了社区小组讨论的结构，就应该在各个调查点采用相同的结构。如果在某一个地点组建了混合类型的小组，那么在下一个调查地点也应采用类似的设置，从而在不同受灾群体和地理位置之间进行适当的比较。

- 社区小组会面的地点，应便于进行讨论，最好能让大家围成一圈坐下来讨论。
- 确保每个人都理解讨论的目的，并在做笔记之前获取参与者的许可。
- 针对信息的公开分享，请注意社区成员可能会遭遇到的各种不良后果，无论是实际发生的，还是感觉会发生的。在可能的情况下，尽量避免各类领导或其他权威人士在场，因为他们可能会主导讨论，妨碍其他参与者发言。
- 每个社区小组讨论可以设置两名主持人：一名负责做记录；另一名负责促进讨论，确保讨论不偏离议题，鼓励大家平等参与。确保主持人具有适当的年龄和性别，如果当地文化有相应的要求，那么男性小组的讨论应由男性来主持，女性小组的讨论则由女性来主持。
- 采用调查问卷，或提前商定的一组问题，可以激发讨论热情和聚焦讨论内容。
- 在讨论中达成共识很重要。问题可以采用单选题、多选题或者排序题等多种方式，例如第一、第二和第三优先级。
- 有时，结果可能要标注"没有达成明确的共识"，并需要记录各种不同的意见。

I.4 处理

处理数据就是为将来的数据使用做准备。良好的数据管理是分析的前提，而分析则有助于得到良好信息成果。只有制定了数据结构、分类和存储的适当程序，队伍才能编制出高质量的信息产品。

在处理数据和信息时，应始终考虑以下问题：

- 数据的质量如何，我们对这些数据的信心有多大？
- 我们是否可以使用所有数据，例如，数据是否为敏感信息，或是否不可靠？
- 数据处理最好采用什么工具？

- 组织数据的最佳方式是什么？
- 我们期望从这些数据中提取什么？

I.4.1　数据清理

紧急情况下收集的数据和信息面临的一个共同挑战，是数据和信息通常不完整，需要花费时间进行清理，即纠正拼写错误，删除重复内容，整理不一致的部分等，从而确保数据的可用性。

数据的初始清理需要仔细检查，以鉴别各种异常。数据清理不仅仅是仔细检查一组数据是否有简单的错误，而且要寻找没有意义的信息。通过比较一系列来源的信息对数据进行验证。有时可以采用这样一种验证方式：将从现场某种来源收集的数据与另一种来源的数据进行核对。例如，民众中的关键知情人所说的信息，是否与官方来源的消息一致，是否与实地评估小组自己的观察结果一致？

这一验证过程，还包括将原始数据与二手数据进行比较，而二手数据是其他来源的信息。这一过程不是要证明调查结果，而是要验证调查结果，即为了确定信息是否可信，并证明和支持调查结果的正确性。了解来自不同信息来源报告的差异，以及存在这些差异的原因，这也是数据清理过程的一部分。始终要保留一份原始形式的数据副本，供后期参考。

I.4.2　地点代码（P 代码）

地点信息通常不完整、不一致或不具备互操作性。最大限度地减少地点数据问题的有效方法，是使用地点代码或"P 代码"，这类代码是独一无二的地理标识代码，采用组合的字母和 / 或数字表示，标识地图上或数据库内的特定地点或特征。人道主义事务协调办公室日内瓦信息管理部门，或地图行动合作伙伴，可以提供地点代码。请参见第 B.5.2 节。

I.5　分析

在人道主义救援领域，分析这门学科一直都没有得到充分发展。分析通常旨在服务以计算机为基础的技术技能，主要侧重于数据库分析，以及各种数据分析软件的使用。然而，分析过程所涉及的工作远不止整理信息和操作软件。

分析是一种人工处理过程，需要应用认知功能，采用有针对性的分析方法，并保持探究的思维模式。要想成为一名分析师，并不一定需要某些特定的资质，只需要拥有批判性思维和基本常识。从本质上讲，分析过程包括查看可用的信息，并尽力通过这些信息来描述一种情况：

- 已经发生了什么情况？
- 目前的情况如何？
- 关键点何在？为什么？
- 哪些方面情况不明？
- 接下来可能会发生什么？

在许多灾难情况下，信息、错误信息和背景干扰信息数量巨大，超出了人们的处理能力。可用信息的质量、覆盖面、及时性和准确性通常各不相同，这些因素都对理解信息的能力提出了挑战。为了确保信息获取不偏离正轨，并排除偏见和其他干扰的各种误导，我们的思维过程需要一种结构的帮助，从而在缓慢思考的同时确保快速行动。采用一些简单的工具和途径，可以帮助将数据转化为有意义的信息。

I.5.1 分析模型

分析开始于不同地点数据的比较，以确定数据的相似性和差异性，并将灾后数据与灾前数据进行比较。针对调查结果，需要进行解释和说明，将其置于灾情的大背景中，确定最重要和最相关的具体内容。在收到数据（二手数据或原始数据）后，应立即开始分析，在收到新数据后继续进行分析。最好用的一种工具是分析模型，也称为分析框架。可以将一个分析模型比作一个衣柜或壁橱，里面有许多小隔间、挂钩、抽屉等，便于对物品进行整理，用于存储物品，从而有助于找寻，在分析模型中，要处理的对象就是信息。利用分析模型，可以很容易地看到现有的信息内容，存在信息空白的领域，以及各个领域或主题相互联系的方式。

在多组群初期快速评估框架中，所包含的分析模型示例如图 I-10 所示。这是一个按主题组织的通用分析框架，可根据具体环境和情况进行调整。

在突发紧急情况的最初阶段，可以按地理位置编排分析模型，见表 I-8，这可能有助于加深对灾情的了解。以下模型的不同版本已在多个场合使用，并证明对联合国灾害评估与协调队很有用处。

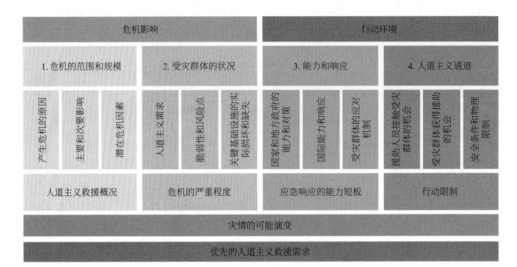

图 I-10　多组群初期快速评估分析框架

这个模型可以用到白色书写板或类似装备上，这样可以在各个不同的单元对信息进行总结。通过这种方式，可以迅速显示哪些地理区域受到的影响最大、受影响人数最多，以及同时存在哪些职能领域的需求。利用这个模型，还可以显示存在信息差距的方面，需要更多信息的方面，以及所需要的信息内容。

上述模型是通用的，应根据具体情况和背景进行调整。虽然模型有助于思考，但如果设计和调整不当，则很容易导致重要信息的遗漏。

表 I-8　按地理位置划分的分析模型

区域	受灾情况	流离失所	健康状况	水、环境卫生和个人卫生	临时安置场所	食物	保护	后勤
总体情况								
区域 A								
区域 B								
区域 C								
区域 D								

I.5.2 分析步骤

分析不是一个简单的步骤，而是由多个步骤组成的流程，每个步骤都建立在前一步的基础上，每一步都会增加对调查结果的理解。图 I–11 显示了所涉及的各种分析步骤。

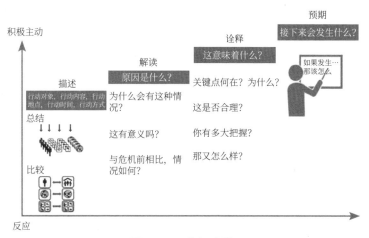

图 I–11 分析步骤

- 描述—描述性分析与报告相同，通常是在突发灾害发生后的最初几个小时或几天内进行的，此时我们会报告现在所拥有的数据，并尽可能完善其结构。这包括对已知情况、受灾群体、灾区位置和分析对象的总结。通过描述可以确定具体的有效信息或重要信息，涉及分析的人物、事件、时间、地点和方式。数据的组织方式，应易于理解和回忆。其中的关键，是总结数据和对比结果。进行对比时所采用的结构，取决于具体情况，但如果条件允许，可以比较不同地理位置或人道主义职能领域的影响，这是一种很好的方法，可以采用可视化材料、地图和其他信息图表。与危机前的数据进行比较，可以突出变化和（或）因灾害影响而加剧的长期问题，这也至关重要。

- 解读—解读性分析可以探究情况的成因或直接原因，解读情况为什么会按照所描述的方式发展。在这个层面上，作为一名分析师，不仅要组织和报告关注的信息，而且要通过论证来为事实和观察结果提供背景信息。这种推理应包括在报告中，解读为什么情况会这样发展。解读是关于所提供结果的背景信息，并指出具体问题的可能原因。在紧急情况下，分析所需的时间至关重要，几乎很难找到有因果关系的确凿证据。然而，如果我们深入挖掘，在危机前的二手数据或从过去事件所吸取的经验教训中寻找根本原因，则可能会找到合理的解释。

- 诠释—诠释性分析旨在揭示最初发现背后的意义，确定优先事项，并告诉受众具体的最重要内容，及之所以重要的原因。这意味着不仅要解释信息，还要得出结论。在所有可用的信息中，必须解释哪些内容是重要的以及为什么重要。在提出"它意味着什么？"这一问题时，诠释过程会检查与决策者利益相关问题或所关注主题的重要性，通过逻辑分析来解释和判断情况。

  ——诠释信息的过程中，涉及使用所有可用的信息，确保得出一个合理的诠释，而不仅仅是一种看法。在分析过程的这一阶段，必须请同行、同事和合作伙伴讨论研究结果，并就其背后的含义达成一致（见第I.4.3节）。

  ——决策者接受某种诠释的意愿，与他们看清诠释合理性的能力和专家的赞同程度密切相关。诠释不是事实陈述，而是理论分析。通常，分析师对自己解释的最好期望，并不是别人会说："的确，这显然是正确的"，而是"嗯，我明白你的想法，你这样思考既合情又合理"。在给定的背景下，分析师需要决定的是某种可能的解释，它可以最好地解释最重要和最值得关注的内容。

- 预期—预期性分析包括将危机前的情况与目前的情况进行比较，再根据不同类型和级别的应急响应以及其他潜在的事态发展，考虑情况随着时间推移而演变的方式。这是分析过程的最后一步，在这一步中，我们分析了潜在的情景，并问：如果……会怎样？如果决策者现在不注意，以后会发生什么？如果这种情况得不到解决，将会发生什么？

——作为一名分析师，你应该始终着眼于未来，询问接下来可能会发生什么，并主动预测可能会出现的具体情况。这种预测，通常基于从以前紧急情况中吸取的经验教训、分析师的经验、知识以及策略，从而为具体初始情况建立数据模型，预测可能结果。预期性分析还有助于制定应急规划，特别是如果设想的发展取决于对接下来可能发生事态的某些假设，例如即将到来的季风期，或每年发生并可能加剧人道主义需求的其他气候事件。

——联合国灾害评估与协调队，应积极主动地让主要利益相关方参与预期性分析，可以提出"6 个月后的情况如何"或"如果发生强降雨，流离失所的群体会发生什么情况"等问题，从而促进讨论。像这类的问题可能非常有益，有助于方案规划。

I.5.3　分析工具

在进行描述性分析时，我们经常使用可视化材料、地图和其他信息图来总结信息，这些材料构成了进一步解读和诠释的基础。其中一些材料也可以在报告中使用，通过简短的叙述提供解读，并且也应在分享讨论会上作为分析的引入点，参见第 J.2 节。

分析流程

比较是分析的核心步骤。根据所考虑的具体相关因素，比较现在的情况和过去的情况，得出未来可能出现的情况。

将现在和过去进行比较，同时兼顾相关的背景要素、经验教训和最低标准（阈值），从而能够预见未来的发展趋势，流程如图 I–12 所示。

问题树

我们可以使用的另一个工具是问题树，如图 I–13 所示，这里以霍乱暴发为例。

利用问题树这种方式，有助于确定问题的根本原因，并在问题未得到解决的情况下对可能的后果做出合理的假设。这种分析还有利于应对措施类型的决策，包括紧急干预措施，以及针对根本原因的其他措施。

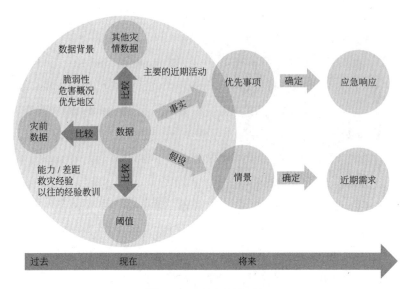

图 I-12　分析性比较

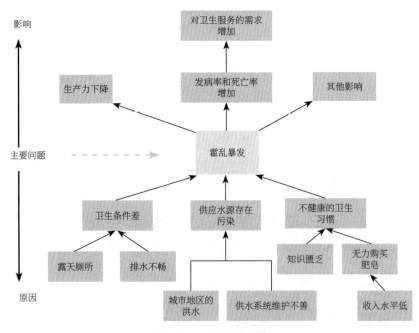

图 I-13　问题树示例

I.5.4　共享式分析

如果与队伍一起进行分析，分析总是会更加透彻。除了事实总结、跨地点和社会群体比较以及简单解释说明之外，强烈建议与同事一起进行其他所有分析，可以在评估和分析单元内部进行，也可以在更多的合作伙伴群体中进行。在紧急情况的早期，联合国灾害评估与协调队的其他职能领域和 / 或现场行动协调中心各类协调单元，共享信息并参与共享式分析会议，这一点是非常重要的。

应急需求分析不同于倾向传统模式的循证研究。其中一个主要区别是时间框架。紧急情况分析总是有时间限制，需要考虑分析方法及其分析结果普遍适用性的程度。一般来说，在紧急情况的早期，人们不可能拥有所有想要的数据，而且数据质量可能不尽如人意。紧急情况下，需求相关信息的分析，依赖于分析人员的能力，要能够从非常不完善和支离破碎的信息中得出结论。

要克服信息质量有限或不足问题，可以采用一种方法：依靠同行、同事和合作伙伴，达成分析过程中的共识。还应包括对评估和分析的远程支持。此外，不带偏见的专家可以参与讨论。如果遇到证据不足的情况，但对分析结果的含义达成了高度共识，那么置信度就会增加。在图 I-14 显示的方式中，通过讨论和达成共识来弥补有限证据，从而加强分析。

共识 ↑			
	高度共识下的有限证据	高度共识下的一般证据	高度共识下的充分证据
	一般共识下的有限证据	一般共识下的一般证据	一般共识下的充分证据
	低度共识下的有限证据	低度共识下的一般证据	低度共识下的充分证据

→ 证据

图 I-14　加强分析表

共享式分析很重要，因为它提供了一个机会，可以就分析结论达成某种程度的共识，以平衡缺乏信息的情况。例如，虽然证据可能非常有限，但专家们仍然一致认为，今后一个月将会出现流离失所状况的恶化，导致其他人道主义职能领域需求的增加。这样的分析，通常足以为决策提供依据。

促进共享式分析会议

共享式分析可以采用多种形式，从仅有几个人讨论分析式成果，到更大规模的（组群 / 职能领域范围）研讨会或会议，参与者包括来自许多组织并持各种观点的合作伙伴，特别是政府部门的合作伙伴（如有可能）。已设立的评估工作小组，将成为共享式分析会议的重要平台。

为了节省时间，还可以将分析环节作为单独议程项目，融入人道主义国家工作队会议、组群会议等，获得对某些关键问题的分析依据。

共同目标可能包括：

- 根据分析结果形成关键研究问题的答案。
- 通过对分析结果达成一致意见，建立对情况的共识。
- 利用专家的判断，弥补证据的不足。
- 通过讨论和信息共享，解决数据中的不一致问题。
- 识别数据所反映出的模式，例如确定发展趋势。
- 就优先事项和前进方向达成一致。
- 识别信息缺失的内容，以及需要收集的关键信息／数据。
- 针对情况的可能发展趋势制定可行的方案。

进行共享式分析的最有效方法，是为讨论提供一个顺畅的流程和结构。图 I-15 显示了通用共享式分析流程，在组织大型多职能领域研讨会时可以采用。

图 I-15　共享式分析流程

在现场行动协调中心评估和分析单元中，或在人道主义国家工作队会议期间，召开共享式分析会议时可以选择更简单的流程，便于定期开展分析，例如，仅选择最后三个步骤。作为最低要求，最初的分析应采用共享的可视化分析，确保所有参与者都能看清和理解所分析的内容。有关可视化分析的更多信息，请参见第 J.1.2 节。

分析过程中的偏差是不可避免的，也是信息中原本就存在的。部署在评估和分析单元的联合国灾害评估与协调队队员，最好能够保持客观和中立，并且不能与分析结果有任何特定的利害关系。这将有助于以客观的方式促进讨论，从而避免将讨论引向某一特定结论。为了获得最佳分析式成果，队员应专注于以下事项：

- 选择持不同观点的参与者，确保意见的多样性，例如政府部门的合作伙伴、双边应急响应小组、捐助者、其他人道主义机构等。
- 选择能够针对特定主题发表独立权威意见的主题专家。
- 定义一个明确的会议目的，拟定会议议程，明确希望会议取得的成果。
- 确保参与者尽可能对数据有大致相同的掌握程度，要做的是讨论数据背后的含义，而不是单纯的信息分享。

如果具有各种专门知识的利益相关方参与数据分析，那么将能获得更全面的视角和更大程度的共识。然而，这一过程需要平衡这些利益相关方可能存在的各种偏见。如果没有人反对特定利益相关方的观点，那么和分析结果存在利害关系的专家或利益相关方可以很容易操纵分析，将讨论推向对自己有利的方向。

总之，在准备和执行联合分析流程时，有以下 8 个关键注意事项需要考虑：

- 不要在与评估方法和流程相关的讨论中停滞不前。否则，将造成资源分散，影响对评估结果的解释和分析。
- 对于数据／分析中发现的限制性因素，务必做好记录。通过将这些因素记录下来，有时可以帮助避免分析方法或分析流程的讨论陷入僵局。
- 务必重视对评估结果的分析，而不是进行单纯的信息分享。所选择用于共享的信息，应该要么是近期出现的新信息，要么是有助于诠释评估结果的信息。
- 在这一过程中，不要将协调促进与参与分析相混淆。中立的主持人不应在具体的分析结果中存在利害关系，这样才能引导关于评估结果的讨论，同时保持立场上的独立性，这一点至关重要。

- 务必解释清楚各种定义和概念，包括受影响人口、优先需求等，确保所有参与者获得大致相同理解。
- 强调人道主义需求分析与确定所需的应急干预措施之间存在区别。
- 确保营造一个"畅所欲言的氛围"，既有明确的规范，又鼓励质疑和争论。本质上，分析是对现有数据或信息进行审查的过程。共享式分析团队的成员对数据进行陈述时，他们应该鼓励其他人对陈述内容提出质疑。通过这种方式，具有说服力的结论得以存留，而拙劣的分析将会被淘汰。
- 根据评估结果得出分析结论时，一定要同时记录分析过程中的假设。

J 报告和分析式成果

在形成分析式成果的同时，还应考虑分析式成果的传播方式，做好相应的规划。这个成果是一个互动式网络成果还是一份书面报告？成果的分享对象是否包括一个很长的电子邮件列表，或成果是否要在虚拟现场行动协调中心、人道主义响应信息网或类似网站上发布？

在规划信息管理策略（见第 H.2 节）时，应明确规定分析式成果的传播策略。相关信息应在现场行动协调中心或联合国灾害评估与协调队部署场所公布出来，便于大家查看，包括预期得到的成果、完成时间、负责人以及传播方式。

J.1 报告

在紧急情况发生的第一周，灾害评估与协调队的报告成果，可能是可靠第一手信息的唯一来源，提供给人道主义事务协调办公室和主要合作伙伴。在大多数紧急情况下，联合国灾害评估与协调队的分析持续影响着决策进程。严谨可靠的联合国灾害评估与协调队报告，可能是救援任务最重要的成果之一。

在很大程度上，报告的影响力取决于其内容结构、观点清晰度、材料可信度和论证的逻辑性。一份报告是否能取得效果，取决于它是否清楚有效地传达其内在信息。因此，需要了解以下因素：特定目标受众保存消息的方式，对分析的局限性和不确定性的声明，对最终受众的了解，受众的专业知识，数据认知能力，主要关注点，以及受众可能必须根据报告做出的决策。针对最终受众，报告量身定制的程度越高，其影响力就越大。

无论是编写供广大受众阅读的情况分析报告，还是为任务联络人撰写最新情况报告，都可以参考以下一些最佳做法：

> · 针对受众进行调整，专注于要传达的信息—只有那些真实的、最新的、重要的、有行动参考价值的内容，才会最终引起受众的关注。因此，需要对信息进行清楚的定义，确定用数据支持总体情况分析的方式。构建叙事方式，运用讲故事的技巧，可以最大限度地挖掘数据背后的意义。选择和受众紧密相关的信息，让报告的理解难度与受众的数据认知能力

相匹配。思考受众关心的内容，并用受众熟悉的措辞表达结果，例如，捐赠者提供的资金，为应急响应行动人员提供的资源等。

- 将结论放在前面（BLUF）—无论是为报纸撰写一篇报道、向日内瓦任务联络人发送一封简短电子邮件，还是编制一份全面的评估报告，"将结论放在前面"都是一条很好的经验法则，也是一条有用的建议。首先告诉读者结论是什么，然后再进行描述、解释和论证。如今的灾害事件报告，通常都在前面附上一张信息图或一张地图，旁边附有对关键问题进行说明的文本框。在紧急情况下，显然会有许多问题，但通过简单的分析，应该可以看出其中一些问题之间彼此关联的方式，以及在不采取适当应对措施的情况下，这些问题可能的发展趋势。通过这些分析，有助于确定所有相关问题中哪些是最重要的，哪些应优先考虑并预先强调。换句话说，"在所有相关问题中，有些问题被认为是最重要的，这些因素就是它们之所以重要的原因，以及应该首先关注这些问题的原因"。

- 撰写可读性强、有说服力的信息报告—良好的分析建立在逻辑论证和各种事实陈述的基础上，其中的结论或主张都基于足够的证据，并源自清晰、可追溯且合理的推理过程。论点及其背后证据的逻辑性越强，在最终受众看来就越可信。对相关论点进行论证，展示从数据中得出结论的过程，在此过程中处理相互矛盾的解释。建议对每个问题做出最合理的回应，但主要是准备证据，让决策者自己做出决定。更多地采用简单的解释，而不是复杂的解释，因为简单的方式通常更有说服力。

- 设计有效且令人信服的可视化材料以支持关键信息—在报告中插入图形、图表、地图和统计图，这样有助于更生动地传达信息。在设计良好的图表中，可以非常有效地呈现大量数据。选择正确的可视化方法，提高所需的准确度，创建适当的象征性图表，避免信息的杂乱无章，最重要的是将数据直观地显示出来。理解视觉设计和感知原则，适当使用各种颜色，在特定的场合使用恰当类型的图表，这些都是有效传达信息的关键。

- 针对不确定性进行沟通，并将数据和方法记录下来—必须表明最终结果的来源，这对于可信度至关重要。留下相关线索，便于以后的检查工作，并且其他人也可以做后续跟进。需要提供有关数据，以及收集和分析数据的方法，这样其他人才可以根据自己的需要重新创建报告。还应说明报告和分析结果的局限性。这样做可以显示出真实和开诚布公的特点，让受众清楚地知道其是否可以利用报告成果，以及使用报告成果的方法。例如第 I.1 节"评估和分析基础知识"中所述的"够用"原则。

- 通过编辑和同行评审报告成果—评审人员具有非常重要的作用，他们可以识别逻辑漏洞、说服力不足的证据、分析过程中的错误、拼写错误和语法错误。他们将从全新的视角审视报告成果，并在发布报告前做最后的把关工作。杜绝各种语法或拼写错误，以及前后不一致的内容，以免分散读者的注意力。做好内容性评审和编辑性评审，将有助于将情况阐述得更加清楚，改善报告文笔的流畅程度以及受众的阅读体验。

J.1.1 联合国灾害评估与协调队标准成果

在应急行动的早期阶段，联合国灾害评估与协调队就已抵达现场，因此这支队伍具有独特的作用，可以为人道主义事务协调办公室及其他机构的决策提供关键信息。在整个任务执行过程中，队伍预计将定期提供两种类型的报告成果，表 J–1 对此进行了总结。

有时，队伍可能需要为公开情况报告提供基础材料，供人道主义事务协调办公室和 / 或联合国驻地协调员 / 人道主义协调员办公室参考，在这种情况下，将根据具体需求做出安排。联合国灾害评估与协调队任务软件上，提供了每一类报告成果的模板和详细指南。联合国灾害评估与协调队的所有成员，都应学习人道主义事务协调办公室编辑风格指南，该指南可在联合国灾害评估与协调队任务软件中查阅。

表 J-1　联合国灾害评估与协调队标准报告成果

报告	每日情况更新	联合国灾害评估与协调队报告
目的	面向人道主义事务协调办公室日内瓦总部任务联络点，提供最新情况报告，根据需要面向人道主义事务协调办公室其他部门，提供关于灾害评估与协调队活动和问题/挑战的情况报告，或通过打电话的方式，向任务联络点报告情况	面向人道主义事务协调办公室、联合国驻地协调员/人道主义协调员和关系密切的合作伙伴，提供关于灾害评估与协调队活动和正在进行的应急响应行动的最新信息，为决策提供依据
内容	工作人员问题 总体情况的主要变化 行动计划更新（包括职权范围的变化） 安全问题 行政和后勤问题	情况摘要 总体情况概述 协调工作概述 行动注意事项 城市搜索与救援队和紧急医疗队活动 行动组群概述 国家应急响应 双边应急响应
分发	机密：任务联络点，根据需要分发给人道主义事务协调办公室总部和区域办事处	有限分发：人道主义事务协调办公室、联合国驻地协调员/人道主义协调员和合作伙伴
频率	每天一次	每两天一次
传播方式	电子邮件/联合国灾害评估与协调队任务软件	电子邮件/联合国灾害评估与协调队任务软件，虚拟现场行动协调中心
签发人	联合国灾害评估与协调队队长	联合国灾害评估与协调队队长

J.1.2　可视化数据

如前所述（见第 J.1 节"报告"，设计有效且令人信服的可视化材料以支持关键信息），在报告中插入图形、图表、地图和统计图，这样有助于更生动地传达信息。人道主义事务协调办公室设有一个可视化信息组，但由于这个小组负责全球的可视化信息工作，因此并不总是能够为联合国灾害评估与协调队提供针对具体任务的支持。联合国灾害评估与协调队本身不一定具备可视化信息技能，但如果具备这样的技能，请尽量加以运用。像谷歌地图这样简单的在线工具，以及像 PowerPoint 这样的常用软件，即使没有经过专门的可视化信息培训，也可以有效地运用。援助网提供了许多图标可供下载，用作地图或其他可视化材料上的标注符号，网址为 https://reliefweb.int/report/world/world-humanitarian-and-country-icons-2012。

在组织与利益相关方的共享式分析会议时，直观的可视化信息是必不可少的，这些利益相关方不了解情况的细节，但仍被要求为其调查结果提供材料（见第 I.4.3 节）。对于进行比较的关键问题，如果通过表格以数字形式呈现，那么可能很难引起人们的注意。将数据可视化，比较地理区域和不同的社会群体，并在可能的情况下使用简单的统计图和表格或绘制地图，这样的信息更容易掌握和解释。

在解释出现某种情况的原因时，要采用有条理的方式清楚地呈现数据，这对于分析至关重要。直观地显示这些差异，就可以更容易地对其进行解释。

如果想要将一个值与另一个值进行比较，并反映其数量顺序关系，那么可以使用条形图（垂直排列或水平排列），采用降序排序以强调高值，或采用升序排序以强调低值。例如，关键知情人提到的优先需求问题。

数值图，也称为饼状图，部分与整体图，它显示了每个值与整体之间以及值与值之间的关系。饼状图的一个具体特征是，每个人都能直观地理解所有扇形块，可以组合成一个完整的圆饼状。如果只需要显示几个数值，那么这种图非常有用。例如，通过饼状图表示受影响地区的总人口及其状态，包括死亡、受伤、失踪、流离失所等状态。

如果想要比较一段时间内的测量结果，那么折线图可以显示数值在时域上的变化，例如，一年中连续的几个月的数值。从某一个值到下一个值的直线表示变化情况，这样直线的斜率反映了变化程度，斜率越大，变化就越剧烈。例如，显示在一场旷日持久的危机事件中，某段时期内学校出勤率的变化。

偏差图可以显示一组或多组数值与一组参考数值的差异，利用参照线显示一个或多个值偏离参考点的程度。例如，显示指标不符合标准的程度；又如，每天可饮用水量的最低标准与实际可饮用水量的比较。

如果想要比较两组测量数据，在某一组数据上升的情况下，确定另一组是否相应地上升或下降，以及上升或下降的变化速率。

通过相关性曲线，可以显示数据的变化趋势，以及趋势是上升（正）还是下降（负），并且围绕趋势线的数值分布越紧密，相关性就越强。例如，传染性疾病的变化与公共卫生服务普及性相关联的具体情况。

利用空间数据的可视化，通过绘图来显示一个区域与另一个区域的不同情况。对于显示问题的地理分布，这种方式非常有效。例如，人道主义需求的急迫程度在不同地区之间的差异。

J.2　分析式成果

联合国灾害评估与协调队任务，可以提供各种分析式成果和其他信息成果，并将其传播给救灾应急响应利益相关方和人道主义救援体系。在某些情况下，最有价值的协调成果只是简单的工具，如清单、定位图、损失分布图或通道分布图。如果将各种需求相关信息组合在一起，就可以直接为应急响应领导层的决策提供依据。

基础成果

- 会议日程表—协调会议的最新会议时间表应通过在线方式提供，并在现场行动协调中心以纸质版本形式提供。如果队伍可以使用互联网，那么请使用人道主义响应信息网提供最新的日程安排。通过该网站，还可以下载日程安排 PDF 文件。
- 联系人通讯录—关键联系人名单（如地方主管部门、联合国灾害评估与协调队、组群／职能领域牵头机构），应保存在人道主义救援人员身份数据库（HID）中，并在现场行动协调中心提供纸质版本通讯录。理想情况下，联系人通讯录在人道主义救援人员身份数据库中进行管理，并使用其中的导出功能进行打印。如果团队无法使用互联网，那么可以在 Excel 表格中创建联系人通讯录。联系人通讯录的模板，可以在联合国灾害评估与协调队任务软件中查询。

模型和图表

- 3W 成果—3W 基本信息（行动人员、行动任务和行动地点）模型的主要用途，是在紧急情况下按地域和位置显示合作伙伴的运行情况。3W 可能会以各种形式和形态存在。根据救援能力，联合国灾害评估与协调队可以在 Excel 中创建简单表格形式的 3W 信息，或进行地图绘制，以显示合作伙伴的运作情况。
- 受影响最严重的地区—通过信息模型提供快速概览，可以进行数据比较，显示不同地区灾情的严重程度。使用信息模型的目的，是对数值进行比较，即创建各区域受影响严重程度的排名。

分析性报告

- 情况分析—这是二手数据审查的第一个综合成果。情况分析描述了总体情况，确定了主要的信息缺口，并围绕多组群初期快速评估分析框架进行组织。情况分析应包括以下内容：
  ——简要概述危机的严重程度、优先需求和政府应对能力，然后是受影响地区的分布地图。
  ——危机影响情况，包括受灾群体和需要帮助的群体（人道主义概况），受灾最严重的地区，住房和基础设施的受损情况，以及受灾人口状况。
  ——应急响应能力，分别列出受灾地区、受灾国和国际的应急响应能力。
  ——人道主义救援。
  ——信息缺口。
  最初的情况分析通常由人道主义事务协调办公室起草，送交联合国灾害评估与协调队完成和定稿。情况分析报告应定期更新，并随着可用信息的增多而持续扩充。
- 人道主义概况—这是一种可视化信息，通常融入情况分析报告中，按受灾人口状况进行细分，显示受灾群体、流离失所群体、需要帮助群体的人数等信息。首先，如图 J-1 所示，人道主义概况信息比较宽泛，但后期可以进一步细分。

- 地理概况—这类信息属于深度报告，侧重于某个特定的受影响地区，通常在联合国灾害评估与协调队任务结束时发布，此时已经获得了足够丰富的信息。
- 专题报告—这类信息也属于深度报告，侧重于某个关注的领域，例如市场运作、受灾国内流离失所者营地的保护问题、受灾国从以往应急响应中吸取的经验教训等。

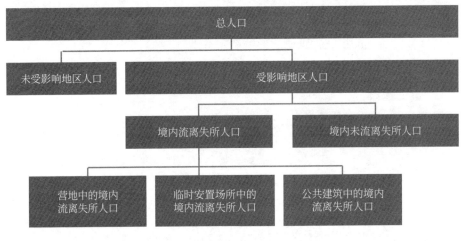

图 J-1　人道主义概况示例

地图

信息地图可以显示以下信息：

- 主要受灾地区。
- 流离失所群体的分布地点和人数。
- 各种援助组织的位置，在城市搜索与救援队行动中，也标记了每支队伍开展救援行动的区域。
- 主要地方应急管理机构的位置，如消防队、警察局、医院、通信中心和军事总部。
- 现场行动协调中心的位置。
- （受损）道路、机场或火车站等关键物流设施的位置。
- 数据采样分布图。

- ·数据收集进度图。
- ·各种安全事件。
- ·环境危害。
- ·其他可以直观展示的信息。

灾情和响应信息的可视化技术，是建立各方共识的有力工具。如下文所述，地图信息的类型可以是简单和基本的，也可以是详细和复杂的，视情况而定，并充分利用现有的可用资源。

J.2.1　地理信息系统（GIS）

在地图上绘制出的相关信息，对于创建灾害情况下的共享行动图和进行协调响应非常重要。人道主义救援人员抵达现场时，可能对受灾地区的地理情况一无所知，需要为评估和援助行动提供有效的地图信息，解决应急响应工作中的能力短板，并避免工作重复。

从联合国灾害评估与协调队任务一开始，就应该考虑所需的具体地图和制图服务。如果调动一个专门的地图绘制团队，那么他们应参与任务规划的所有相关工作，从而了解决策需求，并为任务周期的每个阶段准备合适的地图信息工具。

联合国灾害评估与协调队执行任务期间，通常需要以下类型的地图工具：

- ·通用地形图和道路地图—用于常规定位和导航。
- ·城市搜索与救援队行动地图—可以利用谷歌地球或卫星图像，但对于城市搜索与救援队任务而言，街道名称和地图坐标也非常重要。
- ·损失分布图或洪水范围图—这些地图可能是基于卫星图像的解释。
- ·现场评估规划图—理想情况下显示行政区域边界以及地点参考代码（P代码）（如果存在此类系统）。
- ·受灾人口和需求地图—确保"零需求"区域与"无数据"区域存在显著的区分。
- ·3W 地图—链接到不断更新的 3W 信息模型。

如果没有部署专门的地图绘制／地理信息系统团队，则可以通过有计划地使用基本工具（包括谷歌地球、PowerPoint 等）来完成相应的工作。即使是在复印的路线图上手绘相关信息，也足以反映救援行动情况的基本方面。

如果条件允许，请地理信息服务机构提供预先准备的 PowerPoint 地图集，可由非地理信息服务专家进行编辑，为相关报告制作灾情态势图。

谷歌地图／谷歌地球的全球信息覆盖范围不断扩大，如果提前"缓存"或离线保存地图数据，则可以在没有互联网连接的情况下使用这两种工具。

开放街道地图（OSM）也是一种优秀的基础地图资源。对于需要关注的地图区域，可以从开放街道地图"剪切并粘贴"到 PowerPoint 等程序中，供离线使用。在大规模紧急情况下，开放街道地图志愿者团体可以完善受灾地区的开放街道地图数据，因此应在条件允许情况下查看最新数据。

地理信息系统团队，可以从其他各种来源获取地图数据，包括联合国机构间常设委员会共同通用业务数据集（COD），供受灾国家下载准备好的地理空间信息服务数据。特别重要的是，要获取受灾国最新版本的行政边界图和最全面的现有安置点数据集，因为这些信息将在评估报告等文件中提及。有关共同业务数据集的更多信息，以及下载共同业务数据集的人道主义数据交换（HDX）链接，参见第 H.1 节。

联合国灾害评估与协调队与各种地图绘制合作伙伴协同工作，这些伙伴可以支持其行动，制作地图和信息图表，为全球应急响应行动提供信息。人道主义事务协调办公室日内瓦总部，将与合作伙伴保持联系，确保向联合国灾害评估与协调队提供各类地图，支持救援行动。

地图行动人员和联合国卫星中心人员，是与联合国灾害评估与协调队密切合作的行动伙伴，并通过地理信息系统提供支持。地图行动人员经常与联合国灾害评估与协调队一道部署，向灾害评估与协调队及全球人道主义救援体系提供定制地图和其他现场服务，而联合国卫星中心人员则经常提供卫星相关支持，包括各种卫星图像衍生工具以及卫星图像分析。在人道主义危机期间，地图行动人员和联合国卫星中心人员合作，共同开发地理空间信息服务工具。有关联合国灾害评估与协调队行动伙伴的更多信息，参见第 B.5.2 节。

通过全球灾害预警与协调系统的卫星制图和协调系统网页 https://gdacs-smcs.unosat.org，联合国灾害评估与协调队可以了解卫星数据分析和成果交付的最新情况。针对参与大规模紧急情况下不同卫星制图团队所进行的分析，这一协调系统平台可以提供概况信息，以及卫星制图负责人和具体制图内容的信息。有关地图绘制工具和服务的更多信息，参见第 H.1 节。

近年来，世界各地的人道主义志愿者和技术团队也越来越多，如灾情地图制图者和数字人道主义网络，他们可能在地图绘制方面提供相应的帮助。要想充分利用这些资源，可靠的互联网通信通常是必备条件。在执行任务期间，人道主义事务协调办公室或地图行动人员可以提出建议，帮助获取这些技术团队的支持。

K 媒体

通常，大多数人道主义危机都会吸引媒体的关注，但并非总是如此，这与紧急情况本身的规模有关。如果采取有效的和策略性的办法，那么与媒体接触可以为灾害应急响应工作带来有益的支持；相反，如果与媒体的关系处理不当，则可能导致错失机会，或损害联合国灾害评估与协调队和联合国的声誉和信誉。

作为一个公共机构，联合国在执行任务时始终秉持最大程度的透明和公开原则。另一方面，新闻媒体普遍认为自己在报道中坚持客观、中立、公正和独立的立场，而这些品质也是人道主义工作者所主张的。因此，最好将新闻媒体视为利益相关方，有权获得相关信息，新闻媒体是应急响应可以利用的资源，而不是干扰因素。

K.1 媒体联系

联合国灾害评估与协调队队长，负责制定与媒体关系的指导方针，队长通常也是联合国灾害评估与协调队的发言人。队伍发布的资讯和信息，应与联合国驻地协调员 / 人道主义协调员、人道主义国家工作队和人道主义事务协调办公室发布的资讯和信息保持一致。然而，如果媒体联系到队伍中的具体队员，这名队员也应该能够提供关于当时进展中工作的实际信息。

一些基本规则

为队伍指定一位发言人，通常由队长担任，明确其他成员在什么情况下可以与新闻媒体沟通。

- 指定一名沟通联络人，就公众信息与人道主义事务协调办公室日内瓦总部进行日常联络。
- 主动或应要求提供关于联合国灾害评估与协调队和人道主义事务协调办公室的信息。信息可以是现成的标准手册，或为特定危机事件创建的情况介绍。关于危机本身的信息，可查阅人道主义事务协调办公室的最新情况报告，或援助网上公布的其他公开文件。
- 如果同意接受访谈，则要注意避免谈论目前工作和职权范围以外的话题。只谈事实，不做猜测或假设。对于人道主义需求和应急响应措施的统计和量化数据，可以采用情况报告、第一手印象记录和类似信息成果中已明确作为公众信息的内容，或与队长／队伍发言人商定具体的内容。

有效接触

在与媒体接触时，有一些注意事项需要考虑。应遵循的原则：

- 商定访谈的确切主题。确保访谈主题保持在联合国灾害评估与协调队的任务和工作的范围内。
- 做好准备。确定一些关键信息，征得队长对这些信息的确认，并在访谈过程中根据这些信息进行回答。
- 尝试预测将会被问到的最刁钻的问题，练习回答方式。
- 作为一个人道主义者，明确告知对方不讨论政治问题。
- 避免用"无可奉告"之类的辞令回答问题。
- 如果不能回答某个问题，就坦诚相告；对于不知道答案的问题，不要胡乱猜想或推测，而应该向对方承诺随后会去查明情况，并尽快将情况告知对方。
- 澄清对方的各种误解，重新提出引导性问题。
- 穿上带有 UNDAC 标识的衣服。

应避免的错误：

- 对媒体出言不逊。
- 偏爱某一家特定的媒体。
- 提供"非公开"信息，除非情况确实需要这样做。
- 猜测或给出无法证实的陈述。如果不知道相关信息，则请如实回答。
- 批评政府、非政府组织、红十字会／红新月会或联合国机构的应急响应。
- 使用行话和缩略语，包括"UNDAC"。如果接受电视或电台的访谈，那么这家媒体可能不会播放访谈内容。

跟进

- 记录媒体日志（包括记者姓名、访谈媒体、访谈重点和媒体的当地电话号码）。
- 访谈内容一旦公开或播出，请重新审查访谈内容。
- 如果作为队长接受了访谈，应通知驻地协调员 / 人道主义协调员；如果队员接受了访谈，应通知队长。如果队员的谈话被错误引用，应立即通知联合国驻地协调员 / 人道主义协调员，队伍应尽量要求媒体更正错误。访谈内容一旦发布出来，常规媒体通常来不及更正其中的错误，但网上的新闻报道可以经常调整和更新。应该始终让记者知道访谈内容中的错误引用。
- 在访谈过程中，如果被问到无法回答的问题，则应向记者承诺核实相关情况后再回复记者。

K.1.1　关键媒体信息

对于灾害真实情况和应急响应行动最新情况之外的媒体信息，由受灾国的联合国驻地协调员 / 人道主义协调员负责发布，其间与人道主义事务协调办公室合作，并与联合国灾害评估与协调队队长协商。这些信息包括针对相关方的宣传和战略沟通，涉及政府、行动伙伴、捐助方、提供援助的社区、受灾群体和援助受益人。

K.1.2　与联合国和人道主义事务协调办公室公共信息官员合作

联合国灾害评估与协调队中指定的沟通联络人应与相关方保持密切联系，包括部署在受灾国的人道主义事务协调办公室的公共信息官员（如有）或联合国驻地协调员 / 人道主义协调员办公室的沟通负责官员。联合国灾害评估与协调队的日常公共信息，是通过人道主义事务协调办公室任务联络人传递的，这名联络人与人道主义事务协调办公室总部和区域办事处的沟通团队分享信息。人道主义事务协调办公室将随时与队长 / 队伍发言人联系，为日内瓦或纽约的记者团组织高级别访谈和情况通报。条件一旦具备，联合国灾害评估与协调队应将媒体关系移交给驻受灾国的人道主义事务协调办公室公共信息官员（包括增援部署的公共信息官员）。

K.2 社交媒体

"社交媒体"一词指的是用于发布、分享和讨论信息的互联网工具。最流行的社交媒体包括 Facebook、Twitter、Instagram 、YouTube。通过这些工具,为沟通、参与和信息共享提供了大量前所未有的机会,但如果使用不当或滥用,社交媒体也会扩散虚假信息和谣言,损害相关组织的声誉。

K.2.1 联合国灾害评估与协调队的作用

关于联合国灾害评估与协调队任务和应对措施,所有官方公共宣传活动将由人道主义事务协调办公室总部管理,包括在社交媒体平台上的信息发布。为确保人道主义事务协调办公室能够报告联合国灾害评估与协调队的部署情况,队伍内的沟通联络人应完成以下准备:

- 提供 / 确保相关信息的高质量照片,涉及灾害背景信息(危机 / 受灾范围和严重程度)、受灾群体、正在行动的联合国灾害评估与协调队以及其他应急响应行动。照片必须包括相关说明,介绍照片拍摄地点、时间和人物以及摄影师的姓名。照片一旦分享给日内瓦总部,联合国人道主义事务协调办公室将决定照片的使用情况。灾情发生后的最初几天和几周的照片尤为重要,因为人道主义事务协调办公室需要可视化材料,以有效地进行宣传和调动资源。
- 如果条件允许,可以用手机录制视频,如果带宽有限,可在紧急情况发生后将视频分享给人道主义事务协调办公室日内瓦总部。

K.2.2 以个人身份发布

对于公共和私人沟通以及专业和个人沟通,社交媒体有时并不像传统媒体那样存在着泾渭分明的界限。例如,联合国灾害评估与协调队队员,可以在其私人社交媒体账户中就任务相关问题发表评论,但这种评论仍有可能影响到广大公众。联合国灾害评估与协调队成员应当遵守《联合国工作人员条例》,其中规定:虽然工作人员的个人观点和信仰(包括其政治和宗教信仰)不受侵犯,但工作人员应确保这些观点和信仰不影响公务和联合国的利益。工作人员应始终谨言慎行,符合其国际公务员的身份,不得从事与正当履行联合国职责不相关的各种活动。

如果任何行动或公开言论可能损害其工作人员身份，或对这种身份所要求的诚实、独立和公正产生不利影响，那么工作人员应避免这类行动或言论。

如果要以个人身份在社交媒体上发布消息，联合国灾害评估与协调队队员应遵循下列指南：

- 在发布消息前思考清楚。不要谈论或描述任何你不愿意公开展示的内容，例如，在新闻中被引用的内容，或能被家人或上级主管看到的内容。
- 始终牢记安全问题。谨慎对待自己在网上发布或讨论的内容，尤其是与救援行动有关的内容。考虑自己发布的各种信息（包括照片的地理标记）对联合国工作人员或救援行动安全的潜在影响。
- 仔细判断和谨慎衡量。问问自己，要分享的信息是否可能是敏感信息。如果是敏感信息，问问自己是否应该在网上分享，以及分享会带来什么影响。拍照时避免军事装备或枪支出现在画面中。
- 考虑好如何展示自己。如果不同意别人的观点，要保持礼貌的态度，尊重不同的意见。避免使用不尊重、污名化或歧视性语言。
- 不要分享内部信息或机密信息。在外部分享的所有信息都应该是已经公开的信息。如果对此存在疑问，应询问相关信息的负责人。
- 尊重同事的隐私权。在发布与同事相关的任何信息之前咨询其本人，未经信息相关方同意，不要在照片或其他内容中"展示"同事相关信息。
- 确保与工作有关的内容反映相关机构的官方立场，包括联合国灾害评估与协调队、人道主义事务协调办公室和驻地协调员/人道主义协调员；如果有疑问，请队长审查要发布的消息，并在发布前获得许可；否则，不发布。
- 避免发布联合国人道主义事务协调办公室/联合国灾害评估与协调队内部活动的照片、视频或其他消息，包括工作人员会议和社交活动：在标题或关键词中，不要将活动标识或"标记"为"人道主义事务协调办公室"。

行　动

周密计划的行动方式，是高效和富有成果人道主义应急响应的关键。联合国灾害评估与协调队的行动涉及方方面面，包括灾情认知、灾害评估和协调的基础要素，以及从灾害管理到人道主义协调的所有协调手段。

本主题包括了以下五章内容：

L. 协调

本章包括关于一般协调方法、可以使用的工具和可能面临挑战的相关信息。还包括人道主义计划周期支持、组群间协调、贯穿各领域的问题、私营部门参与、人道主义筹资和社区参与等内容。

M. 现场行动协调中心概念

本章介绍了现场行动协调中心的概念，现场行动协调中心结构、各职能领域和各协调单元，以及有关现场行动协调中心、接待和撤离中心（RDC）的信息。

N. 协调单元

本章重点介绍各协调单元，它们是现场行动协调中心概念的一部分，并采用现场行动协调中心的工作方法，但其职能独立于现场行动协调中心的组织架构。这些协调单元包括城市搜索和救援协调单元（UCC）、紧急医疗队协调单元（EMTCC）和军民协调单元（CMCoord）。

O. 区域性方法

针对非洲、美洲、亚洲、欧洲和太平洋地区，本章具体介绍了地区性灾害管理办法。

P. 救灾后勤

本章介绍了与救灾后勤相关的职能和职责、规划后勤计划的方法以及后勤组群的信息。

L 协调

L.1 简介

通过良好的协调，可确保将多边人道主义救援人员组织在一起，重点关注受灾群体的需求，并将各方救援人员融合为一个整体，避免各自为战，统一优先事项和时间安排，从而支持受灾国的应急响应行动。如果国际人道主义救援体系组织良好，并有明确指定的领导机构，那么受灾国主管部门、救援参与人员和受灾群体更容易获得相关援助。如果没有良好的协调，那么向受灾群体提供的服务就会存在各种问题，例如，服务缺失、工作重复、援助不当、资源利用效率低下、能力瓶颈、救援障碍、对不断变化的情况应急响应迟缓，以及救援提供者、政府官员和灾害幸存者感到沮丧。一般而言，协调工作的缺失，会导致紧急情况下的应急响应差强人意。

本章着眼于联合国灾害评估与协调队进行协调的方法，以及可采用的具体做法和程序，以实现队伍工作的最佳成果。国际应急响应行动中确立的组织结构、运作机制、职能和职责，不是本章的重点。背景主题中介绍了与灾害评估和协调任务有关的人道主义协调的概念，而本章则侧重于协调工作的方法。

L.2 协调方法

一般来说，协调可以被定义为整合各方应急响应以取得最大化成效并实现协同效应的一系列有意识的行动。通过这种协调，可以产生"一加一大于二"的效果。

协调工作始于建立工作关系和定期分享信息。由于各方救援人员需要彼此沟通与合作，根据不断变化的需求和缺口以及彼此的优势和劣势，个人和组织应适应这些变化并调整自己的工作。

如果是简单的发号施令，则可以由一方告诉另一方应该做什么或如何做；但国际人道主义行动的协调工作绝非如此。当然，"指挥"性质的协调案例也是存在的，特别是在救援行动由资源丰富的国家政府控制的情况下，但这种情况很少出现。按照惯例，国际救援参与人员更多地以各自的授权规定为依据，而不是听从其他机构的指示，而协调和决策通常以形成共识为导向。因此，负责促进和确保救援合作的个人或组织，实际上工作在这样一种环境中，协调工作的责任方几乎没有权力和资格来"命令"其他救援人员进行合作。在参与协调的过程中，机构和个人必须看到可以创造附加值的增效成果，收益必须大于成本。协调也是有成本的，因为它需要时间和专用资源。

因此，协调工作充满了不确定性。在国际应急响应情况下，协调组织是指人道主义事务协调办公室和联合国灾害评估与协调队，他们必须建立一个基于特定情况的协调流程。

为了取得尽可能好的协调成果，这一流程应当具备以下特点：

- 参与—基于参与的合法性，开展协调工作。所执行的协调任务，必须限于紧急情况救援人员商定和支持的结构和流程内。协调工作人员必须确保并维持其他人的信任，营造尊重、信任和善意的氛围。各救援组织需要参与相关决策，这些决策会影响其政策、程序、策略和计划。
- 公正—协调过程不应被视为仅对某一个组织而不是另一个组织有利，而是要确定每个组织的独特能力。协调应提倡公正原则（见第 A.1.1 节），而该原则由最有可能实现预期结果的救援人员提出。
- 透明—协调需要信任，而信任需要信息透明，相关方自愿的信息流动、开放的决策过程以及公开、真实和确切的决策理由。协调中可能需要承认失败，或至少承认没有完成目标。
- 实用—协调过程必须产生、分享和传播实用的工具、流程和成果。其中包括决策平台、使用共享资源的机会、捐助者认可和支持的场所，或者分享失败经历和尝试创新想法的适宜场所。

L.2.1 协调技巧

联合国灾害评估与协调队需要的不仅仅是一项授权。队伍必须提供其他各方想要和需要的资源，包括信息、设施、技能、装备、信誉和其他便利设施。理想的情况是，所有这些资源将以某种方式配套提供，包括建立一个环境，确保这些资源能够在实际工作中相互配合，如现场行动协调中心（OSOCC），或者更抽象地说，协调需要各方围绕目标，采用共同方法，分析或确定需求。

特定协调技能的练习，将有助于促进协调流程。通过以下高效的技术和方法，有助于实现协调，规避联合国灾害评估与协调队可能遇到的常见协调障碍。

促进对合作组织的了解

联合国灾害评估与协调队必须首先了解各方救援人员。只有了解各个组织的任务、意图和能力（资源，包括物资和工作人员），队伍才能更好地协调这些组织，并对他们的不同表现有合理的预期。对于积极参与紧急救援工作的各人道主义机构的代表，在条件允许的情况下，联合国灾害评估与协调队应尽早与他们会晤；如果还没有相关人员的数据库，则应建立一个数据库，记录联系人及其活动，例如行动人员、行动任务和行动地点 3W 信息（有关 3W 的更多信息，参见第 J.2 节）。原则上，每一位救援人员应能够进入协调中心，方便地获取一份关于所有救援行动机构及其行动细节的描述性文件副本。这些文件需要定期更新，采用在线版本或类似方式，鼓励利益相关方输入和更新自己的信息。

建立一个目标

各种协调流程所面临的挑战是：在协调活动总体目标共同认知的基础上，确保采用一种综合方法以设计协调机制。如果在层级结构中，共同目标的建立通常是采用自上而下方式确定的。而在一个多组织的应急响应环境中，共同目标的确定通常需要一个更具参与性的过程。只有建立了明确界定和达成一致的目标，阐明需要以此方式进行协调的目的，才有可能界定所需的协调职能，以支持协调流程并确定协调活动，说明实现既定目标所需完成的具体工作。

明确协调内容

揭开协调工作的神秘面纱，将在很大程度上有助于确保协调的效果。如果各救援机构认为协调只是在无休止的会议中浪费时间，或者协调工作将导致其计划和活动遭到否决，那么协调就会失败。明确协调内容的最好办法，是开诚布公地讨论预期通过协调努力实现的目标，以及各救援机构对协调的具体需求。对于由各方融合而成的整体救援力量而言，反思和（重新）制定人道主义行动的目标通常是有益的，因为这些目标需要根据危机的阶段和人道主义计划周期而发生变化。

确定灵活的协调结构

如果协调工作是围绕一个有组织的既定结构进行的，如受灾国政府的结构，或根据人道主义国家工作队的应急预案进行，那么协调将最为有效。然而，在大规模紧急情况下，有众多机构参与其中，很难以现有协调结构为基础开展协调工作，因为这些结构无法根据具体情况满足其他要求。可能需要加强政府的协调结构，或建立新的协调结构，如现场行动协调中心。

为了取得协调成功，应急协调结构必须尽力保持高度的灵活性，促进多组织间的协调。上一次协调成功的结构，这一次可能行不通，一切都必须根据当前的情况进行调整。紧急情况下，在一个快速变化的环境中，现有的组织通常缺乏必要的灵活性，无法适应具体情况下的要求。

确保场地相邻

在选择和确定协调中心的场地时，联合国灾害评估与协调队要把握这个独特的机会，推动协调流程。最初由该队伍负责的多项职能将很快或同时由其他利益相关方接手，例如组群协调员，或联合国安全和安保部。因为这些组织可以提供相关服务，所以人道主义相关机构希望将场地安置在附近，以保持密切联系。

联合国灾害评估与协调队，应确保这些人道主义救援机构将场地设在协调中心内，或尽可能靠近协调中心。通过这种部署方式，有助于为人道主义救援机构提供"一站式服务"，救援人员可以方便地进入灾害评估和协调中心，获取所需服务和信息。

采用这种部署方式，可以更容易地完成任务。协调中心的作用应像一座灯塔或一个枢纽，指导人道主义行动和规划的方向。

其他人道主义机构甚至可能希望在协调中心附近设立自己的办事处，这个地点可能会发展成为一个长期运行的据点，所有主要合作伙伴和 / 或机构都在同一个地点开展工作。这种部署方式在协调流程中形成一个显著优势，因为救援人员很容易相互接触，而且有更多的机会建立非官方的人际网络。

提高透明度和包容性

如果一个组织的行动方式采用了透明机制，其成员就有可能看到决策的制定过程以及决策背后的原因。抗拒透明机制的原因源于恐惧。害怕反对意见，害怕想法被窃取，害怕资源被垄断，害怕行动自由或方向调整的能力受到限制。在避免负面后果的情况下，通过促进透明度，协调结构也许能够减少隐藏在组织决策过程的陋习。当然，提高透明度要从联合国灾害评估与协调队自身做起。因此，在自身工作流程中，联合国灾害评估与协调队必须在透明度问题上以身作则。要做到这一点，方法就是定期评估协调流程的进展情况，以及具体的改进措施。

例如，定期对利益相关方进行摸底调查，确定是否所有救援人员都参与了协调流程。尽力让合作伙伴和其他利益相关方参与协调机制，融入协调机制，目的是建立一个高效的整体，实现"一加一大于二"的协同效应。避免"孤岛思维"和组织以自我为中心的行为；要保持谦逊的态度。协调团队本身力量有限，就像一名体育比赛的裁判，通常不是关注的焦点，但却始终没有失去对比赛的监督或控制。避免协调议程针对协调团队本身，并清楚地表明协调议程并不是为了队伍自身，这样就更容易获得各方的信任。

培养信任关系

在多个机构参与的应急响应环境中，快速建立信任对于建立所需的良好工作关系至关重要，可以促进各机构间有效的合作和协调。培养信任关系，应该是联合国灾害评估与协调队的当务之急。

人道主义背景下的组织间信任可源自 4 个方面：

- 信任基于对善意的判断，以及一方愿意与另一方结成朋友关系（伙伴关系）的程度。
- 信任基于他人执行所需任务或完成工作（胜任程度）的感知能力。
- 信任基于对行为是否符合协议（承诺）的判断。
- 信任基于务实的权宜做法，因为需要快速完成任务目标（快捷需求）。

在紧急情况下，为了建立组织之间的信任与合作，在处理更具争议性的问题之前，开始提供一些关键（可能争议较少）的职能（如基本信息共享），这样做可能更有利。协调架构应从一开始就保持简单，并建立与社交网络非常相似的协调架构，通过共同利益或在紧急情况下的职能行动利益，将相关各方联系在一起，例如组群、城市搜索和救援队等。制定共同的或联合的人道主义战略计划或筹资呼吁，通常是建立合作的好办法。

建立联系和网络

在与各组织会面时，重要的是确定各组织的联络负责人。这可能由多种因素来决定。

职能领域或组群，行动的地理区域，政府或反政府组织的协调机构等。协调团队应确保已与各方建立联系。在许多情况下，这将涉及与各方联络，组织会议，帮助介绍各组织代表，以及制作和分享信息工具，如联系人名单等。

建立一些重要和有益的人际关系，可能会派上用场。国际紧急救援的圈子相对较小，救援人员很有可能彼此相识，或很有可能在过去的紧急事件中彼此合作过。这些原有的人脉关系，对协作关系的建立很有帮助。当然，相反的情况也可能存在，即过去的不令人满意的关系将阻碍当前的协作。

但无论如何，原有的人际关系网络，例如工作关系，或一起参加过培训课程，在应急响应工作中具有极大的价值。通常，信息共享和协作是在正式协调架构之外进行的，也就是在以前建立的人际关系网络内进行的。在协调过程中应利用原有的人际网络，因为这样救援人员更容易相互联系和协作。每个组织都是由人员构成的，在紧急情况下，人是所有因素中最关键的一项。

在灾害发生前，就应建立合作关系，这样可以极大地改善救灾过程中的协调工作。

营造有利环境

开展协调流程的环境应对工作有利，确保所有救援人员能够相互沟通、分享信息和协同工作。如果能营造一个有利的环境，利益相关方就会主动参与，承担责任，从被动响应转为主动响应。为了创造一个有利的环境，必须通过流程管理来促进协调，避免采用命令指挥的方式。在协调过程中，参与组织应该很容易成为积极的合作伙伴。团队应努力倡导一种态度，即协调是大家共同的责任，而不是少数几位代表的事情。

以他人的需求为先

在促进协调的工作中，队伍很容易说"作为联合国灾害评估与协调队，我们需要这些信息，进行协调"。因此，需要协调的只有联合国灾害评估与协调队，而不包括其他参与救援的组织。这种做法是错误的，团队首先应关注如何帮助合作伙伴。要满足其他救援机构的需求，致力于将服务他人放在第一位，从而获得重要的信誉和信任。作为确认他人需求的一部分，不仅协调工作力求实现的目标变得更加清晰，而且引导各组织参与救援的方式也变得更加明确。可以采用一种沟通方法，试着找到其他机构的需求并满足这些需求，而不是向其他机构推荐自己所能提供的服务。

救援行动组织的需求可能是多种多样的，小到一把厕所钥匙，大到战略决策所依据的正确信息。这些需求通常是基本的工具和服务，如联系人清单、会议场地、地图基线信息和通用资源，又如互联网接入和打印机。在发生灾难情况下，最需要的服务通常是可靠和及时的信息管理工具。良好的信息管理，是协调进程的基础。

提供有效信息和服务

如果团队相当于一个有效信息的储存库，那么各救援机构就会愿意访问它。例如，各类地图似乎经常供不应求。此外，协调中心应该成为提供这类服务的好地方，可以获取资料副本，查询天气预报，核实某地可能正在发生的情况，接收安全资讯，或者只是看一看面带微笑的友善协调员，因为这位协调员很善于倾听。

在具备上网的条件下，应尽快将所有信息发布在网上，这是一个关键的步骤。

持续推进

在协调中，持续推进至关重要，这样才能保持各方的关注和投入。要做到这一点，一种方法是确保快速报告新情况或最新信息。在协调过程中做出的决策，必须以会议记录或报告的形式记录下来，可供各方查阅。更重要的是确保对各项决策采取后续行动，并充分贯彻执行。如果决策得不到执行，那么将导致对协调流程的非议，并最终破坏队伍的信誉。持续推进的一个关键环节，是让救援人员彼此保持联系，保持沟通渠道畅通。这可能需要协调队伍费些周折，建立充分的联系。

尊重各方的时间和日程安排

不要将协调会议开成了其他会议。确保会议召开的必要性，并且在会上能够完成关键的工作。如果召开会议的理由不充分，不要犹豫，取消当次例会。公布会议议程，遵守时间表，包括准时开始和结束会议。运用良好的会议协调技巧。确保每个人都有机会说出自己的想法，不让某个团体或一小群人主导会议发言。

记录会议内容

协调进程的一些结果，无论是来自大型团体讨论还是双边讨论，都应做到内容足够具体，并将其编制成一份文件。撰写会议记录、结论和协议，为后续行动和责任归属提供依据。

不要忽视小问题

某些小问题，无论是误解，受伤害的感觉还是麻木的态度，都可能会扩大和恶化，进而导致更大的沟通障碍。促进建设性关系的一个关键环节，可能涉及积极进行冲突管控，或构建信任关系，这些工作通常在正常协调流程之外。在任何情况下，从小处着手通常都是一个好办法，因为在协调过程中可以逐步建立信心。联合国灾害评估与协调队，应一如既往地以身作则。

巩固优势

让队员做力所能及的事情，这是很重要的。很多时候，只是迫于达成共识的压力，或者出于想要与其他队员合拍的考虑，队员同意了一项他们不能或不愿执行的任务。因此，让队员去做他们能够轻松完成的工作，尤其是在行动初期，不要犹豫，可以反复地问队员是否确定想要承担某项任务。这种协作关系稳固后，就有可能要求队员执行更困难的任务。

提前沟通

如果参会人员不知道一些自己应该知道或其他人知道的事情，那么他们就会感到尴尬，也就不愿意去参加会议。在正式会议流程之外，队伍需要与参会人员会面，向其简要介绍情况，从而让参会人员了解当前情况或快速变化的事件、资源变化或重要来访人员的最新情况。

职能移交

这件事是老生常谈，但要记着让自己在任务后期能够全身而退。如果某个协调中心需要长期运作，最好是尽可能将职能交给其他机构，或交由协调中心的当地工作人员负责。如果其他机构能够并且愿意接手这份工作，那就让他们试一试。几乎在各种情况下，都会出现力不从心的情况。将工作交到他人手中，可以减轻负担，腾出时间来承担另一项任务。

感谢他人并认可他们的贡献

感谢他人的参与，是建立可持续协调流程的一个重要技巧。如果救援组织出色地完成了工作，改变了自身的计划，或者以其他方式将救援需求置于自己需求之上，那么他们应该得到公开的感谢和认可。成为一个有价值的贡献者，这种成就感最能激发救援组织对参与协调的热情。

利用非工作时间

在联合国灾害评估与协调队执行任务期间，"休息"时间是极其有限的，但在非工作时间，如用餐时间或非工作期间的社交活动中，总有机会与应急响应参与机构进行互动。不要错过这些机会，充分利用这些时间建立有效关系。可以分享自己的爱好、最喜欢的运动队或家人的情况，可以一边喝咖啡或品茶一边交谈，所有这些互动都有助于建立个人关系，这将激发救援人员对参与协调的热情。

L.2.2 会议管理

在紧急情况下，会议频率激增，有时会议多得让人无法承受。决策者有时需要从一个会议赶赴另一个会议。然而，通过促进协调，可以将救援人员聚集在一起，就合作方式和推动工作的方式达成一致。会议是必不可少的，联合国灾害评估与协调队应为会议提供便利、指导和会议场地，从而启动一种有组织的会议形式。队员应以身作则，并表现出良好的会议管理能力，这将有利于确立协调团队在协调过程中的核心位置。

会议形式可能包括大型总体协调会议，其中有众多不同的参与者聚集一堂，也可以是针对特定问题的一对一会议。灾害发生后的初期，通常必须召开专门会议，但应尽快将排定的会议确定为例会。

根据灾害情况，联合国灾害评估与协调队应确定以下内容：安排会议优先事项的方法，会议参加人，会议牵头人，以及会议管理方法。会议日程的安排应该有合理的逻辑，前期会议的目标被纳入后期会议的议程，例如，周初召开的各类组群会议的结果，应纳入周末举行的总体协调会议。

会议管理大致可分为三个部分：准备工作、会议召开和后续跟进。

准备工作

在任何会议之前，都要考虑以下几点，并做一些准备。首先要确定的是会议的类型，因为这将影响所有其他准备工作。

联合国灾害评估与协调队在执行任务期间，可能需要协助或参加以下各种类型的会议：

- · 简报—单向的信息发布。
- · 集体简报—双向的信息共享，参与者相互提供简报。通常在决策阶段采取这种形式。
- · 决策—讨论得出结论，并推进共同决策。这类会议通常有两种版本：
    - ——战略会议，就总体方向和战略目标达成一致。这种会议不适合共享行动信息或探究细节。
    - ——行动会议，就行动标准和方案层面合作方法达成一致。
- · 共享式分析—围绕需求和评估结果进行讨论，其目的是在证据不足情况下实现对评估结果的高度共识（见第 I.5.3 节）。
- · 问题解决与协商—小型会议，旨在探讨问题并找到解决方案。
- · 初步交流会—通常是非正式会议，用于建立合作网络和关系。
- · 培训 / 研讨会—发展知识和技能，有时在紧急情况下召开，用于在主要数据收集行动之前确保现场团队准备。
- · 汇报—任务完成之后，对任务、使命和事件进行回顾，总结经验教训或平复情绪。

在确定了会议类型之后，接下来的步骤如下：

- · 确定一个明确的会议目标，以及一些预期的成果。如果只是为了开会而开会，那就是浪费时间。
- · 制定一份尽可能具体的会议议程，说明议程项目以及参会各方的目标、发言人、分配的发言时间等。
- · 选择会场，并评估所选会场的优势或劣势。有时，必须利用仅有的资源，找出可能影响成功召开会议的因素，从而提前减轻这些因素的影响，例如，音响效果差或存在干扰、热 / 冷空调问题、照明问题等。
- · 与主要利益相关方达成共识，确定关切的问题和议程项目。
- · 确定参会人员，并告知他们会议时间、地点和目的。
- · 分发需要讨论的重要文件，避免会议期间花费过多时间分享信息。

- 准备可视化支持材料，并对其进行同行评审，确保其清晰明了、简单易懂。
- 准备会议场地时，需要考虑行政和后勤方面的服务：
  - ——所需的装备和相关操作。
  - ——会议室布置和席位安排。
  - ——桌牌/胸牌/参会人联系清单。
  - ——茶点。
  - ——无障碍设施。

在准备会议时，会议室的布置和席位安排很重要，图 L-1 展示了一些布置示例。深色圆点表示会议主席/主持人的位置。

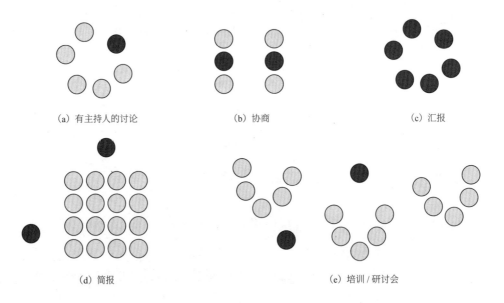

(a) 有主持人的讨论　　　　(b) 协商　　　　(c) 汇报

(d) 简报　　　　(e) 培训/研讨会

图 L-1　不同类型的席位安排

会议期间

通常，联合国灾害评估与协调队成员需要主持会议，并承担会议协调工作；做好充分的准备工作，那就已经成功了一半。

在会议期间，还要考虑以下事项：

- 当好东道主，提供茶点。这样可以创造一种积极的氛围，可以振奋参会人员的精神，尤其是在艰苦的环境中。
- 为所有参会人员准备一份打印的议程，并准备足够的会议资料，例如最新的地图、联系人清单、情况分析等。
- 安排一个专门的会议记录员，这样你就可以完全专注于会议进展。
- 为参会人员准备胸牌。准备几张空白桌牌，用于新增的参会人员，写下他们的名字和组织，注意字要写得足够大，以便会议室对侧能够看清。
- 传阅附有联系方式的会议签到表，以便进行后续沟通。
- 首先重述会议的目的和目标，浏览议程，设定时间表，并遵守这些安排。
- 介绍时要简明扼要，避免参会人员连续进行详细情况的介绍。鼓励简短的摘要性发言，或使用自制的简报材料，供确认或修改。
- 介绍会议主题，并启动讨论环节。如果讨论偏离了主题，检查内容不相关，则应结束正在进行的谈论，将主题拉回正轨。这种会议控制可能很乏味，其必须遵循会议时间表，但对于确保会议各方的正常参会很重要。
- 某一个主题讨论结束时，应稍作小结，然后继续下一个主题。
- 会议结束时，重述所有行动要点，明确后续工作步骤，确保接受具体任务的每位参会人员都理解这些安排。
- 在主持会议的同时，确保适当地参与会议讨论。如果主持人过多参与讨论，则可能会失去主持人的中立性和客观性。
- 如果可能的话，在会议期间实时记录各项决策，并将决策内容投影到屏幕上。通过这种方式，参与者可以立即提出修正建议，确认行动要点。

主持进展艰难的会议

即使会议的准备很充分，经验丰富的主持人也可能在会议期间面临困难。本节重点介绍主持会议的技巧，避免让讨论陷入僵局或让参会人员感到沮丧。会议进展艰难或参会人员感到沮丧的原因有许多，都可能导致协调会议中出现抱怨、争执或紧张的气氛。在会议期间，通过适当的、有力的问题，会议主持人可以有效管理和转变会议中出现的僵局。

以下列出了主持会议的技巧，用于应对这些挑战，推动会议讨论进程。

- 紧扣主题—许多讨论让参会人员感到沮丧，因为这类讨论似乎同时涉及一个问题的点、线、面的过多细节。重要的是，确保参会人员讨论问题时不要过于深入或展开，要遵循事先商定的细节范围。在制定战略策略的过程中，人道主义国家工作队和组群间协调会议经常受到指责，因为偏离了既定范围，涉及过多行动细节。

  主持人在讨论中要总揽全局，确保讨论始终专注于议程项目，并取得参会人员期望的结果。如果讨论偏离商定的细节范围，应确保说明情况然后转向正题，并讨论其解决方案，提醒参会人员在商定的细节范围内进行讨论。例如：
  —— "对这一（行动细节）的讨论是否会推进我们的战略？"
  —— "让我们回到大家已经达成共识的战略层面上来。"
  —— "让我们重新关注今天想要澄清的具体事项。"

如果参会人员经常偏离预定的讨论内容，会议主持人应核实参会人员是否希望重新确定讨论内容的重点。主持人的职责，是要求参会人员有意识地做出转换讨论重点的决定，结束或"搁置"某个话题，留待后续讨论。

- 将讨论焦点从问题转到结果—参会人员可能会耗费大量的时间和精力抱怨、指责个人和组织，或只是讨论问题，而不去寻找解决方案。以下问题可以推动讨论得出结果，因为回答这些问题将迫使参会人员对其希望得到的结果负责。例如：
  —— "你们想得到什么结果？"
  —— "解决方案会是什么样的？"
  —— "所需的最终状态是什么？"
  —— "我们怎样才能推进这项工作？"
  —— "怎样做才能行得通？"
  —— "谁需要这些帮助？"

- 通过问题来推动讨论—问题可以是开放的或封闭的，也可以是有偏向性的或中立性的。通过提出不同类型的问题，会议主持人可以引导讨论。

  ——如果需要找到多种选项，那么在讨论初期提出开放式中性问题非常有用，因为这样可以得出各种不同的答案，例如，"你们对甲选项、乙选项有什么看法，或者我们有哪些选项？" "我们如何应对这一挑战？"

  ——在讨论后期，封闭式中性问题可能会很有用，因为它们会迫使参会人员做出选择，例如，"我们是否已达成共识？"

  ——带有偏向性的开放式问题，只允许有限的答案范围，会议主持人可以将对话引至一个方向，而不是仅限于一个答案，例如，"你们觉得……怎么样？" "我们怎样才能做到这一点？"这种类型的问题排除了"不这样做"的选项。这种类型的问题有助于含蓄地向参会人员表达：现在已经取得了一定的进步。

  ——而带有偏向性的封闭式问题，比如，"你们难道不认为我们应该……？"这样的问题会使参会人员出现两极分化，削弱会议主持人中立/客观的立场。

- 探索主观臆断—无意识的主观臆断因人而异，会导致误解甚至冲突。如果参会人员持有强烈的主观臆断，那么探索是什么导致他们的思维模式和主观臆断，可能有助于查明某些人会得出某些结论的原因。例如：

  —— "您是否能解释一下您是如何得出这些结论的？"

  —— "您是否能拿出一些具体数据？"

  —— "您为什么会这么说呢？"

  —— "可否请您重述一下您的观点？"

  —— "是什么原因让您持有这一立场？"

  会议主持人可以拿出一些数据，然后询问参会人员对解释和结论的看法。

- 应对棘手的参会人员—有许多技术方法可以应对棘手的参会人员，例如倾听、重新引导、避免和推迟讨论。然而，这些方法最多只能起一次作用。如果参会人员觉得他们的担忧和沮丧没有受到关注，而是正在被"敷衍"，只是为了让会议继续进行，那么挫折感通常会继续存在。与此同时，有价值的想法和关切可能没有得到深入探讨和恰当处理。虽然出言不逊会本能地引发防御性回应，但高效的会议主持人却会关注棘手参会人员的需求，然后将讨论重新聚焦在结果上。要做到这一点，可以采用以下 4 个技巧性步骤：

——倾听负面评论，并稍作暂停。

——采用建设性的、注重结果的视角，重新审视负面评论。

——倾听回答。

——采用反问或让对方提建议的方式。

然而，要达到上述目的，主持人必须要真诚地了解棘手参会人员的需求。

通过建设性的重新表述，可以让对方明白自己的关切得到了理解，并通过重新表述进行了确认。这一过程并不意味着达成共识，只是一种寻求理解的方式。这项技巧并不能解决问题，但可以先缓解交流过程的紧张气氛，给"棘手参会人员"提供表达自身关切的空间，然后将讨论从抱怨提升到关注结果的层面。言辞激烈的抱怨，通常是由强烈情绪驱动的。作为一名会议主持人，要觉察到这种情绪，然后重新引导会议的进程。

· 应对缄默的参会人员—在大型团体会议上，出于各种原因，许多人可能不想发言。这种现象可能涉及文化、组织、职级或语言方面的问题，或者是一些单纯的原因，比如有些人比较内向，更愿意在三人或四人小组中讨论重要问题。这些人可能只是不确定自己是否有发言的"权利"，或者可能不想对级别更高的人发表意见，例如，级别更高或权力更大的机构或捐助者，或那些在受灾国资历更老的人。可以采用不同的方法来解决这个问题，例如，要求参会人员转向邻近的人员进行分组讨论，并花几分钟讨论当前的问题，然后每组安排一名代表分享他们的看法。通过这种方式，可以迅速提高参会人员的积极性，让每个人都融入讨论中。

虚拟会议

通过 Skype 或类似软件可以召开虚拟会议，这种方式非常普遍，与现场会议相比，虚拟会议可以节省大量时间和资源。虚拟会议可以非常高效，但和传统会议相比，需要进行更多的约束。

为了确保会议效率，需要考虑以下几点：

- 事先商定由谁担任会议主持人，谁负责技术支持并做会议记录。一个人很难兼顾这两方面。
- 确保提前向每个参会人员发送邀请函、会议议程和可能需要的参会密码，并在会议前不久发送参会提醒通知。
- 提前沟通技术问题（网络连接、下载软件），并在会议前留出时间让参会人员连接网络并加入会议。
- 准时准点开会。在会议开始前几分钟，参会人员就已经坐在屏幕后面准备好了，不要浪费参会人员的时间。
- 说明各项参会规定，例如，每次只能有一个人发言，发言人需要自报姓名，不发言时则将麦克风静音，发言完毕时也要告知大家。不提倡采用免提通话方式，因为会产生恼人的噪声回响。
- 参会人员依次发言，确保发言的简明扼要。
- 遵循会议议程，并按时结束。参会人员可能有其他任务，会议超时会导致其他任务迟到。如果无法完成议程，则最好跳过一些内容，并商定下次会议再继续讨论。
- 安排会议进程录音，并在会后共享录音文件。
- 通常情况下，虚拟会议无法做到完全保密，因为无法控制网络另一端是谁在监听。

会后跟进

如果会议的成果既没有书面记录，也没有会后跟进，那么这次会议就没有什么价值。应及时完成并传阅会议记录 / 行动计划，并尽快跟进。

在撰写会议记录 / 行动计划时，请注意：

- 言简意赅，避免长篇大论。
- 使用会议议程作为会议记录的结构。
- 确保每一项议程的结论都取得共识，指定专人负责后续跟进和进一步行动，包括监督可能的最后期限。

会议记录员的作用相当关键，因为记录员会按照自己的理解记录讨论内容和达成的共识。分发会议记录前，会议记录应由会议主持人批准并签字，尽量减少可能存在的记录员理解偏差。会议记录应分发给所有参会人员，以及必须了解会议决定的所有利益相关方。

会议记录 / 行动计划一旦分发，重要的是要在截止日期临近前与指定跟进人员进行核实，了解是否跟进了相关行动。确保那些需要就决策执行达成一致意见的人得到会议记录，例如组群协调员。如果有人对会议结果不满意，尽量采用非正式的方式与他们交流，了解他们不满的原因。

会议成功的标准

对于所有会议来说，解决以下关键问题有助于取得成功：

- 明确会议的方向。制定一份目标明确的书面议程。
- 针对时间管理、守时、等级和资历、决策和争议管理等问题，思考相关的文化因素、语言、沟通和当地礼仪。
- 针对相关话题找到合适的参会人员。确保参会的合适人选。如果参会人员没有任何决策权力，那么与他们讨论战略方向是没有意义的；同样，在人道主义国家工作队会议上讨论行动细节也没有什么用处。
- 避免参会人数过多，否则会妨碍决策，并降低会议效率。针对不同的会议活动，例如信息共享、决策、问题解决等，考虑采用不同的会议渠道和平台，或采用较小规模的指导小组和技术工作组。
- 根据实际情况安排会议日程、规划议程，并做好时间管理。准时开会和准时结束，体现认真的态度和专业性。
- 准备好茶点，确保会议场地已完成各项准备，例如席位安排、后勤服务、会议记录员等。
- 在介绍会议议程时，宣布重要的规范和基本规则。确保参会人员理解会议类型，例如简报、讨论或决策。
- 利用成熟的可视化辅助工具进行总结和解释说明。对大多数人而言，处理视觉信息比语音或文字信息更快，可视化辅助工具将有助于让所有参会人员达成共识。

- 针对后续行动和最后期限，确保与相关责任方达成共识。
- 如果在会议准备过程中，意识到现有的问题可以通过电话沟通或双边/非正式会议解决，那么就不要开会。不要召开不必要的会议，以免浪费参会人员的时间。

L.2.3 协调过程中的障碍

认识和查明协调过程中的障碍，是克服这些障碍的第一步。协调过程中的许多障碍，与应急响应行动的性质有关，由艰难环境中的不当工作方式造成。本节概述了协调过程中的一些常见障碍。虽然这些障碍通常不受协调机构的控制，如联合国灾害评估与协调队，但一些技巧对消除这些障碍有所帮助，具体见表 L–1。

表 L–1 协调过程中克服障碍的技巧

协调过程中的障碍	协调过程中克服障碍的技巧
竞争： • 针对其他机构的参与、能力、价值观或利益，合作伙伴提出质疑 • 在权限、资源和受关注程度方面，合作伙伴之间存在竞争	• 采用透明的系统性流程，确定权限、优先事项和分配资源 • 制定统一的政策和标准时，兼顾所有合作伙伴的利益 • 确保决策和工作组具有广泛的代表性
中立： • 合作伙伴觉得自主权受到了威胁 • 认为协调将限制自主权，做出决策和根据需要执行方案的自由将受到限制	• 寻求共同目标，将其作为一项策略 • 展示共同解决问题的方法，不必牺牲合作伙伴的行动自由 • 尊重红十字国际委员会、无国界医生组织等机构的立场，这些机构参与协调活动的程度受到其自身任务的限制 • 如果条件合适，可给予某个机构观察员地位

表 L-1（续）

协调过程中的障碍	协调过程中克服障碍的技巧
单方面行动： • 合作伙伴在一些热点地理区域进行了重复的工作，而其他受影响群体的地区却没有得到救援 • 捐助方或救援组织没有遵循协调机构既定协调机制	• 与合作伙伴一起，明确并商定各自的角色和职责 • 鼓励各个组织的代表积极参与决策和协调活动 • 按照地理区域和职能领域发布需求分析，并在地图上进行标注，说明行动机构、行动内容以及存在的差距
投入程度不足： • 决策者不愿意参加会议 • 各方参与程度参差不齐 • 协调过程并不奏效，没有明确的目标，对参与协调人员没有带来明显的利益，使其觉得是在浪费时间	• 了解合作伙伴的利益和需求，确保他们从协调会议中受益 • 提供对合作伙伴有价值的信息、资源和服务。将现场行动协调中心变为一站式服务点，提供各种有用的工具 • 与合作伙伴一起，明确并商定各自的角色和职责 • 构建和维护人际关系网 • 通知合作伙伴协调会议的目的、议程、要制定的决策和行动截止日期 • 建立去中心化的协调机制，以促进当地合作伙伴的参与
信息流通不畅： • 信息未送达决策者，或在决策过程中未加以考虑	• 确定瓶颈和原因，即信息卡在哪里 • 与信息发布人员合作，促进信息流动 • 向驻地协调员/人道主义协调员寻求帮助，突破瓶颈 • 所有相关信息都应该与决策者分享，即使这些信息可能会给决策者造成不便

表 L-1（续）

协调过程中的障碍	协调过程中克服障碍的技巧
领导不力： • 协调机构未能充当"诚实的中间人" • 相关人员性格冲突 • 某些合作伙伴占据主导地位，未经透明的流程而强制下达决定 • 决策者太多，或太多的组织参与其中，这将造成决策过程复杂化，并且很难达成共识或基本协议 • 地区层面和（或）组群层面的协调领导方式无效或不当，例如，协调机构实行权威型领导方式，未经透明的参与程序就将决定强加于他人，或太过拘泥于既定流程，无法化繁为简做出决定	• 采取合作型领导方式，注意采取中立的行事方式 • 构建和维护人际关系网 • 确保决策和工作组具有广泛的代表性 • 通过非正式反馈和正式绩效评估流程，定期评估合作伙伴的满意度 • 建立去中心化的协调机制，促进当地合作伙伴的参与
资源不足： • 缺乏用于协调的时间或资源 • 由于时间和资源有限，将协调工作视为非优先事项 • 人力、物力或财力资源调动缓慢或供给不足 • 工作人员更替，新工作人员对协调工作的投入不够，或不了解协调的既定流程	• 以现有协调流程为基础，分派协调职责 • 简化协调会议流程（见第 L.2.2 节） • 投入资源，进行有效的信息和知识管理 • 寻求外部、远程、总部或全球支持，以调动相关资源
工作方法不当： • 未能认识到语言限制的影响 • 不同的文化或工作方法和知识类型 • 忽视性别或年龄段的影响	• 以现有协调机制为基础。让国际组织、国家组织和地方组织参与协调流程，充分利用（地方）专业力量，如学术机构、研究机构和专业机构 • 按要求翻译所有关键信息。为会议提供笔译和口译服务。登记联系人信息时，请加注语言偏好选项 • 调整信息和知识管理系统，适应当地的信息和通信技术能力和专业力量水平

表 L-1（续）

协调过程中的障碍	协调过程中克服障碍的技巧
绩效不佳： • 缺乏责信制（对上级问责或对下级问责） • 合作伙伴未能履行职责，未能达到既定的标准，如国际搜索与救援指南、组群承诺	• 提醒遵循指导原则和标准或既定的承诺 • 利用驻地协调员 / 人道主义协调员、政府合作伙伴或捐助者的授权 • 重视不同形式贡献，根据这种没有偏见的标准，评估所有合作伙伴的绩效 • 如果其他办法都不管用，那么可以公开点名批评，以示惩戒
知识和信息管理不当： • 信息质量差，或不及时 • 未能建立沟通或信息管理策略	• 如果需要，在寻找信息管理专业知识时，申请外部支持、总部支持或远程支持 • 调整信息和知识管理系统，适应当地的信息和通信技术能力和专业力量水平

关于这些主题的更详细信息，也包括协作型领导方式、团队决策、影响和谈判等内容，参见联合国灾害评估与协调队任务软件中的小册子《促进集体行动》。

L.3 人道主义计划周期支持

人道主义协调是成功应用人道主义计划周期的基础，从而帮助准备、管理和实施人道主义应急响应（见第 A.2 节）。

人道主义协调这一术语，可以被定义为人道主义援助行动的一种总体性、原则性管理方式，其手段为策略规划、政策制定以及促进合作和协商一致的决策。这既不是一套指挥和控制系统，也不能仅仅依靠协商达成共识。人道主义协调的架构，参见第 A.3 节。

人道主义协调的目标，是确保应对灾害或紧急情况的人道主义救援人员通力合作，实现共同的策略目标，并根据各自的任务和能力，以互补的方式计划和提供援助。基于根据灾情变化和相应的需求变化达成的协议，各方的援助行动应进行调整。

L.3.1 组群间协调（ICC）

在需要建立多个组群（或职能领域）的情况下，必须确保这些组群通力合作，以实现集体绩效最大化。关于组群方法的一般信息，参见第 A.3.1 节，以及联合国灾害评估与协调队任务软件中的"机构间常设委员会组群协调参考模块"。在人道主义救援行动中，人道主义事务协调办公室（和联合国灾害评估与协调队）的一项关键职能，就是促进组群／职能领域间的协调，确保对救援需求有共同的理解，就满足救援需求和确定可用资源（包括筹资）的联合策略达成一致意见，并确保联合国驻地协调员／人道主义协调员和人道主义国家工作队（如果设立的话）随时了解组群／职能领域间的重大关切。

目的

组群间协调有助于联合分析和规划，针对干预措施、地理区域和弱势群体的优先事项达成共识，避免在提供救援服务时出现缺漏或重复。通过这种协调，各组群能够共同确定相互关联的问题，例如可能导致重大健康问题的水、公共卫生和个人卫生状况不佳的问题，并最大限度地利用资源，如利用既定的粮食分配开展麻疹疫苗接种活动。在这种协调中，考虑了以最有效的方式提供援助的不同方法和模式，例如采用现金还是实物援助。以这种方式共同努力，就能够以合理的联合方式提供援助，基于共同的理念和价值观，并遵守相同的原则。通过这种协调，可以推动对受灾群体保护问题的关注，这些问题涉及所有职能领域，在提供各项服务时，有助于解决在受灾群体性别需求、年龄段和残疾服务等方面面临的挑战。

职能

组群间的协调是各组群之间的通力合作，旨在提高应急响应质量。在设立了多个组群或职能领域的情况下，人道主义事务协调办公室／联合国灾害评估与协调队应尽早设立一个组群间协调小组（ICCG），确保定期举行会议。重要的是，组群间协调小组要为组群间协调员的工作提供有力支持，组群间协调员的作用至关重要。其作用包括多项职能：顾问、协调、提供支持和形成影响。在组群间协调员之间，以及组群协调员与其他机构之间，鼓励协作、信息共享并建立信任，这一点至关重要。组群间协调小组对驻地协调员／人道主义协调员负责，并通过人道主义事务协调办公室向人道主义国家工作队报告情况。

在组群与受灾国主管部门和职能部委之间，组群间协调小组应确保建立和保持紧密的联系。各组群可以由受灾国主管部门单独或共同领导，并成为组群间协调小组的固有合作伙伴。

组群间协调员的作用，远不止只是作为一名会议召集人。在知识、指导和团队激励方面，组群间协调员应能够创造附加值，以提高组群工作的质量。要做到这一点，组群间协调员必须对当地情况（政治、社会、安全）和每个职能领域的主要关切有很好的了解。同样重要的是保持积极主动，与关系密切的各救援机构建立稳固的联系，包括受灾国内和国际上的非政府组织、红十字会／红新月会和联合国机构，并了解这些机构的活动和制约因素。组群间协调员应尽可能经常实地考察救援任务的情况，拜访受灾群体、地方主管部门、非政府救援人员等，准确了解人道主义救援状况。组群间协调员应与人道主义事务协调办公室的信息管理职能密切合作，确保信息管理工具和服务得到充分利用，支持跨职能领域协调的分析。通过这些积极的行动，组群间协调员能够产生显著影响和创造附加值，并提供关于灾情和当地状况的信息，确保应急响应行动符合原则，适应当地实际情况，并遵循"不伤害"原则（见第 A.1 节）。虽然人道主义事务协调办公室／联合国灾害评估与协调队负责促进组群间的协调，但所有组群都有责任为组群间协调小组的协调工作贡献力量。

主要职责

组群间协调小组跟踪和监控应急响应行动，并确定关键问题和相关进展，通知驻地协调员／人道主义协调员和人道主义国家工作队。组群间协调小组确定宏观的战略问题，报送给人道主义国家工作队，以制定相关战略，从而提供符合原则的有效应对措施。

组群间协调小组的标准职权范围，强调了组群间协调小组的以下主要职责：

- 支持跨组群／职能领域的服务交付：
  - 确定和促进多职能领域方案或联合方案。如果职能领域间的应急响应机制已经建立，例如联合快速应急响应机制，那么组群间协调小组可支持并监督相关机制的执行。
  - 支持国家级以下的各类协调组织，促进有效的人道主义应急响应。
  - 通知、建议和提醒行动优先事项和应急响应能力短板，报送人道主义国家工作队。其中包括定期通报的重要战略问题，报送驻地协调员／人道主义协调员和人道主义国家工作队，需要他们关注并采取行动。

——针对影响有效实施跨组群应急响应的问题（包括资金、获取、后勤、军民协调或覆盖范围），采取应对措施，或向人道主义国家工作队提供所需行动的建议。

· 支持跨组群／职能领域的分析、规划和监督：

——协调需求评估（必要时进行联合评估），包括跨组群的评估规划和分析。有关评估协调和分析规划的更多信息，参见第 L.2 节。

——基于多职能领域视角，开展联合分析和监督，确定需求、风险、威胁、脆弱性和能力。

——进行跨职能领域应急响应分析，考虑采用现金和实物援助，或联合救援措施，并为相关决策提供信息。

——针对联合战略目标和人道主义响应计划（HRP）草案或紧急呼吁达成一致，向人道主义行动工作队提出建议。

——根据持续的救援能力短板分析和监督，包括通过持续的社区参与相关信息和反馈，提出调整和变更应急响应的建议。

——根据各职能领域商定的优先事项，以协作方式拟订筹资申请，并协助拟定分配文件（中央应急响应基金／国家汇集的基金）。

——支持信息管理工作组（IMWG）并与其合作，建立支持响应行动所需的信息管理能力、工具和方法。

· 将跨职能领域问题纳入应急响应工作：

——将受灾群体的性别、年龄和多样性特征纳入各组群的应急响应工作，包括使用按性别和年龄分列的数据。

——支持跨组群的社区参与，确保将受灾群体的意见作为决策依据信息。

——在实施应急响应行动的过程中，将受灾群体保护纳入所有组群的工作重点，并将受灾群体保护作为各项行动决策和人道主义国家工作队最新情况的必备部分，为其提供信息。有关受灾群体保护的更多信息，参见第 L.3.2 节。

——将早期行动、准备和早期恢复工作纳入所有组群，作为应急响应工作的一部分，从而在危机中或危机后增强灾后恢复能力。

· 宣传：

——确定核心宣传问题，如人道主义救援、防止和处理违反国际法的行为或流离失所问题的持久解决方案，并请国家工作队针对这些问题进行宣传或提供相应的策略指导。

有效协调的联系

确保有效的组群间协调不仅限于组群间协调小组会议的范围。针对职能领域间需求、救援能力短板和行动遭遇的挑战，组群间协调小组对总体情况的把握具有独特作用，应在向人道主义国家工作队通报救援进展方面发挥重要作用，提供能够指导人道主义国家工作队战略决策的分析，并要求人道主义国家工作队提供相应指导，以解决影响救援行动的重大政策问题。救援协调的很大一部分责任，将由人道主义事务协调办公室／联合国灾害评估与协调队承担，确保组群间协调小组与人道主义国家工作队之间建立联系。例如与组群间协调小组分享人道主义国家工作队做出的关键决定，并由组群间协调小组向人道主义国家工作队提供有价值的行动信息和分析。

人道主义国家工作队中的联合国机构代表既代表所在组群，也代表所属机构。有鉴于此，在人道主义国家工作队会议前后，鼓励组群间协调员和组群牵头机构负责人相互沟通情况。

同样重要的是，要确保组群间协调小组、国家类似机构和国内地区各级协调机构之间建立稳固的联系。除非人道主义事务协调办公室／联合国灾害评估与协调队组群间协调员经常前往现场，并拜访受灾国主管部门，否则通常设在国家级层面的组群间协调小组有可能无法掌握现场行动的情况。与此同时，确保现场协调代表能够定期向组群间协调小组的讨论提供相关信息，并随时了解组群间协调小组和人道主义国家工作队的高层讨论情况，这对于确保高质量的协调至关重要。

关于协调方法的更多信息，参见第 L.2 节。

L.3.2 受灾群体保护的注意事项

将受灾群体保护的注意事项纳入救灾工作的目标，是为了最大程度满足人道主义需求。经验表明，在人道主义救援行动中，并非每一个受灾害影响的人都能平等地获得援助或受益。老年人和残疾人可能无法长时间排队领取分发的食物；儿童可能无法携带体积庞大或沉重的救济物品；某些地区的文化习俗可能妨碍妇女获得医疗救助。这些弱势群体需要特别援助，才能与其他人一样平等地获得援助，受益于人道主义重建项目。

灾害也常常引起新的受灾群体保护问题。受灾群体流离失所、法律执行力度不够和社会安全机制崩溃，可能加剧抢劫、性暴力和儿童贩卖等问题的风险。在人道主义应急行动的最初阶段，如果不处理这些问题，侵犯人权的行为就更有可能发生，而且更有可能在紧急情况结束后继续存在。应对措施包括一些简单办法，如增加现场照明，在临时安置场所加装锁具等，也可以采取更具技术性的方案，如家庭追踪、防护培训，还可以设立营地保安，监护弱势群体。

因此，受灾群体保护通常是通过使用简单措施实现的，除了传统的救援人员之外，还涉及各类保护支援人员。"关注受灾群体保护"的方法，不应意味着对拯救生命这一首要目标的任何改变；各救援组织只需将保护事项纳入其主要应急响应工作，确保有特殊需要的人也可以得到救助。

重点关注受灾群体保护

将受灾群体保护融入救灾行动，是将保护原则纳入人道主义救援的过程，并帮助所有受灾群体平等地获得救助、安全和尊严。

所有的人道主义活动，都必须考虑到下列要素：

- 优先考虑人身安全和人格尊严，避免造成伤害。尽可能预防和减少救援措施的任何意外负面影响，这些负面影响可能会增加受灾群体身体和心理风险的脆弱性。
- 平等地获得救助。根据实际需要，确保受灾群体平等地获得救助，消除获取援助过程中的障碍。要特别关注弱势个人和群体，因为他们可能特别脆弱，或难以获得援助和服务。

> · 责信制。建立适当的责信机制，通过这些机制，受灾群体可以反馈救援措施是否充分，并让自己的关切和投诉得到处理。
> · 参与和赋权。支持社区和个人提高救灾能力，帮助受灾群体争取自己的权利，包括但不限于获得临时安置场所、食物、水和卫生设施、健康和教育的权利。

通过将保护原则纳入救援行动，人道主义救援人员可以确保其救援行动能够涵盖最弱势群体，加强人身安全和确保人格尊严，促进和保护援助受益人的人权，并避免造成或助长歧视、虐待、暴力、忽视和剥削现象。

所有人道主义救援人员，都有责任将受灾群体保护融入主要救灾工作。组群牵头机构和合作伙伴，负责确保在"受灾群体保护"的视角下开展救援行动，特别是确保将相关保护原则纳入救援行动。在受灾国内的受灾群体保护组群牵头机构，可以提供咨询、指导和培训，从而将受灾群体保护融入救灾行动。

弱势群体的具体需求

弱势个人或弱势群体，面临多种风险或比其他群体更严重的风险，并且应对这些风险的能力有限。弱势程度因具体情况而异，取决于群体中每个人的能力和可获得的支持网络。各种年龄段的妇女、男子、男孩和女孩，都可能需要特殊救援或支持，这取决于具体情况及其所处环境构成的威胁。

在某种情况下的脆弱性，不一定表示所有情况下的脆弱性，应避免对弱势群体进行笼统分类。因此，有必要进行脆弱性评估，了解特定受灾群体及其中个人对所面临风险的具体脆弱性，以及应对这些风险的现有能力。

脆弱性受到各种因素影响，包括流离失所情况、地理位置、特定的文化和社会权力状况、获取信息和受教育的能力、获得物质和财政资源的能力、获得服务和基础设施的能力、社会支持网络以及群体、家庭或个人的具体特点。受灾群体的流离失所，是导致脆弱性的一个关键因素；流离失所带来了多重风险，降低了受灾群体应对风险的能力。

在灾害发生后，某些特定群体通常更加脆弱，需要特别援助。经验表明，这些群体几乎总是包括妇女、儿童、残疾人和老年人。其他潜在的弱势群体包括穷人、

艾滋病毒携带者 / 艾滋病患者、土著居民、收容国内流离失所者的家庭、租房者、寮屋居民和没有土地的群体、地理上孤立的社区、与武装冲突一方有关联的个人以及特定国家中的某些族裔和文化特别的少数群体。

必须要考虑到弱势群体的意见，鼓励他们参与方案规划，确保满足他们的具体需求。主要手段包括收集按性别和年龄分列的数据，以及让这些群体直接参与灾后恢复、经济和社会规划以及灾后重建相关的规划流程。其他的手段包括招聘女性工作人员，收集数据和评估需求，以及组织联络小组进行讨论，讨论的地点和时间都要方便有特殊需求的群体参加。

按地理区域 / 职能领域划分的受灾群体保护活动清单，参见第 T.8 节。

L.3.3　现金转移计划（CTP）

可以利用现金转移计划满足受灾社区的需求，人道主义救援体系和捐助团体对此日益关注。提供现金援助，特别是多用途现金援助，可以让受灾群体根据所需的合适方式考虑自己的优先需求，和传统的实物援助相比，提供现金援助是让受灾群体更有尊严的替代办法。此外，通过向受危机影响的社区提供现金，可以刺激当地贸易和市场，有助于加快灾后恢复。提供现金援助，还可以成为人道主义救援阶段和灾后重建阶段之间的重要桥梁，特别是在与政府社会保障网络和减少脆弱性方案之间建立了适当联系的情况下。

人道主义援助，无论是现金形式还是实物形式，都应以需求为基础，并针对具体情况。现金援助方式是否适当或可行，取决于关键条件是否具备，特别是当地市场是否存在及其运行情况、对使用现金的接受程度、偏好和安全性、是否具备现金转账的手段以及合作伙伴实施现金援助方案的能力。如果这些条件不具备，也不能创造条件，那么就不应该采用现金援助方式。此外，有些需求无法通过向家庭提供现金来满足，如关键基础设施和卫生服务以及社会心理支持。

随着新工具 / 系统的开发，用于实现现金转移计划的方法可能会有很大的不同，并且在未来可能会发生变化。确定现金转账援助的最有效机制，将取决于当地情况。

一些常见的方法如下：

- 直接现金支付。将硬通货直接分发给受益人，通常由执行组织或合作伙伴实施。
- 通过代理人提供现金。通过汇款代理机构将现金分发给受益人，汇款代理机构包括邮局、交易商、小额金融机构、银行或其他适当的地方金融服务提供商。
- 预付卡。包括 ATM 卡、借记卡或用于现金或代金券计划的预付卡。使用这些预付卡时，需要电话或互联网连接才行。预付卡可以由银行和非银行金融服务机构提供。
- 纸质代金券。纸质代金券非电子凭证，可以分发给受益人（小票、代币等形式）。
- 手机转账。由移动网络运营商和 / 或银行通过移动电话分发的现金或代金券。
- 智能卡（带芯片）。使用智能卡时不需要互联网或电话线连接，智能卡用于分发现金和商店购物券。

现金转移计划的协调

为了确保现金能够以最适当、最有效和最高效的方式满足人道主义救援需求，作为整体性多层面人道主义应急响应行动的一部分，现金援助的协调需要具有系统性和可预测性，并成为人道主义总体协调架构的一部分。与其他各种方式一样，现金援助的协调应视具体情况而定。

组群间协调小组负责现金援助协调。如果现金应急响应的规模足够大，组群间协调小组可以决定成立一个现金工作组，作为组群间协调小组的一个分支，其工作重点应由组群间协调小组直接确定，并可以影响组群间协调小组在整体应急响应行动方面的优先事项。如果采用现金援助方式规划具体职能领域的援助方案，那么这些方案应与任何其他类型的援助一样，在其相关组群或职能领域内进行协调。

现金援助协调策略，肯定涉及多个职能领域。如果将现金援助作为一个整体，满足多个职能领域的救援需求，那么就可以取得最大的成效，因此，现金援助不应局限于任何单一组群或职能领域，也不应由任何单一组群或职能领域掌控。相反，现金援助协调必须跨越、涉及和支持各个不同的职能领域。在现金援助协调方面，受灾国政府应尽可能发挥强有力的作用，包括着眼于促进与国家社会保障方案的联系。

联合国灾害评估与协调队在第一阶段应急响应中的相关问题：

- 从应急响应行动一开始，确保将现金援助很好地纳入协调平台和流程，确保基于全局视角处理现金援助。
- 作为定期报告的一部分，确保信息管理流程包含并说明各种现金援助计划。
- 从救援行动一开始，就考虑采用现金援助的可行性和适当性，并为关于高效最佳应急响应方案的讨论提供信息。为此目的，采取以下步骤：
  —— 与评估工作小组（AWG）（如有）联络，收集所有计划评估事项的信息，确保将灾区市场状况纳入所有初步评估，并在可能的情况下鼓励联合评估和/或协调评估。
  —— 针对早期供应链和采购评估事项，与后勤组群保持联络。
  —— 联络人道主义事务协调办公室紧急呼吁联络人（如有计划），确保紧急呼吁中包括关于灾区市场状况和应急响应方式选择的基本信息。
- 为了建立适合具体情况的协调架构，采取以下步骤：
  —— 开始收集信息，了解哪些救援机构正在考虑基于现金援助的救援措施，以及影响他们决策的因素。
  —— 监控尽可能多的组群会议，了解现金转账方案问题和机会。
  —— 在人道主义国家工作队和组群间协调小组的领导下，确定是否有必要设立一个多职能领域现金工作组，作为组群间协调小组的一个分支，探讨管理和支持现金援助安排的备选方案，促进驻地协调员/人道主义协调员和人道主义国家工作队做出相关决定。
- 为了将现金援助纳入协调平台和流程，采取以下步骤：
  —— 在第一次人道主义国家工作队和组群间会议上，确保讨论援助模式，并在随后的会议上将现金援助作为常设议程项目。
  —— 根据二手数据，编制现金援助可行性的初步概述，包括关于灾区市

> 场运行状况、是否存在合作伙伴、是否存在金融服务提供商及其服务能力的信息。
>
> ——在可行和适当的情况下，促进考虑将基于现金援助的应急响应作为中央应急响应基金申请的一部分。

L.3.4　私营部门的参与

在人道主义紧急情况下，私营企业在现场最先开展救援行动，企业的救援行动通常自成一体，不属于经过协调的人道主义应急响应架构。私营部门包括商业企业、商业协会和联盟，商会和行业网络（如 GSM 协会——代表全球移动网络运营商利益的贸易机构）或企业慈善基金会，这些机构的救援能力多种多样，远不止捐赠资金或物资。在几乎所有的紧急情况下，企业在前期、中期和后期都在现场参与救援。和人道主义救援人员相比，企业通常可能具备独特的资源、供应链和专业知识，并熟悉救援行动环境。企业还可以提供自己对救援行动条件的评估，这可能非常有用。私营部门还可以提供新颖的行动方式，帮助全球人道主义救援体系应对人道主义挑战，从而实现应急响应创新。参见第 A.4.7 节。

联合国灾害评估与协调队与私营部门的合作

通常，在危机发生后的第一周，国际私营部门对应急响应行动最为关注，因此必须在初期阶段就与企业接触，确保企业了解优先的人道主义需求，并在条件允许时有效融入人道主义协调架构，或至少建立联系。通常，大型跨国公司设有社区公关和政府公关部门，与当地社区团体和非政府组织建立了关系，开展各种项目。因此，必须了解企业活动的规模和范围。在可能的情况下，提醒企业遵循人道主义原则和"不伤害"原则，会有助于救援行动。参见第 A.1 节。

为了充分利用灾区当地的可用资源，应该找到私营部门中的重要企业，他们能够提供专业知识和资源，并为应急响应带来"速效方案"。这可能意味着启动现有的全球合作协议，借力各行各业或各种网络，如链接业务倡议（CBi）（见 A 4.7 节）或通过"交易式"安排解决具体的救援行动问题，如提供卡车运送援助资源、修复关键道路等。在可能的情况下，联合国灾害评估与协调队成员可以建立与私营部门的初步联系，从而推动短期和中期应急响应行动，这也是一种有益方式。

为了借力私营部门救援机构，联合国灾害评估与协调队可以联系：

- 商业网络。因为这可以通过一个联络点联系到许多企业机构。例如：
  —— 当地商会或国际商会的会员，如美国会员或英国会员，可能包括许多在受灾地区经营的跨国公司。商会 / 商业网络也可能愿意担任联合国灾害评估与协调队的召集人，即它可以主办一场会议，将团队所有成员召集在一起，这样可以同时处理多家公司的问题。
  —— 链接业务倡议（CBi）的本地网络。
  —— 联合国全球契约组织（见下文）的本地网络，在地方一级支持联合国全球契约倡议及其核心原则。
  —— 其他商业或行业网络。
- 各类公司。
  —— 在当地开展业务的全球性公司。
  —— 涉及的行业包括信息和通信技术（ICT）、电信、金融服务、消费品行业和其他与当地经济有关的行业。
  —— 来自周边经济发达国家的各类公司。

在联合国与企业界合作的原则性指南中，确认了与企业界合作的作用和重要性，但也强调维护《联合国宪章》所载宗旨和原则的重要性，同时要注重预防和减少潜在风险。在实际工作过程中，这意味着在与私营部门合作时要注意潜在的声誉风险，也就是要做好对合作企业的尽职调查。通过尽职调查，可以避免与某些类型公司合作，例如联合国制裁名单上的公司、强迫劳动和雇用童工的公司、售卖武器的公司等，并限制与其他不适合的公司合作，例如涉及赌博和烟草等有害产品的公司。

必须指出的是，参与救援和成为合作伙伴之间是有区别的。鉴于联合国灾害评估与协调队是在危机早期阶段部署的，重点可能仅仅是促进信息沟通。如果某家公司想要成为救援行动的合作伙伴，很可能会与联合国的某个救援行动机构合作，而该机构具备自己的尽职调查流程。

与其他各类合作伙伴一样，与私营部门的合作关系应建立在信任的基础上，并对双方都有利。就像与其他各类利益相关方的合作一样，联合国灾害评估与协调队的成员只与私营部门的救援人员接触，以促进协调和信息共享。如果某家公司向联合国灾害评估与协调队提供直接支持（运输、办公场所等），并且需要针对该公司是否可能对联合国造成声誉风险提供咨询意见，那么与人道主义事务协调办公室日内瓦总部联系，简要说明拟议的救援行动参与性质。与商业网络合作可以最大限度地减少潜在的尽职调查风险，如果私营公司对联合国的采购项目感兴趣，请引导他们访问联合国全球采购网 https://www.ungm.org 。

与私营部门合作的检查清单

从行动初期就与私营部门接洽。私营部门已经抵达灾区，拥有资源和技术专长，而且通常比人道主义应急响应人员更了解初步情况。

与日内瓦总部任务联络点核实，在受灾国是否有活跃的链接业务倡议（CBi）或其他商业网络，并询问联合国驻地协调员/人道主义协调员是否已经与私营部门网络建立了关系。

- 确定具体需求并向私营部门寻求帮助。与联合国驻地协调员/人道主义协调员、组群间协调小组、组群牵头机构（包括现金援助协调员）、联合国组织和非政府组织合作，确定具体需求并向私营部门寻求帮助。确定具体关键需求，将有助于向企业和行业协会澄清情况，提供更具体的指导，告知他们"如何"直接参与人道主义应急响应，以及他们需要联系"谁"，以提供人员、指导和专业技术支持。需求项目应尽可能具体，例如，"我们需要四辆载重为两吨的货车，包括汽油和司机，为期四天，在这个特定的地点，实现此目的"。
- 将私营部门纳入人道主义救援流程和会议。联合国灾害评估与协调队，推动着全系统各类应急响应流程和会议，确保私营部门网络的代表尽可能参与其中。
- 考虑启动预先商定的服务。通过现有救灾合作章程，电信公司和卫星通信行业可以向人道主义救援人员提供实际援助，启动这些援助后，相关职能最终应移交给对应的组群。
- 与私营部门共享信息管理成果。在人道主义信息管理成果中，介绍了私营部门正在进行的救援工作和援助，如情况报告、3W 信息。在信息管理、数据收集和分析方面，确定可以提供支持的私营公司/企业网络。私营部门可以提供有关当地基础设施的详细信息，也可通过其供应链和雇员了解情况，这些信息来源可以提高对当地情况的认识。

有用的参考资料

针对联合国灾害评估与协调队，提供了关于私营部门参与救援的单独指南，可在联合国灾害评估与协调队任务软件中查阅，或向人道主义事务协调办公室日内瓦总部的任务联络点索取。

联合国人道主义事务协调办公室网站为 https://www.unocha.org/theme/partnerships-private-sector 。链接业务倡议（CBi）网站为 https://www.connecting-business.org 。

联合国全球契约倡议，是世界上最大规模的企业可持续发展倡议，呼吁企业将自己的经营策略和企业运作与人权、劳工、环境和反腐败等普遍原则联系起来，并采取行动推进各项社会目标的实现。全球契约倡议网址为 https://www.unglobalcompact.org 。

基于上述原则，联合国与企业部门开展合作，相关指南参见：https://www.unglobalcompact.org/ docs/issues_doc/un_business_ partnerships/guidelines_principle_based_approach_between_un_business_sector.pdf；人道主义连通性宪章（与移动通信行业合作）网址参见：http:// www.gsma.com/ mobilefordevelopment/programmes/disaster-response/humanitarian- connectivity-charter；危机连通性宪章（与卫星通信行业合作）网址参见：https://www.esoa.net/ Resources/ ESOA-UN-Charter-Doc-v2.pdf。

L.3.5 人道主义应急响应规划和筹资

人道主义计划周期的一个重要因素，是人道主义应急响应规划和筹资，在应急响应的早期阶段就已经开始。在灾难发生后的最初几天，驻地协调员 / 人道主义协调员和人道主义国家工作队，必须决定是否需要制定一项初步的联合应急响应计划，并与所有人道主义救援机构进行协商。受灾国主管部门应尽可能参与这项计划的制定工作。

初步应急规划和紧急呼吁

突发紧急情况的初步应急响应计划，通常称为"紧急呼吁"（FA），联合国机构间常设委员会（IASC）对此提供了具体的指导和最佳做法。紧急呼吁是一项初步策略和筹资工具，用于机构间 / 职能领域间人道主义应急响应，实施前需要对紧急情况的规模和严重程度进行快速评估。紧急呼吁阐明了人道主义国家工作队对未来几个月受灾国内人道主义行动的共同愿景；它是一项初步应急响应策略，包括应急响应优先事项、在组群 / 职能领域层面采取的行动、相关职能和职责，以及长达六个月的综合筹资需求。

重大紧急情况发生后，如果需要国际援助，那么在最初 5 ~ 7 天内就要发布紧急呼吁。一项紧急呼吁通常持续 6 个月，并根据对救援需求和应急响应情况的更深入了解，可在 4 ~ 6 周后进行修订。如果紧急情况所需的持续国际援助超过紧急呼吁期限，则应在 4 ~ 6 周后修订最初的紧急呼吁，并进一步扩展为较长期的人道主义响应计划（HRP），通常持续 1 ~ 3 年。

紧急呼吁旨在实现以下目的：

- · 避免各单一机构的呼吁出现冲突和重复。
- · 提供一个框架，用于制定战略性、协调性和包容性（吸收当地应急响应人员）方案。
- · 按组群 / 职能领域提出资金需求，并在可能的情况下，按每个组群 / 职能领域提出各组织的应急响应项目清单，吸引捐助者的资金援助。
- · 确保公众能够跟踪捐助者对应急响应项目的供资，显示资金缺口。

驻地协调员 / 人道主义协调员与人道主义国家工作队协商，并在征得紧急援助协调员（ERC）同意后启动紧急呼吁。所有人道主义合作伙伴，包括受灾国主管部门，都可以参与制定人道主义响应计划。通常，受灾国主管部门参与其中，特别是通过组群 / 职能领域与相关职能部委开展各项讨论。发出紧急呼吁不需要政府许可，但与受灾国主管部门的协商是必不可少的。联合国机构、国际组织和非政府组织（受灾国内的和国际上的），都可将救援项目列入呼吁内容。国际红十字 / 红新月运动通常在紧急呼吁下协调其应急响应，但经常选择为筹资而单独进行呼吁。受灾国的政府机构可以作为联合国或非政府组织项目的技术合作伙伴，但不能直接申请资金，也不能成为通过紧急呼吁募集资金的主要资金接受者 / 募集活动实施者。

紧急呼吁包括以下关键要素和结构：

- 国家级战略—介绍危机的总体情况，概述紧急情况的范围 / 严重性、政府的初步应急响应和双边应急响应。
- 战略性目标—应急响应行动范围，概述紧急呼吁响应目标、时间表和目标区域 / 受灾群体，具体包括以下内容：
  —— 初步需求分析。
  —— 政府应急响应能力（紧急事件管理和资源、社会保障网）。
  —— 人道主义国家工作队应急响应的覆盖面和其他行动限制（目前的可用性、快速扩展的能力、实施合作伙伴）。
  —— 紧急呼吁以外的人道主义响应和筹资，如红十字会 / 红新月会、无国界医生组织、民间社团和非传统合作伙伴。
  —— 非人道主义国际援助，例如正在进行的灾区发展规划，以及适应紧急情况的灾区发展能力。
- 应急响应策略—概述：
  —— 预期的风险，以及未来几周危机的发展趋势。
  —— 实施援助的注意事项，以及克服障碍的方法，例如进入灾区现场的方法。
  —— 根据评估 / 预计的救援需求最急迫的领域，商定应急响应的优先事项。
  —— 紧急呼吁的综合资金需求（不针对政府）。
- 职能领域策略—针对每个组群 / 职能领域，概述以下内容：
  —— 应急响应的目标和优先事项。
  —— 目标考虑因素和援助目标人数。
  —— 资金需求。
  —— 如有可能，在各组织的应急响应项目目录中，每个项目都应说明项目组织情况和联系人、项目目标摘要、优先事项和活动以及所需资金。

人道主义筹资

虽然紧急呼吁中提出了人道主义策略和呼吁，但人道主义捐助资金来自各种渠道，包括各国政府、民间社团、非政府组织基金、双边捐助机构、多边捐助机构、企业捐款、个人捐款、募集的资金。

人道主义事务协调办公室管理三个主要筹资工具，在进行深入评估和长期应急规划的同时，旨在迅速发放资金以启动应急工作。

- 紧急援助现金赠款—启动人道主义救援和协调的小额赠款机制（申请资金不得超过 10 万美元），用于采购和 / 或运输救援物品。驻地协调员 / 人道主义协调员向人道主义事务协调办公室总部提出筹资建议，如获批准，资金可在数天内发放。
- 中央应急响应基金—仅对联合国机构（非政府组织除外）开放，促进灾后的早期行动和应急响应，减少人员伤亡，加强对时间紧迫救援需求的应急响应，并在资金不足的危机中，强化人道主义应急响应的核心要素（见第 A.3.4 节）。

  中央应急响应基金资助的项目，必须以（初步）需求评估为基础，并符合中央应急响应基金拯救生命的标准，使用基金的项目必须：

  ——在短时间内挽救、减轻或避免对受灾群体造成的直接生命损失、人身伤害或威胁。

  ——开展拯救生命行动所需的共同人道主义服务，如后勤和支援服务。

  在人道主义事务协调办公室（国家办事处或区域办事处）的支持下，驻地协调员 / 人道主义协调员办公室将编制应急基金申请书，报送纽约总部中央应急响应基金秘书处。如果灾区现场没有部署人道主义事务协调办公室的人员，联合国灾害评估与协调队可能需要取得区域办事处的帮助，以支持中央应急响应基金的申请，开展快速应急响应。
- 国家层面募集的资金—此资金是紧急援助协调员为长期危机设立的多方捐助人道主义基金，在联合国驻地协调员 / 人道主义协调员领导下，由人道主义事务协调办公室在国家层面对资金进行管理。通过受灾国内的协商流程（主要针对非政府组织），驻地协调员 / 人道主义协调员向合作伙伴分配资金，支持战略应急响应优先事项，并与人道主义计划周期和突发紧急事件响应遵循相同的原则。

联合国灾害评估与协调队的作用

联合国灾害评估与协调队，特别是队伍中的人道主义事务协调办公室工作人员，通常支持紧急呼吁书的编制，其中将大量引用联合国灾害评估与协调队的初步情况分析，包括远程分析和现场分析。初步应急响应规划需要花费 2 ~ 3 天，在机构间 / 组群间会议上讨论。联合国灾害评估与协调队可能需要支持相关会议，并为会议提供紧急情况下的救援行动信息。联合国灾害评估与协调队的初步评估和最新情况分析，是形成紧急呼吁中初步应对策略的关键，特别是考虑危机的预期演变、应急响应优先事项和实施救援中的注意事项。

紧急呼吁以需求为基础，但在救援实施能力和国际救助增援期限方面，通常会受到各种限制。这意味着并非所有需求都可以通过紧急呼吁实现，资金需求的满足需要考虑实际情况。如果需求被夸大或缺乏救援行动信息和优先事项，那么紧急呼吁既不会吸引捐助者，也不具备救援行动相关性。

如果人道主义事务协调办公室没有在受灾国设立办事处，那么人道主义事务协调办公室区域办事处或总部可提供远程协助，在技术问题和呼吁书起草方面提供支持。联合国灾害评估与协调队、人道主义事务协调办公室国家 / 区域办事处、联合国驻地协调员 / 人道主义协调员和人道主义事务协调办公室总部之间应保持顺畅沟通，这一点非常重要。

L.3.6　社区参与

在灾害发生后，应立即与社区接触，这一点至关重要，可以确保受灾群体获得所需的信息，以组织自己的应对措施，在家庭层面开展拯救生命的行动，接受人道主义援助，并针对面临的困难和救援能力短板提供重要的反馈意见。通过这种方式，可以提高救援方案的质量和影响力，确保更有效、更负责任的人道主义应急响应行动。如果想在人道主义应急响应行动中实现责信制，那么社区参与是其中一个关键环节，虽然人们对此已达成共识，但经常还会提出这样一个问题："我们在实际工作中如何做到这一点？"

在建立"负责任的应急响应"行动中，特别是确保信息需求立即得到满足方面，联合国灾害评估与协调队可以发挥关键作用。在联合国灾害评估与协调队中，建议专门部署一名社区参与专家。这一角色的职权范围，可在联合国灾害评估与协调队任务软件中找到。

下面的建议行动清单，为联合国灾害评估与协调队成员提供了明确的思路，确保在协调的初始阶段对受灾群体负责，并确保在整个人道主义计划周期过程中都能遵循责信制。每一场人道主义救援行动，情况都各不相同，应根据不同情况采取不同的措施。通过以下行动清单，可以提醒救援人员在落实整个应急响应行动的责信制时，应关注各个不同领域。

行动协调

支持驻地协调员 / 人道主义协调员，选定受灾国非政府组织、社区团体和 / 或联盟，将其纳入人道主义协调工作队，或参加相关人道主义协调工作队会议，确保在决策中有足够的社区代表。

- 联络各类媒体开发组织，帮助它们与组群和组群间协调小组建立联系，确保将这些组织纳入规划进程。
- 确保协调会议有一个关于社区参与和责信制的常设议程项目，特别是审查来自社区（通过可能设立了投诉和反馈机制的机构）和媒体开发组织及其他地方机构的投诉和反馈；快速识别问题趋势，共同制定解决方案，并跟踪解决这些问题的进度，也就是要收集各机构和社区的反馈信息，确保将反馈的各种问题趋势记录在案。
- 快速评估反馈整理和分析的最佳通用结构，将其作为一项"通用服务"。
- 确定当地协调代表。选择一个或多个协调伙伴，可能涉及社区参与、受益人沟通或问责工作；确定这些潜在的伙伴，并寻求他们的支持。非政府组织通常有这类角色的工作人员。
- 记录社区反馈，并在所有情况报告、需求概述等文档中反映社区参与的各项活动。

评估和分析（A&A）

- 与组群间协调小组达成共识。评估旨在纳入受灾群体的代表性样本，涵盖年龄、性别、残疾状况等因素，不仅仅包括社区领导者的信息。如果条件不具备，则应使用按年龄和性别分类的数据，并应承认前期的评估存在不足之处，将其告知后续第 2 阶段应急响应人员。

- 确保在所有联合评估中纳入所有需要考虑的问题，包括援助优先事项、援助实施手段（实物、代金券、现金）以及信息需求和偏好（人们需要了解什么以及他们希望如何接收信息，并与应急响应人员和主管部门沟通）。在联合国灾害评估与协调队任务软件中，有现成的题库可供利用。
- 根据需要，确保协调一致的评估包括并利用媒体开发组织的支持，如英国广播公司的媒体行动、国际新闻等项目。
- 在条件允许的情况下，与社区成员一起验证评估结果，或将这些结果纳入联合国灾害评估与协调队部署后正在进行的应急响应工作的建议中。
- 信息管理产品应详细说明信息和沟通需求，以及与受灾社区沟通的适当渠道。

通信和媒体

采用当地语言，协调重要人道主义信息的编写和传播。

- 多倾听，不要向社区发布垃圾信息。在应急响应社区内，规划各种现有或计划的"倾听"活动/项目，并尝试创造协同效应。这些"倾听"活动可能是非正式的，也可能是有组织的。
- 与当地广播网络和其他媒体联系，从而联络当地/社区媒体组织的代表。开展协调工作的应急响应社区，定期举行媒体简报会，由当地和国际组织的援助行动官员向当地媒体介绍情况并回答提问，内容涵盖救援进展情况、各项行动计划和面临的挑战。

战略应急响应规划

- 确保紧急呼吁和/或人道主义响应计划完全以需求评估结果为依据，包括在可能的情况下对受灾群体进行代表性抽样，以及对优先需求进行数据分类和联合分析。
- 确保所有应急响应规划文件反映信息和沟通需求，以及应急响应和集体问责的方法（人道主义救援体系在集体层面的责信计划：确保反馈/投诉信息的采集和回应，并向受灾群体提供信息）。

资源调动

- 鼓励提供各种资源，支持社区集体参与，包括各种协调机构、工作人员或其他支持、社区协商、公共宣传活动以及投诉和反馈机制。

评估

- 针对社区参与评价方法，支持人道主义国家工作队/组群间协调小组达成共识，采用多种形式：联络小组、民间社团组织、认知调查或现有平台（如热线广播节目）。

L.3.7　人道主义行动中的两性平等方案

在人道主义危机期间，妇女、男子、女孩和男孩各有不同的独特需求和能力，因此需要理解性别差异的影响，以采取有效的人道主义行动。在人道主义危机期间，解决两性平等问题，意味着根据社区不同群体的需要规划和实施受灾群体的保护和援助。通过这种方式，确保人道主义应急行动平等地惠及所有受灾群体，避免特定群体面临更大的风险。在社会中，男子、妇女、女孩和男孩通常有不同的地位和角色。危机情况对妇女、女孩、男子和男孩的影响不同，因年龄、残疾状况、性取向、族裔或宗教等其他因素的差异，现有的脆弱性通常会进一步加剧。在获取抗灾和灾后恢复所需的资源和服务方面，或在享有各种权利、机会和生活条件方面，受灾群体的性别不应成为支配或限制因素。因此，保护人权和促进两性平等是一项核心原则，国际人道主义救援体系承诺保护所有受灾群体并向其提供援助。

基于上述原因，人道主义行动中的两性平等方案至关重要。所有活动都应考虑到妇女、男子、女孩和男孩的不同需求和能力。应分析受灾群体的性别角色和关系，将其纳入人道主义协调工作、情况分析、项目活动和各项成果。

重要的是做好协调工作，并利用受灾国国内和国际救援人员和机构的联合力量，从而实现以下目标：

- 针对妇女、女孩、男子和男孩个人及其家庭和社区，实现预期救助成果。
- 为边缘群体或弱势群体提供特殊援助。
- 保持并加强灾后恢复能力。
- 扭转现有的两性不平等现象。

为了将两性平等纳入人道主义应急响应，建议采取以下行动：

协调、参与和沟通

- 确认代表妇女和女孩（包括残疾人士和其他边缘群体）的本地组织，与它们开展协作。从应急响应行动一开始，就确保国家级和地方级两性平等和青年组织参与人道主义协调和决策。如果此类组织尚不存在，则探索建立相关组织的方法，让各职能领域/组群参与其中。
- 确保将性别分析充分地纳入救灾组织和组群的各项活动，包括基线数据收集、评估、信息系统、通信、宣传和方案活动。既要解决妇女、女孩、男子和男孩迫切的实际需要，又要解决导致和加剧两性不平等的利益层面问题。参见第 I.3 节。
- 将预防和应对性别暴力（GBV）设为优先事项，采取必要行动，保护妇女、女孩、男孩和男子免受机构工作人员和合作伙伴的性剥削和性虐待，倡导所有机构/组织遵循同样的原则。
- 确保各种协调机构（本地机构、国家级机构、各组群）采取公正的参与性办法，让妇女、女孩、男子和男孩都能参与决策过程，确保他们参与对自身有影响的方案设计和实施，并将方案纳入人道主义响应计划。
- 确保男女代表在所有群体中达到平衡。
- 与相关社区参与活动（见第 L.3.6 节）建立联系，实现以下目的：
  ——在设计较长期性别敏感的方案时，与地方级和国家级政府组织进行协商。
  ——在人道主义紧急情况下，受影响的所有年龄段妇女和男子都应收到相关方案的信息，并有机会在救援行动各阶段发表意见。
  ——将评估结果传达给所有相关组织和个人。

- 在人道主义紧急情况下，确保人道主义方案目标反映受影响的各阶层群体的需求、关切和价值观，并确保方案最大限度地利用当地技能，包括妇女和青年的技能，要充分依靠当地能力，而不能损害妇女、女孩、男孩和男子自身应对方式或其他策略。

二手数据分析和原始数据收集

- 根据性别、年龄和其他相关多样性，对受灾群体数据进行细分，并将数据与危机前的信息进行比较。参见第 I.2.3 节。
- 收集和分析按性别、年龄和残疾状况分列的数据。参见第 I.3 节。
- 基于性别维度，对妇女、女孩、男子和男孩的状况进行分析。分析二手数据和原始数据，确定危机对妇女、女孩、男子和男孩的不同影响，包括他们各自的需求及能力、角色、对资源的控制、动态和社会不平等 / 歧视。
- 与来自不同群体的妇女、女孩、男子和男孩协商，确保充分了解他们的特殊情况、需求、优先事项和能力。
- 确保现场团队的男女比例均衡，并在可行的情况下，部署一名性别问题专家，以及受灾群体保护 / 性别暴力问题专家。参见第 I.3.2 节。
- 采用参与式方法，如联络小组讨论、关键知情人访谈等，并根据文化程度和偏好，为妇女、女孩、男子和男孩设立单独的小组。参见第 I.3.3 节。
- 列出妇女、女孩、男子和男孩可获得的现有服务，并追踪特定服务的转介途径，如性别暴力干预措施。
- 性别平等/性别暴力问题专家，是评估整体受灾群体保护能力的必备部分，可以确保将性别暴力相关问题纳入多组群初期快速评估，并从紧急情况的最早阶段开始就确保在评估报告、整体保护策略和标准与指南中具体处理性别暴力问题。

更多相关信息，请参阅 2017 年《人道主义行动性别手册》，网址为 https://reliefweb.int/sites/ reliefweb.int/files/resources/iasc_gender_handbook_2017.pdf，　特别是将性别平等纳入人道主义计划周期每个阶段的清单（第 75–79 页），从第 95 页开始提供了基于职能领域的清单和指南，以及联合国机构间常设委员会关于性别暴力问题的指南，网址为 https://gbvguidelines.org/ en/home。

M 现场行动协调中心概念

M.1 简介

现场行动协调中心（OSOCC）是一种快速应急响应机制，在突发紧急情况下，或复杂紧急情况迅速变化后，它提供了一个平台，可以立即协调国际应急响应行动。它既是一种救灾响应方法，也是现场应急响应协调的实际执行场所。现场行动协调中心旨在支援受灾国政府的救灾行动，它是联合国人道主义事务协调办公室（OCHA）的一种应急响应机制，特别是用于在灾区现场执行应急响应协调和信息管理的职能。

现场行动协调中心运行所依赖的职能组织模式，可以追溯到罗马帝国时期，并在拿破仑战争期间得到发展。历史上许多应急管理组织，在其行动计划和组织结构中，都采用了这一职能组织模式的变化形式。国际搜索与救援咨询团和人道主义事务协调办公室，最初确立了现场行动协调中心这一概念，帮助受灾国家在地震后协调国际城市搜索与救援队的工作。然而，在各类突发灾害或复杂紧急情况下，如果没有其他现有和运作良好的协调系统，那么可以利用现场行动协调中心概念中的应急响应管理原则，它已成为现场协调国际救援资源的高效实施工具。自从现场行动协调中心这一概念确立以来，无论是在区域紧急事件中，还是在重大国际灾难等各种情况下，已多次成功运用这一应急响应机制。

它所体现的概念，可以完全融入国家应急管理的各级组织，这些组织负责牵头协调本国受灾地区群体的紧急援助。

许多政府已经整合了现场行动协调中心概念或其组成部分，作为其国家应急管理计划的一部分，在发生灾害并请求国际援助时，能够建立现场行动协调中心及其组成部分并为其提供资源，如接待和撤离中心（RDC）、紧急医疗队协调单元（EMTCC）等。

现场行动协调中心，可在以下三种通用模式下运作：

- ·应某国政府的请求，直接协调应急响应行动。
- ·与受灾国政府合作，协调具体行动并提供其他各项支持。
- ·为联合国驻地协调员／人道主义协调员提供支援。

如果进行国际援助和协调的其他体系，包括人道主义组群或受灾国建立的包含国际救援人员的体系，尚未发挥作用，那么现场行动协调中心这一概念，可以为灾区现场行动协调提供一个平台和机制。现场行动协调中心体现了应急响应的基本理念和方法，因此在应对紧急情况时，其他救灾组织（包括政府部门、国际和区域应急响应组织），也能够利用这样的快速应急响应机制。

为此，作为现场行动协调中心概念的管理方，联合国人道主义事务协调办公室制定了《现场行动协调中心指南》，服务于可能建立和管理现场行动协调中心的组织或应急小组，如联合国灾害评估与协调队，可能在现场行动协调中心内工作的组织或小组，如城市搜索与救援队、紧急医疗队、组群间协调小组，以及可能与现场行动协调中心互动的组织，如受灾国政府、地方应急管理机构（LEMA）和区域性组织。

本章是《现场行动协调中心指南》的内容摘录。指南全文可在联合国灾害评估和协调任务软件（UMS）中获取，或从以下网址下载：https://www.unocha.org/our-work/coordination/site- operations-coordination-centre-osocc 。

M.2　现场行动协调中心概念

现场行动协调中心这一概念，是作为一种快速应急响应实施工具而开发的，通过与受灾国政府密切合作，现场行动协调中心提供了一个系统，用于协调和促进灾害现场的国际救援行动。这一概念主要用于突发灾害，特别是大规模紧急情况，但也适用于其他情况，包括复杂的紧急情况，行动协调机制欠缺的情况，或需要加强行动协调机制的紧急情况。

M.2.1　现场行动协调中心宗旨

现场行动协调中心有以下两个核心目标：

- 在没有其他协调系统的情况下，提供一种效率手段，迅速促进国际应急响应人员与受灾国政府之间的现场合作、行动协调和信息管理。
- 建立一个具体场所，并作为一站式服务点，为即将抵达的应急响应团队提供服务。

在接受国际救灾援助的过程中，作为受灾国政府与各救灾机构之间的信息交流渠道，协调中心旨在促进国际人道主义援助的合作和协调，并为通常在非密切合作状态下的救援人员提供一个协调平台。

现场行动协调中心支持现场协调和信息交流，并促进其他各种的协调机制，其范围远远超出了现场行动协调中心的地理区域。

为了最大限度地发挥其效力，应在需要国际援助的灾害发生后，或在现有紧急情况出现恶化迹象时，立即成立现场行动协调中心。在条件允许情况下，现场行动协调中心应设立在灾害现场和受灾国政府主管部门附近。选择合适的位置，及时设立现场行动协调中心，对于突发性灾害的应急响应至关重要，可以确保高效的救援和减灾工作。

虽然现场行动协调中心旨在作为一种短期应急响应的实施工具，用于灾害的紧急救生和救援阶段，但它的建立应体现足够的灵活性和远见性，从而能够在紧急情况发生时根据规模和复杂性进行调整。如果现场行动协调中心全面参与协调国际人道主义应急响应，那么其发挥的作用和涉及的行动可能会得到强化，以满足不断变化局势所带来的各种具体要求。在紧急情况发生后的救援阶段，某种形式的现场行动协调中心需要运行起来，直到受灾国政府以及联合国机构和非政府组织（如果需要的话）可以从容应对，能够通过其自身的机构和办事处重新承担协调国际救援资源的责任。

M.2.2　现场行动协调中心背景

现场行动协调中心成立后，在国际上和受灾国家的现有人道主义救援体系内开展工作，如图 M-1 所示。

现场行动协调中心，一般向联合国灾害评估与协调队负责人汇报情况，该名负责人则确保现场行动协调中心的活动与驻地协调员、人道主义协调员以及人道主义国家工作队的战略方向保持一致，并得到人道主义事务协调办公室的支持。

现场行动协调中心致力于支持受灾国政府，帮助协调国际应急响应组织的工作。在受灾国家内部，地方应急管理机构负责应急响应行动的总体指挥、协调和管理，因此现场行动协调中心在整个行动中与地方应急管理机构保持紧密联系。

除了人道主义事务协调办公室所辖机构和受灾国内的机构外，现场行动协调

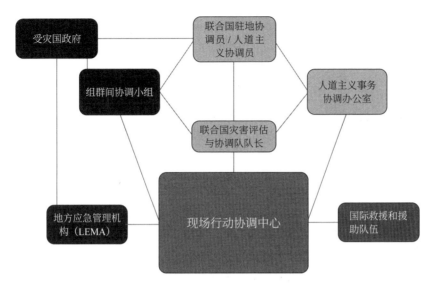

图 M-1　现场行动协调中心背景

中心还支持人道主义组群间协调员和应急小组，并与其通力合作。通过对现场行动协调中心结构的整合，和/或通过正式或非正式的联络渠道，可以实现这项职能，包括在现场行动协调中心设施的实际部署。

M.2.3　现场行动协调中心结构

现场行动协调中心通常分为多项职能，每项职能可以由多个协调单元组成。

职能是现场行动协调中心的一个广义行动要素，例如管理、情况、行动和支持。对于现场行动协调中心的每一项任务，以及任务的每一个阶段，都需要考虑这些职能。每项职能可以由一人或多人执行，并且一个人可以执行多项职能。每项职能都可以根据需要进行扩展，包括履行其职责所需的人员数量和组织。

单元是各职能领域下的不同组成部分，可用于进一步将现场行动协调中心划分成反映其职能的关键责任领域的次级小组。如果现场行动协调中心拥有大量工作人员，并且需要增加汇报层级以实现有效管理，或者需要特定领域的专业知识，以专注于执行应急响应行动而不是协调/领导，例如，城市搜索与救援协调单元、紧急医疗队协调单元，使用协调单元这种组织形式是特别有益的。一个单元由一名协调员或管理人领导。

现场行动协调中心的基本结构如图 M-2 所示；然而，并不是在每种情况下都需要所有的职能或单元。

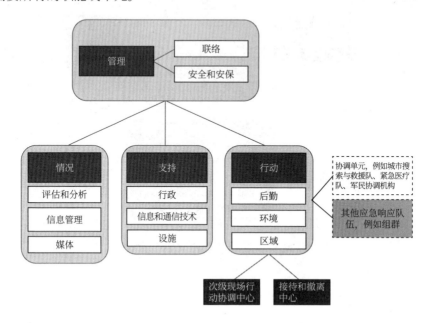

图 M-2　现场行动协调中心结构

根据灵活性原则，可以采用适当的结构满足救灾响应的行动要求。根据灾害事件的规模、情况需求和可用资源，一个人可能同时履行多项职能，也可能某些职能需要更多的人员。

在大规模紧急情况下，可能需要为人道主义计划周期支援设立一项单独的职能，由工作人员支持人道主义筹资并协调贯穿各领域的问题，如性别平等、现金转移计划（CTP）、社区参与、受灾群体保护等。

应制定组织结构图，并在现场行动协调中心展示，说明现场行动协调中心工作人员的汇报流程。该结构图需要定期更新，反映现场行动协调中心规模的扩展／收缩，满足应急响应的行动需求。

现场行动协调中心人员配置

现场行动协调中心的工作人员来自联合国灾害评估与协调队、联合国人道主义事务协调办公室、现场行动协调中心支援人员、国际组织、城市搜索与救援队、紧急医疗队和非政府组织。随着更多合格工作人员可供部署，例如通过人道主义事务协调办公室的增援机制，应补充和加强现场行动协调中心的人员配置。在大规模紧急情况下，参与人道主义救援行动的联合国组织或其他机构的志愿者和实习人员，也可以支持现场行动协调中心的具体任务。

履行现场行动协调中心职能所需的工作人员数量，取决于行动的任务量和复杂程度，以及每天的运作时间安排。在紧急救生阶段，工作量通常需要每天 24 小时每周 7 天持续不断，因此至少需要两个工作班次，保证 24 小时运作。随着救援行动的继续和例行程序的建立，现场行动协调中心的工作时间将进行调整，适应不断变化的工作量。同样的人员配置原则，应适用于现场行动协调中心系统的其他组成部分，特别是接待和撤离中心及次级现场行动协调中心。

M.3　现场行动协调中心职能和单元

本节概述了现场行动协调中心的核心职能和单元。职位清单中描述了各个单元的具体职责，可通过以下链接从虚拟现场行动协调中心下载：https://vosocc.unocha.org。

M.3.1　管理职能

通过管理职能，协调现场行动协调中心其他职能领域的活动，为各职能领域和协调单元之间的内部信息沟通建立例行程序，与国家主管部门和其他应急响应组织建立正式联络，并努力确保国际应急响应人员的安全。现场行动协调中心管理人负责此项职能。

现场行动协调中心负责人

现场行动协调中心管理人，负责协调现场行动协调中心所有职能和活动，包括次级现场行动协调中心，以及接待和撤离中心。其主要职责包括举行内部会议／简报，管理现场行动协调中心人员之间的任务分配，领导现场行动协调中心各职能。现场行动协调中心负责人的工作重点，是确保现场行动协调中心实现各项目标，履行相关职权范围，这些职权范围是受灾国政府、联合国灾害评估与协调队队长和驻地协调员／人道主义协调员设定的。

根据各项目标和上述职权范围，现场行动协调中心负责人还负责制定和更新现场行动协调中心的行动计划（PoA）。更新后的行动计划，至少每天传达给现场行动协调中心工作人员（包括在接待和撤离中心和次级现场行动协调中心工作的人员），确保未来方向的明确性。

联合国灾害评估与协调队副队长，通常担任协调中心负责人的角色，并向联合国灾害评估与协调队队长汇报情况。与驻地协调员/人道主义协调员和受灾国政府一起，联合国灾害评估与协调队队长将确定救灾任务的总体战略和行动规划及方向，进而确定现场行动协调中心的总体战略和行动规划及方向。联合国灾害评估与协调队队长通常不直接参与现场行动协调中心的运行，而是将其安排给现场行动协调中心负责人。

除现场行动协调中心负责人外，管理职能中最常见的职能是安全、安保和联络。现场行动协调中心负责人，可自行决定建立其他职能领域，但这些职能领域/协调单元不应与现场行动协调中心其他各项职能重复。

在大规模紧急情况下，可能需要建立一个单独的接待区，作为管理职能的一部分，为现场行动协调中心接待对象提供服务。此项职能应与信息管理单元密切配合，并成为接待对象的第一联系点，帮助他们寻求现场行动协调中心服务和现场行动协调中心信息分析结果。

联络单元

在实际工作中，联络是现场行动协调中心所有职能和人员的共同责任，从而支持有效的协作型救灾方法。可能需要建立一个单独的联络单元，负责建立和维护现场行动协调中心与其他救援人员之间的正式信息交流程序，这些人员需要专门资源，而其他职能没有提供所需服务。在某些情况下，如果许多组织机构向现场行动协调中心派遣联络人员，并且认为需要设立具体的联络协调方式，以确保现场行动协调中心的持续运作和有效的信息共享，那么联络单元就可能会启动。现场行动协调中心其他职能领域已经建立与其直接对口机构的联络，例如，与城市搜索与救援队的联络，但联络单元的设立并不是为了重复联络，而是为了避免联络能力出现短板。

联络单元致力于建立和保持与相关组织的关系，包括地方应急管理机构，受灾国的政府，和/或各类应急组织，这对现场行动协调中心活动的协调和与相关组织的合作至关重要。联络人员应具有很强的外交能力，通过相互理解和建立共识，能够与各种不同的组织建立关系。联络人员应该能够有效地沟通，并把握加强各响应组织之间的合作与协调的机会。

安全保障单元

安全保障单元的工作，是负责所有国际人道主义救援人员的安全保障，并为其提供安全保障信息。安全保障单元直接支持安保指定官员（DO）的职责，该官员通常是联合国在受灾国的最高级工作人员，并与其他救援机构的安保官员和联合国安全和安保部首席安全顾问密切合作。首批抵达的救灾队伍，包括联合国灾害评估与协调队，将制定一个基本的安全计划，但联合国安全部门的工作人员将尽快承担起安全保障单元的领导工作。

安全保障单元的主要职责包括制定、实施和监测应急响应行动的安保和医疗计划，涉及现场行动协调中心所有相关人员。医疗计划的制定，需要遵循受灾国家的现有卫生协议，或与紧急医疗队协调单元（见第 N.3 节）、国家主管部门和其他现有医疗资源（如与城市搜索与救援队相关的医疗资源）紧密配合。

关于联合国安全和安保的更多信息，参见第 G 章。

M.3.2 情况职能

情况职能负责收集、管理和交流有关紧急情况的信息，提供最新的总体情况分析。此项分析用于通过大众媒体直接提供信息，辅助应急响应人员、高层官员、救灾捐助者的决策。现场行动协调中心也提供相关信息展示，供工作人员和来访人员查询。通过评估和分析（A&A）、信息管理、媒体三个协调单元的工作，实现情况职能。

这些协调单元共同与众多人道主义救援人员互动，这些人员提供有关灾情的信息，并在信息沟通方面进行合作。在许多情况下，这些救灾参与人员也是情况职能成果的使用者，这些成果包括情况分析、专题报告、关键媒体信息、情况报告和地图。

在紧急情况最初阶段，履行情况职能的人员，应具备娴熟的沟通技巧，注重细节，并有很强的能力分析大量信息，包括与特定群体需求有关的定性社会学信息。灾情发生后，通常会立即通过远程方式建立此项职能，并通过虚拟现场行动协调中心实现信息共享。这包括收集、综合和分析二级数据，确保在动员国际应急响应人员时提供准确的最新总体情况。情况职能，通常由联合国灾害评估与协调队成员履行。

通常，这一职能得到其他快速应急响应机构 / 团队、联合国机构和受灾国政府的支持。在最初阶段，远程专家支持通常可用于协助三个协调单元中的任何一个，如下面的职能描述所示。随着紧急情况的进展，将根据需要在现场部署相关专家。这可能包括联合国人道主义事务协调办公室的信息官员（IMO）或联合国人道主义事务协调办公室现场信息科（FIS）的工作人员、联合国人道主义事务协调办公室需求评估和分析科（NAAS）或其他行动支持伙伴的评估专家，以及人道主义事务协调办公室公共信息官员（PIO）的部署。

评估和分析（A&A）单元

评估和分析单元收集、综合和分析有助于掌握总体情况的信息。这包括确定以下信息：主要挑战和影响、根本原因、受影响人口和 / 或弱势群体的规模。社会经济状况和性别分析，对于理解差别化影响至关重要。通过与人道主义伙伴和信息管理单元密切合作，完成此项工作。图 M-3 显示了评估和分析单元的通用结构。

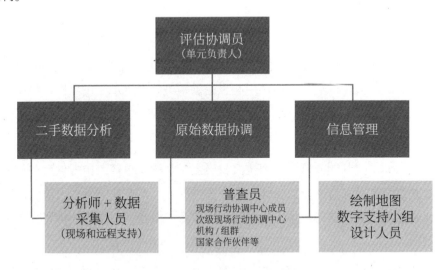

图 M-3 评估和分析单元结构

根据紧急情况的规模，联合国灾害评估与协调队及现场行动协调中心的情况，评估和分析单元的设置将有所不同。虽然评估和分析单元成员必须灵活把握，但在单元内明确分配职能也是很重要的。

- 对于中等规模的紧急情况，建议至少为评估和分析单元指派两人，其中一人为评估协调员，负责单元的管理、评估协调和与合作伙伴的联络，而另一人最好不参与日常协调活动，侧重于整理危机前和危机中的二手数据并进行分析。
- 对于大规模紧急情况而言，建议至少为评估和分析单元指派三人，最好是四人，由志愿者协助收集、整理和分析二手数据：一名评估协调员负责管理评估和分析单元，并与合作伙伴和其他单元进行协调；一人监督二手数据处理和分析；一人管理原始数据收集的协调工作；一名信息管理人员专门负责数据管理，联络信息管理远程支持伙伴（如数字人道主义网络），并绘制地图和信息图表。
- 远程支持不受地理范围限制，应尽可能向评估和分析单元提供远程支持。具体支持包括与全球伙伴进行联络，例如联合国卫星中心（UNOSAT）、评估能力项目（ACAPS）、数字人道主义网络等，从而对二手数据进行审查和分析。值得注意的是，评估和分析单元非常需要这类支持。单元组织设置应考虑到这一点，远程工作人员应成为评估和分析单元的正式成员。

关于这个单元的总体目标、主要任务和工作方法的更多详细信息，参见第 I.2.1 节和联合国灾害评估与协调队任务软件中的单独指导说明。

信息管理（IM）单元

信息管理单元收集与灾情相关的信息（包括评估和分析单元获得的信息），组织和分析信息，并形成各种成果，例如情况报告、行动人员、行动任务和行动地点（即 3W 数据）、地图、联系人列表、时间表、数据库等，然后直接传播给相关组织，和 / 或在具备网络连接的情况下通过在线平台和渠道提供。

该单元还监督现场行动协调中心各组成部分之间传递的信息流，以及外部信息流。这些活动确保了协调一致的行动规划，为各级救灾应急响应决策提供信息。

紧急情况发生后的最初几个小时或几天里，信息管理单元通常由联合国灾害评估与协调队成员及其合作伙伴组织（如 MapAction）的代表组成。他们的主要任务之一是发布情况报告，告知紧急情况和应急响应的具体层级。这些报告的编制应与评估和分析单元共同完成。鉴于这项任务的重要性，通常有必要在该单元内指派一名专职工作人员担任报告撰写人。这名工作人员将得到相关机构的支持，包括联合国现场协调支持部门联络点、人道主义事务协调办公室驻受灾国家／区域工作组、人道主义事务协调办公室区域办事处（包括区域人道主义事务协调办公室信息员）。根据需要，通过应急响应名册（EER）等快速部署机制或直接通过日内瓦的现场信息科，人道主义事务协调办公室将部署更多的信息管理人员。

如第 M.3.1 节"管理职能"所述，在大规模紧急情况下，可能需要单独的现场行动协调中心接待区，因为现场行动协调中心的服务需求量很大。许多信息管理成果（如地图）将非常抢手，信息管理单元应考虑让一些工作人员在接待区同地办公，这样信息管理单元可以成为交换数据的信息中心，服务于现场行动协调中心的接待对象。通过这种方式，信息管理单元能够促进人道主义数据交换（HDX）网站上的数据集共享。网址为 https://data.humdata.org 。该网站是一个共享数据的开放平台，倡导通过人道主义救援人员身份数据库（https://humanitarian.id）在联系人名单上登记，并向访问者介绍其他工具和资源。

媒体单元

在设立现场行动协调中心期间，媒体单元应处于管理职能之下，因为在人道主义事务协调办公室公共信息官员抵达现场之前，现场行动协调中心管理人往往履行媒体职责。在公共信息官员抵达后，组建媒体单元，并与现场行动协调中心所有职能领域密切合作，特别是情况职能。

媒体单元协调所有外部媒体关系，监督媒体关于灾情的信息，包括了解情况，并为媒体和公众发布信息通报。媒体单元为现场行动协调中心制定媒体计划，明确主要发言人（可能是现场行动协调中心负责人），以及其他团队成员在媒体关系方面的作用。媒体单元还作为当地和国际媒体在现场行动协调中心的联络点，支持救灾捐助者和重要人物的实地探访。

通过媒体单元的工作，现场行动协调中心能够理顺／加强其所支持的应急响应行动，促进国际社会对受灾群体救援的认识和宣传。

M.3.3 行动职能

行动职能是负责协调国际应急响应小组的活动，进行其他资源的分配，这些资源用于向受影响人群提供救援。此项职能由各类协调单元组成，每个单元侧重于一个特定的职能领域。这些协调单元共同迅速做出应急响应，在相关领域完成行动协调职能，包括救援、提供紧急医疗护理、减轻环境影响、人员和物资流动以及与军事／武装救援人员协调等。

每个协调单元的工作人员，通常是该单元所属职能领域的技术专家。在灾害发生后不久，协调单元可能由以下人员组成：首批抵达的受过现场行动协调中心方法培训的团队成员，以及联合国灾害评估与协调队成员。各类协调单元也是接待和撤离中心的主要联络点。接待和撤离中心与大多数协调单元密切合作，以提供有关抵达资源的信息，并确保后勤、安全和安保等相关流程的实施。

某些协调单元可以半独立于现场行动协调中心运作，例如城市搜索与救援队、紧急医疗队和军民协调单元（CMCoord），在某些情况下，这些协调单元可以由政府建立和运作。更多相关详细内容，参见第 N 章。行动职能领域中的其他协调单元包括：

后勤协调单元

后勤协调单元支持行动职能领域的其他单元，例如城市搜索与救援队和紧急医疗队协调单元，同时也可能需要在较长时间内支持整体人道主义响应体系。许多情况下，该单元将作为世界粮食计划署牵头的后勤组群的前身。后勤协调单元主要职责包括与国家主管部门密切合作，寻找、采购、运送和储存供应物资（如燃料和木材），运送工作人员（如受灾国家境内救灾小组的成员），确保进出通道畅通，安排货物装卸和可能的清关手续，并优先处理运来的救灾物资，如优先安排救灾飞机的着陆请求。

后勤协调单元最早的工作人员，通常来自联合国灾害评估与协调队、首批抵达的救灾队伍或受灾国境内的世界粮食计划署工作人员。这些人将与国家主管部门密切合作，建立一个初步的后勤计划／系统，以满足应急响应的迫切需求。救灾初期，这些需求将是非常具体和紧迫的，例如，将救灾队伍部署到急需的地方。他们还可能与其他伙伴合作，如敦豪速递应急响应小组（关于联合国灾害评估与协调队行动伙伴，参见第 B.5.2 节）、抵达支援组的工作人员或军事救援人员（参见第 N.4 节）。

随着紧急情况的演变，后勤结构也将随之变化。在某些情况下，世界粮食计划署（WFP）将派出一个后勤应急响应队（LRT），评估局势并确定受灾国内可能需要的具体后勤支援。后勤响应队部署后，通常会启动或接管首批抵达救援人员建立的后勤人道主义组群。

在紧急情况的最初阶段，通过各种工具和指南，可以支持后勤计划／系统的实施。关键的一项资源，是后勤人道主义组群的后勤行动指南，可访问以下网址查阅 http://log.logcluster.org 。另请参见第 P 章。

突发环境事件协调单元

潜在的危险物质泄漏和重大的次生环境影响，例如滑坡，可能对生命、健康和环境构成严重风险。在重大紧急情况下，危险物质泄漏或其他次生环境影响情况复杂，给事故的识别和评估、应急人员的安全和现场进出带来了新的挑战，可能缺乏应对这种情况的专用资源。突发环境事件协调单元，旨在与国家主管部门协调对此类事件的应急响应，确保采取有效的方法对这些事件进行评估和管理。由于国家主管部门和国际救援人员的能力以及风险程度的不同，所以这一职能的适用范围和规模存在很大差异。

在某些情况下，现场行动协调中心设立的唯一原因，可能就是某个突发环境事件。但在许多情况下，危险物质的泄漏与其他原因有关，如地震、山体滑坡和洪水。

灾害发生后，联合国环境规划署（UNEP）／人道主义事务协调办公室建立联合小组，可以确定受灾地区的工业设施和主要基础设施造成的潜在次生风险，提醒应急响应人员注意这些潜在风险。这类信息可通过虚拟现场行动协调中心获取。然后，经过快速环境评估工具（FEAT）培训的应急响应人员可以进行初步现场评估，相关工具参见网址 http://www.eecentre.org/feat 。

在此项评估之后，如有需要，可启动突发环境事件人员名册（EER）。然后，环境应急响应名册的成员可以与联合国灾害评估与协调队整合，并且／或者可以全面建立突发环境事件协调单元。然后，该协调单元将利用相关可用资源，包括受灾国政府和首批抵达的国际应急响应队，如具备危险物质应急响应能力的城市搜索与救援队，确定和评估现场灾情和风险水平。通过突发环境事件协调单元，制定并实施初步应急响应计划。在整个过程中，该协调单元将与情况职能领域共享信息，并将与评估和分析单元直接合作。

关于突发环境事件的更多资料，请参见网址 http://www.unocha.org/themes/
environmental- emergencies。有关环境应急援助请求流程的详细信息，请参阅《突
发环境事件指南》，网址为 http://www.eecentre.org/eeguidelines。

区域协调单元

在某些情况下，区域组织部署相应救灾队伍，以协调从其区域成员国部署的
救灾资源，因此建立一个专门的区域协调单元会有所帮助。某些区域组织已经培
训了相应救灾团队，如欧盟民事保护机构（EUCP）、东南亚国家联盟（ASEAN）
应急响应与评估队、加勒比灾害应急管理局（CDEMA），这些团队可部署和建
立当地协调机构，协调区域救灾援助，即区域成员国对受灾国家的援助。与其建
立平行的组织结构，不如通过区域协调单元采取综合救灾方法。

区域协调单元将补充其他单元工作能力的欠缺，让区域组织成员充分参与总
体应急响应框架，而不是建立各自的协调中心。此协调单元不会与现有协调单元
职能重叠。它将为不同组织的成员提供服务。还将确保应急响应人员之间进行系
统性的信息交流。同时，区域协调单元旨在提供更有针对性的协调行动服务，协
调援助提供者和受援国政府及其他应急响应人员。区域组织成员仍可与现场行动
协调中心内的其他协调单元直接联络。

纳入现场行动协调中心后，通过与现场行动协调中心相关协调单元联络，或
提供评估、分析和信息管理方面的支持，区域组织能够更加积极主动地协调其所
关注成员的行动，确保现场行动协调中心内的信息交流通畅。这将促进不同体系
之间的相互配合，避免了平行结构的设置。

现场行动协调中心和区域组织之间相互配合的标准行动程序（SOP），已经
在一些区域内制定，在建立现场行动协调中心时可以参考。第 O 章针对每个区
域的具体做法提供了进一步指导。

此外，还可以根据现场行动协调中心管理人的判断，为各种目的创建其他协
调单元。

M.3.4　支援职能

在恶劣且具有挑战性的现场条件下，支援职能可以确保现场行动协调中心的
运作能力。这包括建立适当的设施、信息和通信技术（ICT）平台，以及适用的

现场行动协调中心行政和内部后勤流程。这些职责通常由多个团队执行和／或领导，包括国际人道主义合作伙伴关系（IHP）、美洲支持队（AST）或类似组织部署的一个或多个支援团队。根据需要，支援团队可得到更多的资源补充，如合作伙伴组织，进行信息和通信技术支援的无国界电讯传播组织。虽然支援职能一般不按单元划分，但在大规模紧急情况下，有时可能需要进行这种分工。

设施单元

该单元确保现场行动协调中心及其组成部分建立在足够的工作空间内，实现当前和未来的运行。如上所述，这通常是通过部署标准化服务包来实现的，此类服务包由国际人道主义合作伙伴关系或美洲支持队提供。关于现场行动协调中心设施的详细指南，参见第 R 章。

信息和通信技术单元

信息和通信技术单元为现场行动协调办公室执行信息和通信技术计划，支持总体应急响应。信息和通信技术计划确保提供适当的技术，帮助现场行动协调中心有效地开展活动。这包括为数据和语音通信提供便利，从而将现场行动协调中心各系统组成部分相互联系起来，并与更广泛的应急响应体系联系起来，包括部署的救灾小组、受灾国政府和人道主义救援人员。与设施单元一样，在现场行动协调中心其他工作人员就位的同时，支持信息和通信技术计划的设备由合作伙伴组织完成部署，采用标准化成套设备的形式。

行政单元

行政单元负责内部程序和流程，支持现场行动协调中心的日常运作。这包括维护财务记录，支持现场行动协调中心负责人、采购和承包、接待区人员配置、制定人员名册、安排笔译／口译支持、组织纸质文件和资源以支持信息管理单元，以及现场行动协调中心负责人确定的其他支持职责。

针对需要各类行政技能和联合国程序知识的紧急情况，关于现场行动协调中心运行，人道主义事务协调办公室对下属多名行政工作人员进行了的相关培训，可以将这些人员作为联合国灾害评估与协调队的一部分，部署到行政单元。

M.4 现场行动协调中心设施

现场行动协调中心设施的位置，包括现场行动协调中心、接待和撤离中心和次级现场行动协调中心，在协调过程中起着重要作用。设施的建立是一个优先事项，但每个设施位置都应仔细规划。该位置必须确保所有服务需求人员随时清晰辨识和方便进出，并应有足够的空间，以满足当前的需要和各种预期的行动规模扩展，同时满足安全和保障要求。

每个设施最合适的位置，不一定是在受灾地区的中部，所选的位置应最大程度地促进人道主义救援协调行动。

现场行动协调中心的位置，最好靠近灾区现场、地方应急管理机构和其他提供人道主义救援的相关机构／组织。这将促进团队合作和信息交流。场地的选择应便于最大限度地有效利用通信设备，例如，位于地势较高的地方，周围没有山丘或其他自然障碍物，并应存在一定的坡度以利于排水。应考虑设置相应安全措施的位置，包括易于进入和疏散，以及边界易于看守。

必须注意，某些协调单元可能需要设在更接近灾区现场的位置，以尽量缩短灾害发生与应急小组开展救援活动之间的时间差。这对于负责拯救生命的行动职能领域的协调单元尤其如此，如城市搜索与救援队和紧急医疗队。在大多数情况下，紧急医疗队将与受灾国家的卫生部设置在同一地点。

关于基地营地和现场行动协调中心场地选址的详细指南，参见第 R 章。

根据紧急情况的类型，在保证安全的情况下，可以在满足运作需要的现有建筑物中设立现场行动协调中心，或者可以将其设置在一个或多个帐篷中。每种设置方式都有其优势，根据灾害类型和可用资源，通常可以决定最合适的方式。无论其结构类型如何，现场行动协调中心设施应包括几个独立的办公空间、一个大型会议空间、一个接待访客的通用区域，并确保人员进出顺畅，因为有越来越多的组织与现场行动协调中心合作，或在现场行动协调中心内开展工作。现场行动协调中心一旦建立，其标志应设置在非常醒目的位置。

在大规模紧急情况下，重要的是从一开始就着眼大局，因为随着人道主义事务协调办公室的增援能力和其他国际组织开始部署，协调中心可能需要为大量援助人员提供行动空间和服务。

现场行动协调中心既代表一个地理位置，也反映了一种运作概念。在某些情况下，地方应急管理机构可能不希望国际救援体系的机构，独立于国内和地方各级紧急行动中心在现场直接开展行动，地方应急管理机构会坚持国际团队融入国内现有的机构，而不是单独行动。即使在这种情况下，仍然可以采用现场行动协调中心的方法，将其纳入对受灾国应急响应行动的支援架构。

上述注意事项，同样适用于次级现场行动协调中心。

M.4.1 建立设施

国际人道主义合作伙伴关系和美洲支持队提供并维护了一系列可部署的服务包，支持现场行动协调中心系统。这些支援伙伴提供的服务包种类多样，有用于现有建筑物中的基本信息通信技术和行政管理服务包，基于帐篷设施的现场行动协调中心和营地全套服务包。在灾区中进行部署时，这些服务包的使用将由支持人员指导，建立和维护相关设施。

M.4.2 维护设施

在现场行动协调中心系统的整个运行过程中，支援职能部门负责确保设施的日常维护，并能够继续满足现场行动协调中心运行的基本要求。

为了继续运行现场行动协调中心，需要维护以下项目：

- ·顺畅的互联网连接。
- ·正常的电力供应（例如，通过利用燃油发电机或现有的电源）。
- ·充足的照明，确保必要时可以进行 24 小时运行。
- ·食品供应的保障，和食品准备区的维护。
- ·饮用水、卫生设施、烹饪等配套服务。
- ·设施结构，即帐篷和 / 或建筑物，以及建立设施的地点。

在资源可能匮乏、正常供应链可能中断、现场条件可能恶化的灾害环境中，这些维护工作可能是一项挑战。除了应对这些挑战之外，现场行动协调中心设施还需要保持一定程度的灵活性。可能需要对设施进行调整，适应各种变化，包括人员规模、行动范围和 / 或来自其他应急响应组织的到访 / 工作人员流量的变化。

M.4.3　撤收设施

现场行动协调中心设施的撤收计划，应在行动开始时就制定，并将随着现场行动协调中心行动结束来临而变得更加具体。

一般来说，接待和撤离中心将首先撤收，但如果其主要目的是协调国际救援队伍，那么协调单元可能会在接待和撤离中心之前撤收。包括联合国人道主义事务协调办公室/联合国灾害评估与协调队在内，除了国际救援队伍的驻扎之外，现场行动协调中心本身可能会以另一种形式在灾区驻扎，并可能过渡成为人道主义事务协调办公室的一个长期办事处。

在国际救援队伍、合作伙伴和地方主管部门的合作下，由支援职能领域牵头，制定现场行动协调中心设施的全面撤收计划。相关计划应考虑是否需要将某些设备留在国内，继续支持联合国人道主义事务协调办公室的工作。所有其他模块都需要打包，返回其所属组织。此外，应尽力在撤离前将所占据空间和（或）建筑物恢复到可用状态。

在进行现场撤收的同时，现场行动协调中心负责人应确保向有关主管部门报告，提供经验教训的总结，为现场行动协调中心以后的任务、指南和培训提供参考。

M.5　接待和撤离中心

在发生大规模灾害的情况下，国际社会的援助通常会突然涌向受灾国。应急响应队和救援物资，将在该国的一个或多个入境点汇合，设法送达灾区。根据受灾国家的地理情况和基础设施受损情况，入境点可能是机场、海港和/或陆地边界。所有入境的国际救灾资源在进入受灾国家时，无论入境点的类型如何，都需要办理入境和海关等关键手续。即使在最理想的情况下，地方主管部门也可能很快因交通量的突然增加而力不从心，在最糟糕的情况下，机场、海港或过境设施可能无法执行国际援助的入境流程。

可能需要更多的资源，提供必要的快速部署能力，促进及时和有组织的入境手续办理。

接待和撤离中心（RDC），是国际援助资源运输的中心接收枢纽，通常是在受灾国家建立的第一个现场行动协调中心的组成部分。因此，它通常由首批到达的城市搜索与救援队、紧急医疗队或联合国灾害评估与协调队成员建立。在某些情况下，受灾国主管部门可能已经建立了一个接待和撤离中心，迎接即将抵达的国际援助队伍，在这种情况下，即将抵达的城市搜索与救援队、紧急医疗队、联合国灾害评估与协调队将为受灾国主管部门提供支持。

接待和撤离中心的主要工作目标如下：

- ·支持入境点（机场、海港等）主管部门，管理国际援助队伍的抵达流程。
- ·记录并帮助协调国际援助队伍的应急响应，并将其与相关协调机构联系起来。
- ·向抵达的队伍简要介绍其需要了解的情况和实用信息，以便立即部署到灾区，例如后勤等。

在最初的几个小时或几天里，接待和撤离中心必须做好准备，推动现场行动协调中心的基本服务，包括提供情况和行动简报，提供基本的后勤支持，促进应急响应团队的救灾行动，并跟踪资源配置。随着现场行动协调中心的成立，和/或受灾国家有能力增强国际救灾资源流入/流出，这些服务的范围也将发生变化。

作为接收国际援助的第一个联络点，需要按照系统化的方式建立接待和撤离中心，确保在混乱的灾难环境中实现一定的制度化/程序化流程。为实现这一目标，接待和撤离中心需要一种清晰的结构，模仿现场行动协调中心的职能配置方法。

所有行动决策，虽然都应依靠接待和撤离中心管理职能及现场行动协调中心的行动职能，但可以与现场行动协调中心的其他职能领域建立沟通线路，推进接待和撤离中心的各项活动，例如，接待和撤离中心支援人员可以与后勤协调单元合作，为抵达的国际应急响应队伍提供从入境点到现场行动协调中心的交通服务。利用持续的信息流，现场行动协调中心为即将抵达的救灾资源做好准备，从而加快向现场派遣援助队伍的速度。接待和撤离中心结构如图 M–4 所示。

M.5.1 接待和撤离中心协调

接待和撤离中心，通常是国际应急响应队伍的第一个协调站，运作良好的接待和撤离中心是现场行动协调中心的一种宝贵资源。现场行动协调中心需要获得相关的信息，了解即将抵达的应急响应队伍能力和各类已确定的后勤需求，以便

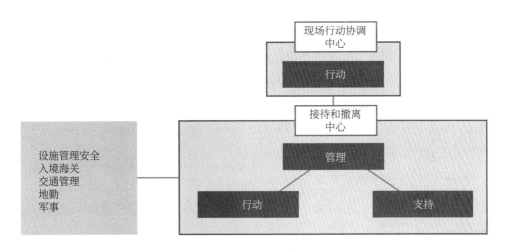

图 M-4 接待和撤离中心结构

制定计划和开展运行。另一方面，接待和撤离中心，也需要来自现场行动协调中心的关于灾情和实际行动环境的最新信息，确保有效地向即将抵达的救灾团队介绍情况。

接待和撤离中心的首要任务，是建立一个信息流系统，包括接待和撤离中心与现场行动协调中心之间的明确沟通渠道和流程。虽然协调工作的具体安排和程序，将视救灾的需要和进展而定，但普遍的做法包括：

- 接待和撤离中心和现场行动协调中心双方在既定时间进行晨会简报／协调讨论。
- 明确提供最新登记信息的时间。
- 日常通信的约定协议，例如，尽可能通过电子邮件沟通，紧急情况下通过电话沟通。
- 定期更新虚拟现场行动协调中心。
- 组织各救援队出发及其行程安排的制定程序。

除了与现场行动协调中心的日常协调和信息共享活动外，接待和撤离中心还可以参与入境点的类似活动。例如，可与入境点主管部门、地方政府代表和／或军方代表举行日常会议。接待和撤离中心，旨在支持受灾国家管理即将抵达的国际应急响应队伍，具体采用何种支持模式，将通过与负责入境点的主管部门进行讨论来确定。此外，接待和撤离中心的电力、水源或宿舍等设施，可能会依靠其他应急响应组织或政府组织来提供。

接待和撤离中心的方法，需要反映其作为现场行动协调中心协调平台扩展部分的特点，执行与现场行动协调中心相同的原则。促进与入境点管理组织的合作，以及入境点管理组织之间的合作，这一点至关重要，借此接待和撤离中心能够有效地促进国际资源的接收和撤离。

有关接待和撤离中心运作的更多详细信息，请参阅《现场行动协调中心指南》，网址为 http://www.unocha.org/our-work/coordination/site-operations-coordination-centre-osocc 。

N 协调单元

N.1 简介

与其他职能组织模式相比，现场行动协调中心这一机制的不同之处在于：各职能领域和协调单元预期将在很大程度上自主运作，主要为现场行动协调中心的接待对象提供服务，而不是向联合国灾害评估与协调队负责人、驻地协调员／人道主义协调员和人道主义国家工作队报告。特别是，在许多情况下，与现场行动协调中心行动职能相关联的协调单元，可以部署在远离现场行动协调中心主要设施的区域。

许多国家已经采用了现场行动协调中心这一概念的相关组成部分，并将这些要素纳入国家应急计划。例如，在许多情况下，紧急医疗队协调将作为卫生部（MoH）应急规划的一部分，由国家主管部门领导，甚至可能在现场行动协调中心全面启用之前就开始运作。通常，与现场行动协调中心相关的其他行动协调单元，如国际人道主义军民协调单元（UN-CMCoord）或城市搜索和救援协调单元（UCC），也可由受灾国主管部门运作和管理，并成为国际救援队的默认联络点。

在这些情况下，现场行动协调中心对这些协调单元的支持，可能仅体现在人员、设备以及信息管理和分析能力方面。协调单元将直接向相应的政府机构汇报情况，同时将保持与现场行动协调中心的联系，并与其共享信息，从而对救灾需求和应对措施进行总体分析。在其他情况下，这些协调单元将完全由联合国灾害评估与协调队及其合作伙伴一起配备人员并维持运作，同时可独立运作，保持与现场行动协调中心半分离的状态。

这种组织架构的一个内在危险，在于它可能导致所谓的"筒仓式思维"。协调单元可能有变得过于独立的风险，过度关注团队自身的工作成果，可能会出现各自为政的情况：即协调单元之间很少或没有沟通，并且很少了解现场行动协调中心的整体成效。

必须要解决这一问题，确保协调单元在了解自身主要职能的同时，也清楚团队之间应如何互动、何时互动以及彼此之间的需求。

这需要各协调单元之间定期交换信息，特别是与评估和分析（A&A）单元交换信息，为基于需求的分析结果提供原始信息。需要制定、执行和维护协作程序，实现良好的内部协调。有关评估和分析单元的更多信息，参见第 I.2.1 节。

N.2 城市搜索与救援

国际城市搜索与救援（USAR）是一种复合型国际援助形式，通常在突发紧急情况下进行部署，如地震和影响城市地区的建筑物倒塌灾害。国际城市搜索与救援还可能与其他紧急行动有关，例如洪水、山体滑坡救援等。在建筑物倒塌后的一段时期，被困在倒塌建筑物空间中的人通常能存活数小时，甚至数天。对于具备必要能力和资源的搜救队而言，必须把握这一"救援时间窗口"提供的机会，尽力营救在倒塌建筑物中被困的人。

国际搜索与救援咨询团（INSARAG）是国际和受灾国内层面的一个人道主义机构，致力于不断建立和加强城市搜索与救援队应急响应能力。国际搜索与救援咨询团制定了一套方法，用于国际搜索与救援指南中所述的城市搜索与救援队行动，确保国际城市搜索与救援队的培训、行动程序和队伍结构标准化。

按照国际搜索与救援咨询团的标准进行分级的国际城市搜索与救援队，是来自国际社会的应急响应力量，在建筑物倒塌灾难中开展救援行动。城市搜索与救援队保持着高度的准备状态，可以随时为国际任务进行快速部署。

国际搜索与救援咨询团系统制定了一个志愿性的同行独立审查程序——国际搜索与救援咨询团分级测评（IEC），确保城市搜索与救援队的国际应急响应能力保持最新，持续采用国际搜索与救援咨询团的方法。这包括国际搜索与救援咨询团分级测评，和分级后每五年进行一次分级复测（IER），或者在已分级的队伍发生任何机构变化时，进行重新测评。通过分级测评程序，确保各队伍一直保持国际搜索与救援咨询团系统设定的高标准；通过分享最佳做法、举行定期会议和建立专门工作组，不断更新这些标准。

国际搜索与救援咨询团已为城市搜索与救援队确定了三个等级：轻型、中型和重型。经过分级的队伍具有自我保障能力，能够按照既定的方法独立开展救援行动。在行动期间，各队伍按照国际搜索与救援指南开展工作，根据受灾国的优先需求做出应急响应。

关于国际搜索与救援咨询团和国际搜索与救援指南的更多信息，参见网址www.insarag.org 。

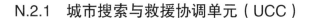

N.2.1 城市搜索与救援协调单元（UCC）

城市搜索与救援队的协调与紧急事件其他阶段的救援协调并无显著不同；然而，由于开展成功救援的机会窗口时间有限，城市搜索与救援队协调的进展要快得多。因此，联合国灾害评估与协调队要掌握城市搜索与救援队的行动情况，这对于有效协调至关重要。根据《国际搜索与救援指南》，以及联合国大会 2002 年 12 月 16 日第 57/150 号决议的规定，联合国灾害评估与协调队在城市搜索与救援队行动中发挥着独特作用。有关上述决议的详细信息，请参见网址 https://insarag.org/about/ga-resolution 。在城市搜索与救援队行动中，联合国灾害评估与协调队的具体职责包括：

- 在国际搜索与救援咨询团（INSARAG）分级队伍行动的整个过程中，建立并运行接待和撤离中心（RDC）和城市搜索与救援协调单元（UCC）。
- 协助建立城市搜索与救援队的行动基地，确保每支队伍都了解基地运行程序和规则。
- 与地方应急管理机构一起，促进城市搜索与救援队行动现场任务的协调。
- 促进关于受灾国文化和安全信息简报的发布。
- 在城市搜索与救援队的支持下，协调对进一步救援需求的评估。

在现场行动协调中心的行动职能领域中，城市搜索与救援协调单元是一个专门的协调单元。在灾害发生后的救援阶段，其目的是协助和加强国际城市搜索与救援队的协调工作。考虑到国际搜索与救援咨询团成员在城市搜索与救援领域的专业性，国际城市搜索与救援队将与联合国灾害评估与协调队一起，为城市搜索与救援协调单元配备工作人员。

城市搜索与救援协调单元负责支持地方应急管理机构，在最初的拯救生命阶段，为队伍规划和分配任务。此项服务需要专业技术人员，城市搜索与救援协调单元的部分行动，应专门用于提供此项服务。在城市搜索与救援队行动中，如有需要，每支国际救援队应为城市搜索与救援协调单元联络工作派遣一名队员，以便在城市搜索与救援协调单元内工作。在灾害评估与协调队部署到受灾国之前，如果城市搜索与救援队先抵达，他们将建立并运行城市搜索与救援协调单元及接待和撤离中心。对于所有已分级的城市搜索与救援队而言，这是一项标准化的国际救援行动要求，确保其作为国际搜索与救援咨询团系统的一部分。同意并愿意向城市搜索与救援协调单元提供人员和装备，可能是救援队的一项重大任务，随着更多国际救援队的到来，应要求这些队伍支持城市搜索与救援协调单元的人员和装备需求，这一点至关重要。

城市搜索与救援协调单元应采取以下行动，协调与地方应急管理机构相关的活动：

- 确定城市搜索与救援协调单元在协调国际救援人员和救援工作方面的作用。
- 在地方应急管理机构和城市搜索与救援协调单元之间，建立信息交换流程。
- 为接待和撤离中心及城市搜索与救援协调单元确定合适的位置，确保已抵达的救援资源醒目，例如设置旗帜、方向标志等。
- 尽快建立通信渠道，方便联系接待和撤离中心及虚拟现场行动协调中心。
- 执行以下具体任务：
    —— 收集当前灾情信息，相应地更新灾情报告。
    —— 在城市搜索与救援队情况说明书中，记录已抵达救援资源的信息。
    —— 确定建立行动基地的合适位置。
    —— 获取受灾区域的地图。
    —— 建立转诊程序，将病人移交给后续医疗护理机构。
    —— 确定起重机、装载机、叉车和卡车、燃油、木料、压缩空气等资源的位置，以及翻译和向导的联络方式，并建立这些资源的使用程序。
    —— 安排人员和装备往返现场的交通运输。
    —— 确立协调架构和会议细节。
    —— 制定安全和安保的计划。
- 根据上述信息，协助地方应急管理机构分配城市搜索与救援队和其他资源。城市搜索与救援队在特殊环境中开展救援，任务安排完全基于受灾群体存活可能性的分类量表。然而，可能由于其他原因，地方应急管理机构并没有按照这一原则分配任务优先级。城市搜索与救援队必须按照地方应急管理机构的指示工作，但建议采用国际搜索与救援咨询团的方法。

- 与地方应急管理机构协商，评估现场是否有足够的国际救援队，如果已经足够，那么受灾国政府可以告知尚未部署的国际城市搜索与救援队停止部署。
- 为抵达的救援资源进行登记，并做情况简报。
- 收集和记录城市搜索与救援协调单元规划的信息，完成以下任务：
  —— 根据现有城市搜索与救援队资源，分析受灾国的优先需求。
  —— 获取和分析城市搜索与救援队和其他救援人员提供的信息。
  —— 确定救援行动中的能力短板，并提出适当的调整建议。
  —— 考虑有关其他资源和重新分配资源的长期计划。
- 在灾害事件地图上显示灾情信息。
- 设立信息展示区，包括灾害事件地图、灾情报告、会议议程、天气预报等。
- 准备并召开城市搜索与救援队每日行动例会，以讨论具体任务、进度和能力短板。
- 城市搜索与救援队应尽可能多地分享有关搜索和救援行动的信息，将其告知现场行动协调中心，以制定更新的情况报告。
- 根据城市搜索与救援协调单元规划会议结果和收到的其他信息，审查并更新行动计划（PoA），包括以下内容：
  —— 完成所分配任务的行动周期时长。
  —— 简报发布时间表。

联合国灾害评估与协调队，负责推动城市搜索与救援队规划流程（整合信息、准备地图、提供与地方应急管理机构的联络方式等），但具体行动细节则留给了城市搜索与救援队决定。紧急情况下时间宝贵，不宜举行冗长的协调会议，应避免为取得共识而进行漫长的讨论。相比于救灾工作的其他阶段，联合国灾害评估与协调队在紧急情况下需要表现出更坚决果断的领导力和权威。在这种情况下的行动中，国际救援队期待清晰准确的指示和任务。

灾害事件发生后，国际城市搜索与救援队的协调结构，可能涉及许多不同的利益相关方，并且在每次灾难中可能会存在较大差异。然而，核心结构、关键参与方以及各方互动方式应该是相同的，如图 N-1 所示。

城市搜索与救援协调单元涵盖了四项协调职能，与其主要职责保持一致，相关事项应向管理者报告。城市搜索与救援协调单元结构如图 N-2 所示。

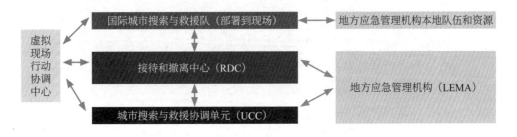

图 N-1　城市搜索与救援队协调结构

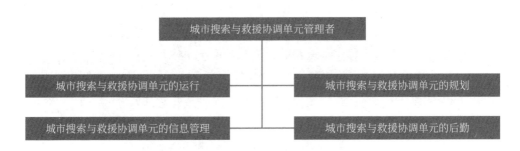

图 N-2　城市搜索与救援协调单元结构

这些都涉及职能领域，而不一定针对个人职责。根据灾后具体时间段的需求或可用的人员配置，城市搜索与救援协调单元结构可以进行调整。

地理分区

如果某次灾害需要启动国际城市搜索与救援队响应，那么它必然是一个大规模事件。灾害的破坏规模可能只涉及一个城市，也可能影响一个广阔的地区，涉及许多城市，甚至不止一个国家。因此，几乎总是需要对受灾地区进行地理分区，以确保有效协调搜索和救援工作。通过地理分区，可以更好地进行行动计划，更有效地部署抵达的国际城市搜索与救援队，更好地对灾后救援进行全面管理。城市搜索与救援协调单元的技术专家，将把受灾区域划分为多个地理区域，并向受灾区域派遣一个（但通常是多个）城市搜索与救援队。如果多支队伍在一个地理分区开展救援，那么按照国际搜索与救援咨询团标准进行分级的一个重型救援队将负责该地理分区内的协调，如图 N-3 所示。

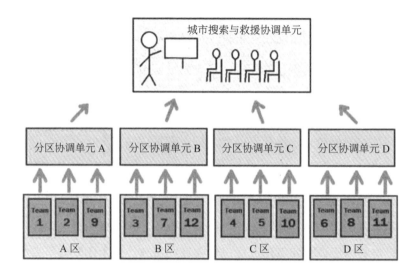

图 N-3　城市搜索与救援队分区协调结构

基于对国际搜索与救援咨询团方法和术语的共同理解和使用，经过分级的国际城市搜索与救援队的地理分区和灵活高效的分工得以实现。

N.2.2　城市搜索与救援评估

在地方应急管理机构和城市搜索与救援队的配合下，应由联合国灾害评估与协调队组织城市搜索与救援评估，并侧重于以下内容：

- 总体情况。
- 优先需求。
- 应急响应。
- 受灾区域范围。
- 倒塌建筑物类型。
- 危险物质（HAZMAT）。
- 次生灾害。
- 后勤安排。
- 当地现有可用的重型装备和材料（例如，推土机、挖掘机、支撑用木材）。

与城市搜索与救援协调单元的行动计划和人员配备一样，评估城市搜索与救援行动的总体情况、优先事项和需求时，各城市搜索与救援队也参与其中。

在其指定区域内开展行动的同时，还应鼓励城市搜索与救援队开展人道主义需求评估活动。现场行动协调中心的评估和分析单元，将为城市搜索与救援队提供电子版的调查问卷，这些问卷可以存入智能手机和平板电脑。然后，将问卷结果报告给评估和分析单元，执行进一步分析。有关评估和分析单元的更多信息，参见第 I.2.1 节。

N.2.3　城市搜索与救援队撤离

即使仍处在救援阶段，随着救援行动接近尾声，许多城市搜索与救援队队长和城市搜索与救援协调单元管理人员已经在考虑撤离，以及团队成员最终返回其祖国的安排。

无论何种类型的灾难，从救援阶段到恢复阶段的过渡都不会很快发生，也没有明显的界限，许多城市搜索与救援队也部署了其他能力，以加强持续进行的人道主义援助。这些能力可能体现在多个方面，包括后勤、基础设施、尸体处理、水上救援、电信、医疗援助等。

城市搜索与救援队的人道主义工作，通常被称为"废墟之外"的工作，在队伍离开之前，这些工作可能包括捐赠食品、避难所及其设施，或者根据受灾国政府的请求提供技术援助，例如，派遣结构工程师调查和评估受损建筑物的结构完整性。

地震发生后，城市搜索与救援队行动的拯救生命阶段通常持续 7 ~ 14 天。根据联合国灾害评估与协调队队长的建议，并经过与国际城市搜索与救援队密切协商，地方应急管理机构可以决定停止国际应急响应人员的生命拯救工作。根据协商结果，联合国灾害评估与协调队队长可以向地方应急管理机构建议结束这一阶段的适当时间，但最终决定取决于地方应急管理机构。

对地方应急管理机构来说，这是一个艰难的决定，因为它通常会对地方主管部门造成政治影响。在大多数情况下，受灾国的应急人员继续开展工作，对受损建筑进行分层清理，并与两个或三个国际救援团队协商，这些队伍在必要时愿意留下来提供专门的技术支持。

在城市搜索与救援队撤离阶段，联合国灾害评估与协调队及城市搜索与救援协调单元通过以下方式提供协助：

- 确定撤离时间表。城市搜索与救援队应向城市搜索与救援协调单元提供含有必要信息的标准表格，其中包括需求信息和撤离信息。该表格的具体内容，可查询联合国灾害评估与协调队的任务软件（UMS）和国际搜索与救援指南。
- 确定队伍的后勤需求。城市搜索与救援协调单元／现场行动协调中心，应与地方应急管理机构合作，为队伍从灾区前往出境点提供后勤安排。由于许多队伍将准备在同一时间离开，可能会对当地的交通系统造成严重压力。应仔细规划撤离时间表，以避免出现运力不足和交通堵塞。
- 确保将接待和撤离中心工作重点转换为撤离，并向即将撤离的国际城市搜索与救援队汇报情况。

某些城市搜索与救援队，可能也想将其装备捐赠给后续的救援行动。对于这些捐赠给受灾国政府的物资，现场行动协调中心将负责协调物资的使用和分配。

撤离后，国际城市搜索与救援队将完成并提交任务完成报告；根据国际响应的规模，联合国人道主义事务协调办公室日内瓦总部可能会组织全球范围的行动总结（AAR），以提高城市搜索与救援队应对未来灾害的整体效率和效能。

N.3 紧急医疗

各国政府应在以下方面发挥主要作用并承担主要责任：建立健全国内卫生体系，将各种危害健康的突发卫生事件和灾害风险管理方案纳入国家或地方各级卫生计划，并在突发卫生事件、灾害和其他危机期间协调应急响应能力制度化。

加强紧急医疗队具体协调的工作，是一项相对较新的举措，这是由于在充分筛选和协调紧急医疗队方面现有国际和受灾国内机制存在缺陷。此外，国际搜索与救援咨询团与人道主义事务协调办公室，从过去 25 年中发展和商定的国际搜索与救援应急响应行动和协调中学到了很多经验，并进行了相应调整。

在此背景下，世界卫生组织（WHO）于 2013 年发布了《突发性灾害响应外国医疗队的分类和最低标准》（又称"蓝皮书"）。此后，为了涵盖受灾国内和国际层面的医疗队，决定将这类队伍称为紧急医疗队，而不是外国医疗队。蓝皮书提供了紧急医疗队这一通用术语，传达其专业能力和预期服务，并建立了相关的服务质量和服务基准。2015 年，世界卫生组织推出了可在国际任务中部署的紧急医疗队全球分级清单，目的是加强紧急情况发生后的应急响应能力、服务速度和协调工作。

蓝皮书可以通过以下网址查阅：https://extranet.who.int/emt/content/classification-and-minimum-standards-foreign-medical-teams-sudden-onset-disasters 。

N.3.1　紧急医疗队（EMT）

紧急医疗队是由卫生专业人员和辅助人员组成的队伍，旨在向受灾害、疫情和 / 或其他紧急情况影响的人群提供直接的临床护理服务，具有快速支援当地医疗体系的能力。这类队伍包括政府（民事和军事）和非政府队伍，可根据应急响应地域细分为国内队伍和国际队伍。

分类

根据医疗职能分类标准和提供服务的最低要求，蓝皮书将紧急医疗队分为不同类型，见表 N–1。通过这种分类，在紧急情况发生时，可以迅速将紧急医疗队能力与已确定的需求相匹配，从而支持受灾国家有效启动和协调（国内和国际）紧急医疗队。蓝皮书提供了主要服务类型的标准化描述，其中还包括每种类型每天必须接诊的门诊患者和 / 或住院患者的最少人数。

表 N–1　紧急医疗队类型

类型	描述	接诊能力
1 类，流动部署	流动门诊队伍，提供针对偏远小型社区的医疗服务	每天接诊超过 50 名门诊患者
1 类，固定部署	门诊设施（可能包括帐篷结构）	每天接诊超过 100 名门诊患者

表 N-1（续）

类型	描述	接诊能力
2 类	具有急诊外科手术条件的住院设施	每天接诊超过 100 名门诊患者和 20 名住院患者，每天可进行 7 次大手术或 15 次小手术
3 类	提供转诊级别护理、住院设施，可进行整形和专科手术护理以及高依赖性护理 / 重症监护	每天接诊超过 100 名门诊患者和 40 名住院患者，提供 4 ~ 6 张重症监护病床，每天可进行 15 次大手术或 30 次小手术
专科医疗队	可以加入国家医疗机构或紧急医疗队，另外提供专科护理服务	在应急响应中，如果紧急医疗队提供方（如康复科、儿科、外科等）提供各种直接的患者护理相关服务，那么这样的医疗队可将称为专科医疗队

紧急医疗队指导原则、核心标准和技术标准

紧急医疗队国际规范框架，区分了适用于各种类型紧急医疗队的指导原则和核心标准，以及与每种类型接诊人数和接诊能力相对应的技术标准。

为了实现各种重要的协调目的，应强调以下指导原则：

- 紧急医疗队承诺将自己融入国家卫生应急管理机构协调的应急响应中，并与相关机构合作，包括国家卫生系统，其他紧急医疗队、组群和国际人道主义应急响应体系。

还要遵循以下核心标准和技术标准：

- 同意在抵达时向相关国家主管部门或牵头国际机构登记，并与各方合作，包括国际、受灾国和地方各级的机构间应急协调机构，以及其他紧急医疗队和卫生系统。
- 根据国际紧急医疗队分类标准，承诺在抵达时报告自己可以提供的救援类型、救援能力和医疗服务。

> - 承诺在应急响应期间和撤离前定期向受灾国主管部门报告，使用受灾国的报告格式，如果没有现成的格式，则使用统一的国际报告格式。
> - 承诺成为全球医疗转诊系统的一部分，主动接诊和 / 或将患者转诊到其他急救中心、国家卫生系统或其他国家（如获批准）。
> - 紧急医疗队将遵守职业准则。其所有工作人员都必须已在其自己国家注册执业，并持有任务指派机构的专业资格认证。

以上并不是详尽的原则和标准清单。完整内容请参考"蓝皮书"。

N.3.2　紧急医疗队协调单元（EMTCC）

紧急医疗队的协调具有独特的复杂性。原因如下：应对大规模紧急情况，特别是突发灾害时，紧急医疗队的数量越来越多，再加上每个紧急医疗队的规模、经验、服务标准、医疗和后勤能力、专业和任务差异很大。

一个有效的协调机制，需要的不仅仅是简单的单一维度供需匹配，因为许多因素影响着医疗需求和资源之间的不平衡。受灾群体的具体需求会有很大差异，受到多种因素的影响，如人口构成、紧急情况的性质和阶段、地区位置、地形地貌以及紧急情况发生前的卫生状况和风险等。

此外，在需要国际紧急医疗队（I-EMT）的情况下，协调工作必须确保其与受灾国现有的国家卫生系统相结合，这些系统在结构、质量和能力方面可能有很大差异。国际紧急医疗队的部署，还需要与国际应急响应全面协调的机制和方法相联系，包括现有的和已启动的现场行动协调中心和卫生组群。

管理医疗队伍的这些特定需求，协商工作所涉及的多层复杂问题，都需要高水平的专业知识和经验。因此，有效的紧急医疗队协调受益于专门的协调单元，从而可以满足紧急医疗队的特定协调需求，应对各种挑战。

紧急医疗队协调单元的工作范围

紧急医疗队协调单元的核心目的，是全面协调进行应急响应的紧急医疗队（国内队伍和国际队伍），更好地满足因发病率增加或现有医疗能力受损而产生的额外医疗需求。

理想情况下，紧急医疗队协调单元应完全设立在卫生部（MoH）（或受灾国的类似主管部门）内部，由训练有素、经验丰富的卫生部人员启动和管理紧急医疗队，为其配置人员。在许多情况下，卫生部可能需要外部支持和专业知识，管理紧急医疗队协调单元，然而，即使在这些情况下，协调的主要责任仍然属于卫生部或受灾国主管部门。应利用外部支持，暂时填补紧急医疗队协调单元运行中的能力短板，同时努力提升这种协调能力，并将其移交给卫生部。

紧急医疗队协调单元提供的专业知识，涉及紧急医疗队救援响应的行动和技术层面，对于紧急医疗队指导原则和最低标准遵守情况的促进和现场核查，以及满足受灾国的其他要求，监督向受灾人群提供的护理质量。

成功的紧急医疗队协调的标准

成功的紧急医疗队协调，需要的不仅仅是一个有效的协调单元。另外还有其他 4 个关键要求：

- 受灾国卫生部（或类似国家机构）的认可和协作参与—协调的责任和权力（包括申请和接纳国际紧急医疗队）仍由受灾国主管部门承担。因此，任何协调机制都必须与受灾国救援系统相结合，并且必须得到受灾国主管部门的许可。作为备灾和加强受灾能力的一部分，还必须进行例行讨论并达成各项共识。
- 各紧急医疗队的认可和协作参与—针对紧急医疗队协调的目的和流程，需要与紧急医疗队进行公开对话（最好在紧急情况发生之前进行）。应强调紧急医疗队和受灾群体的共同利益，同时应确保紧急医疗队协调单元承诺最大限度地减少额外的行政负担，也不损害紧急医疗队的"救援行动自主权"。通过在全球紧急医疗队分类系统中预先登记，也可以实现协作参与。
- 预先部署和（或）可快速部署的人力资源、财务和信息技术支持。这些因素，可以促进训练有素且经验丰富的紧急医疗队协调员和其他团队成员的及时部署，支持其在受灾国内的活动。
- 与全球国际人道主义援助协调机构建立稳固的联系—这包括与现场行动协调中心建立必要的联系和信息交流，现场行动协调中心通常设在受灾地区附近，由联合国灾害评估与协调队和（或）其他应急响应队伍以及卫生组群（如果已启动）管理。图 N-4 显示了紧急医疗队协调单元在人道应急响应体系中的位置。

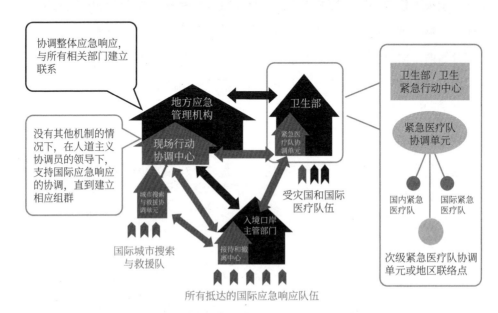

图 N-4　紧急医疗队协调单元的各种联系

N.3.3　紧急医疗队协调程序和联合国灾害评估与协调队的作用

以下是紧急医疗队协调过程中的关键程序，以及每个阶段通常会面临的挑战。针对联合国灾害评估与协调队在每个阶段的作用，这些程序中提出了相关建议。

启动紧急医疗队协调单元

在紧急情况开始时，甚至在预警阶段，建议受灾国主管部门对紧急医疗队协调单元的启动和人员配备采取不留遗憾的措施。在一些地区，例如美洲，在实际上不存在应急响应事件的情况下，紧急医疗队协调单元已提升为一个常设机构，负责管理国家紧急医疗队的登记，以及可能需要的认证。

启动紧急医疗队协调单元所需的关键信息：

- 应及时启动紧急医疗队协调单元，而不是太晚或根本不启动，这样才能不留遗憾。
- 重要的是，确保在初始阶段有足够的工作人员，如果情况允许，可以选择迅速缩小紧急医疗队协调单元的规模，或停止紧急医疗队协调中心的运作。
- 在此阶段，虚拟现场行动协调中心是一个重要信息来源，也是紧急医疗队进行登记的平台。如果受灾国主管部门接受或请求国际援助，则必须向国际队伍提供入境流程的信息，包括关于受灾国的背景信息，如国家医疗体系、健康基础状况和风险以及国家相关诊疗方案和指南。
- 通常，通过世界卫生组织成员国和区域办事处，世界卫生组织将向受灾国卫生部提供直接支持，在重大紧急情况下，也通过部署总部工作人员提供支持。世界卫生组织紧急医疗队秘书处，可以随时提供咨询意见。

联合国灾害评估与协调队的潜在作用：

- 与世界卫生组织成员国办事处联系，了解紧急医疗队协调单元的启动状态，或报告紧急医疗队协调机制的准备情况，与办事处保持联系。很多时候，这些信息也可以通过地方应急管理机构获得。
- 如果需要紧急医疗队协调，并且该队伍认为可能需要更多的支持，那么可以向世界卫生组织紧急医疗队秘书处提出，或通过人道主义事务协调办公室日内瓦总部的灾害评估与协调队任务联络点提出。
- 在联合国灾害评估与协调队中，确定紧急医疗队协调单元受过培训的队员，尽可能支持紧急医疗队协调单元的启动和运行。

在接待和撤离中心登记（记录）国际紧急医疗队及其任务

国际紧急医疗队的登记是应急响应中的一个特定流程。登记是一种机制，紧急医疗队以此表明其为特定应急响应提供援助（包括类型和能力）的意图，并获得受灾国卫生部的认可。对于医疗队而言，"登记"包括一层法律含义，即允许医疗队提供保健服务，并向医务人员颁发在受灾国执业的临时许可证。登记流程的对象是每个紧急医疗队，而不是派遣紧急医疗队的每个组织。因此，术语"登记"（记录）主要用于紧急医疗队，这一流程在接待和撤离中心完成。

紧急医疗队的登记是必要的，借此对入境的国际紧急医疗队（根据能力和已确定的需求）进行"筛选"分类，了解和准备所需的后勤资源，根据紧急医疗队类型和服务进行匹配和分配任务，确保对卫生救援行动的有效监督。

如果预计将部署数量众多的国际紧急医疗队，则可能需要建立并运行接待和撤离中心，作为紧急医疗队的第一联络点和初期协调站。为了避免不必要的混乱，接待和撤离中心的运行并非只针对紧急医疗队，而应将相应职能视为紧急医疗队的"接待台"，作为整个接待和撤离中心的一部分。如果受灾国已将接待和撤离中心机制纳入其国家应急响应计划（也称为"一站式服务"），那么受灾国卫生部 / 紧急医疗队协调单元将指定一名联络人，作为接待和撤离中心的成员之一。

对于紧急医疗队与其他入境救援团队的运行而言，接待和撤离中心提供的主要职能相同，而紧急医疗队特殊性在于，其直接主管部门是卫生部，因此需要与卫生部 / 紧急医疗队协调单元建立密切联系。接待和撤离中心主要任务包括：

- · 协助入境点主管部门，管理抵达的国际救援医疗资源。
- · 记录紧急医疗队的抵达情况，并与卫生部 / 紧急医疗队协调单元联络，向现场行动协调中心通报情况。
- · 向抵达的紧急医疗队简要介绍情况（灾情、后勤支持、机场 / 港口程序、安全和其他关键信息）。
- · 指引紧急医疗队协调单元的位置，所有紧急医疗队必须前往登记，提供相关文件并获得在受灾国内工作的授权。

登记过程中的关键信息：

- · 受灾国卫生部或相关国家机构，是唯一有权接受或拒绝紧急医疗队登记的机构。
- · 登记流程中，所需收集的信息至少包括紧急医疗队的联系方式、类型、医疗服务和后勤能力以及预期停留时间等信息。在许多情况下，卫生部 / 紧急医疗队协调单元会要求紧急医疗队出示相关文件，附在登记表后。

这些文件包括每个队员的护照复印件和其他文件，例如临床工作人员的执业许可证（医疗、护理或其他相关许可证）、受灾国主管部门的介绍信 / 邀请函等。

· 紧急医疗队一旦获得在受灾国内工作的授权，且医务人员获得临时执业许可证，那么登记程序即告完成。

· 由于上述原因，除非受灾国主管部门正在采用"一站式服务"方式，否则抵达的紧急医疗队应在接待和撤离中心进行"登记"。

· 在紧急医疗队协调手册草案（世界卫生组织）中，提供了建议使用的标准化登记表格，如果受灾国卫生部同意使用这种表格，通常会在虚拟现场行动协调中心上公布（手册的附件中提供了样本模板，可通过联系 emteams@who.int 从紧急医疗队秘书处获取）。

联合国灾害评估与协调队的潜在作用：

· 通过不同的沟通渠道，包括虚拟现场行动协调中心、总体协调会议、情况报告等，进行登记要求和流程的宣传和清晰沟通。

· 在接待和撤离中心，支持紧急医疗队各项职能，促进紧急医疗队标准化登记表的使用，该登记表可在虚拟现场行动协调中心或联合国灾害评估与协调队任务软件中获取。如有需要，要求 / 鼓励部署的国际紧急医疗队也为接待和撤离中心提供其他人员支持，特别是按照世界卫生组织标准分类的紧急医疗队。

· 在虚拟现场行动协调中心，确保关于紧急医疗队的可用信息（列于救援队和紧急医疗队协调的特定板块）得到监控，并根据接待和撤离中心的相关信息进行更新。

· 如果接待和撤离中心没有特定的紧急医疗队专家，则与受灾国卫生部 / 紧急医疗队协调单元建立联系，通知他们紧急医疗队的抵达情况。在接待和撤离中心，建议受灾国卫生部安排一名联络人，帮助接待和撤离中心管理紧急医疗队。

· 在接待和撤离中心布告栏上，协助展示与紧急医疗队相关的信息。

紧急医疗队运行和任务分配

信息管理是紧急医疗队协调的一项关键支援职能。紧急医疗队协调单元需要关于所有响应紧急医疗队（及其类型）的最新信息，这些信息可以随时查询，以决定紧急医疗队的最佳部署方式。在现实中，还需要收集其他多个层面的情况（如紧急医疗队后勤能力、预计撤离日期和已部署紧急医疗队的位置），以及实用信息（如紧急医疗队联系方式），处理并将这些信息以易于访问的格式打包，以帮助紧急医疗队协调单元高效运行。

根据紧急医疗队的类型和能力，以及已确定的救援需求或能力短板，进行紧急医疗队的任务分配，将紧急医疗队派遣到特定行动地点，通过这一过程可以实现最佳资源利用，最大限度地帮助受灾群体。分配任务是紧急医疗队协调单元的核心行动职能，其主要指导原则是比较优势（或每个紧急医疗队可为应急工作带来的附加值）、互补性（或加强现有服务和填补空白）和可预测性（或预先设定潜在风险地区和 / 或医疗设施）。

紧急医疗队行动的关键信息：

- 在紧急医疗队协调单元层面，"紧急医疗队主列表"这一概念是一种关键工具，通常用作收集和共享与紧急医疗队相关的所有信息，绘制队伍和活动相关地图。
- 预期紧急医疗队将参与定期报告，在紧急情况发生后的初期每天进行一次，在灾情稳定后过渡到每周进行一次。紧急医疗队报告应使用标准化表格，这种表格基于紧急医疗队最小数据集（MDS），该表格通常由受灾国卫生部根据本国情况进行调整。相关表格应由紧急医疗队协调中心提供，并在虚拟现场行动协调中心上发布。
- 针对紧急医疗队报告和信息管理，其数据管理平台的选择将取决于可用的基础设施，如可靠的供电和 / 或互联网连接，以及紧急医疗队协调单元团队内现有的专业能力。信息管理的形式包括基本的纸质表格、Excel 数据库或电子系统。
- 任务分配流程应该采用定期（而不是连续）循环性方式，在一天中的设定时间进行紧急医疗队任务分配。紧急医疗队任务的频率（对应于任务周期的长度），将取决于紧急事件情况、入境紧急医疗队的数量、相关信息的可用性和质量等因素。

- 实际上，任务分配流程并非字面意义上的命令式任务分配，而是更具协商性和参与性的过程。最终的现场任务分配，应在相关方之间进行讨论，包括紧急医疗队协调单元领导层、卫生部其他利益相关方和相关紧急医疗队，并应考虑到紧急医疗队的关切和利益，如在国内特定地区已有的工作经验或合作伙伴关系，这可能有助于紧急医疗队在这些特定地区提供有效的援助。
- 要保持报告流程的简单和灵活，这一点很重要，例如，允许通过书面形式、电话、电子邮件和在线形式提交，平衡报告问题的广度和紧急医疗队的负担。解释紧急医疗队报告的目的和价值，将生成的报告反馈给紧急医疗队，通过这种标准做法推动报告工作。

联合国灾害评估与协调队的潜在作用：

- 传播所获得的信息（来自收集、处理和分析环节的数据），是信息管理周期中的一项最重要步骤。关键信息成果应广泛分享给所有利益相关方，包括紧急医疗队，以支持和报告紧急医疗行动。联合国灾害评估与协调队，可以帮助向全球人道主义机构和工作人员以及利益相关方分享这些成果。
- 通过紧急医疗队报告和协调流程，收集灾情和需求分析信息，确保将这些信息用于人道主义总体情况分析，确定优先事项。包括与以下内容相关的信息：
  ——医疗卫生系统所受到的影响。
  ——正常运转的卫生设施数量，以及受损 / 无法运转的卫生设施数量。
  ——已部署的国内和国际紧急医疗队的数量和类型。
  ——是否存在任何突发情况。
- 共享有关救援行动和后勤安排（车队运输、加油等）的信息，以及通过现场行动协调中心或紧急医疗队协调单元其他协调平台获得的信息成果（地图、最新情况、情况分析等）。
- 紧急医疗队协调单元和现场行动协调中心评估和分析单元之间，确保定期交换信息。

- 推动和支持紧急医疗队协调单元所发布关键信息的传播，例如关于更多国际紧急医疗队的需求，提供所需紧急医疗类型的明确信息，或要求停止部署。
- 在部署城市搜索与救援队的紧急情况下，确保紧急医疗队协调单元和城市搜索与救援协调单元之间的联系，特别是相关关键信息的共享：
  ——绘制现有和正在运行的卫生设施/中心的位置图，所部署的紧急医疗队的位置图，以及每处卫生设施/紧急医疗队的救援能力。这些是关键信息，可以帮助城市搜索与救援队适当转诊患者。
  ——灾难受害者身份识别（DVI）程序和尸体管理办法。
  ——城市搜索与救援队的主要任务地点，特别是如果确认现场有幸存者需要救援，并且幸存者情况复杂，需要立即进行医疗转诊。
  ——城市搜索与救援队响应阶段，包括是否已决定停止对幸存受害者进行主动搜索的阶段。
  ——现有土木工程师和后勤人员的信息，用于帮助修复受损卫生设施。
- 通过向地方应急管理机构或其他救援行动机构反馈问题或提出各种后勤或行动需求，支持协调进程。
- 支持军民协调进程。可能某些紧急医疗队隶属于军方。在应急响应过程中，除非受灾国政府另有决定，否则军方紧急医疗队的管理原则上应交给卫生部领导下的紧急医疗队协调单元，以便建立一个统一的紧急医疗队协调平台。
- 如果现场行动协调中心评估和分析单元制定了标准直接评估表，则应将其分享给紧急医疗队协调单元，帮助紧急医疗队开展救援。与医疗设施状况相关的评估结果，应定期与紧急医疗队协调单元共享。
- 联合国灾害评估与协调队应熟练运用具体工具，如虚拟现场行动协调中心，能够在管理或解释信息方面为应急管理和协调中心提供支持，特别是关于"救援队"和应急管理和协调中心的部分。
- 确定联合国灾害评估与协调队成员，或现场行动协调中心信息支持人员（OISS），最好经过紧急医疗队协调单元培训，能够在需要时为紧急医疗队协调单元的信息管理职能提供所需的支持。

违规队伍的管理

尽管加强了国家法规、标准行动程序（SOP），明确了紧急医疗队相关期望和责任以及最低标准，但一些紧急医疗队可能会不请自来和／或采用特立独行的方式工作。违规的情况包括：

- 未提前通知和／或未经受灾国主管部门批准（针对国际紧急医疗队），即自行抵达受灾国内。
- 未能完成紧急医疗队登记。
- 在没有任务安排或与指定地点不符的情况下，在现场开展行动。
- 未能满足紧急医疗队最低标准。
- 未遵守相关报告要求。
- 未能提供与患者治疗、转诊或转院相关的妥善工作移交和医疗文件。
- 在未通知紧急医疗队协调单元和／或未进行适当过渡或移交（针对国际紧急医疗队）的情况下撤离。

违规队伍管理的关键信息：

- 受灾国卫生部／紧急医疗队协调单元，是负责对违规队伍管理做出决策的唯一机构。
- 通常实施一系列策略和方法来改善合规情况。这些方法各不相同，可以采用更具合作性和支持性的方法，也可以采用更具对抗性和惩罚性的方法。

联合国灾害评估与协调队的潜在作用：

- 在这一领域，联合国灾害评估与协调队的作用自然非常有限。然而，一个关键作用是支持紧急医疗队协调流程的信息传播，引导所有紧急医疗队遵循相关协调流程。
- 针对有关紧急医疗队活动或所提供护理质量的信息，确保将其传递给紧急医疗队协调机构以进行验证。

> · 确定联合国灾害评估与协调队成员，从而为联络中心的运行提供所需的支持，配备工作人员回复所有紧急医疗队的信息查询，并在需要时传播重要信息。

紧急医疗队撤离

全力协调紧急医疗队撤离和工作移交，与灾情初期紧急医疗队的部署同样重要。这是为了减少因紧急医疗队撤离而造成的医疗服务能力缺口，确保医疗护理的连续性。

紧急医疗队撤离的关键信息：

> · 应尽早向所有紧急医疗队明确传达撤离标准行动程序和要求。
> · 紧急医疗队必须尽早通知紧急医疗队协调单元其预计的任务结束日期，如果该日期与最初登记时告知的日期不同，则至少提前一到两周通知紧急医疗队协调单元。

一般而言，除了确保信息得到适当传播并纳入总体情况更新外，联合国灾害评估与协调队或人道主义事务协调办公室的现场工作人员，预计不会在紧急医疗队撤离方面发挥任何具体作用。

有关紧急医疗队的更多信息，请访问紧急医疗队网站 https://extranet.who.int/EMT 。还可以参阅《国际紧急医疗队相关规定和管理（2017）》http://www.ifrc.org/pagefiles/115542/emt%20report%20hr.pdf 。

N.4 联合国人道主义军民协调

部署联合国灾害评估与协调队的紧急情况，也有外国军事力量部署到现场，因此预期将初步建立人道主义军民协调机制。这一点至关重要，可以高效地利用军事资源，满足受灾群体的人道主义需求。

什么是联合国人道主义军民协调（UN–CMCoord）？

在人道主义紧急情况下，联合国人道主义军民协调是平民和军事救援人员之间的必要对话和互动，这是必不可少的，可以保护和促进人道主义原则、协调合作、尽量减少不一致，并在适当情况下追求共同目标。基本策略既包括共存，也涉及合作。协调是军民双方的共同责任，并由联络和共同培训促进协调。

自然灾害和复杂紧急情况中，关键协调要素是信息共享、任务分配和行动规划。随着下述军民协调五项主要任务背景和重点的演进，这些关键要素的范围和运作方式也将改变：

- 建立并维持与军事力量的对话。
- 确定相关机制，确保与军事力量和其他武装团体交流信息，采取人道主义行动。
- 协助人道主义军事互动关键领域的谈判。
- 支持制定和传播基于具体情况的指南，促进人道主义机构与军方的互动。
- 关注军事力量的活动，确保其对人道主义救援行动产生积极影响。

人道主义救援人员所处的环境，将决定与国内和国际军事力量进行协调的基本策略。一方面与军方救援人员的互动，可以显著增强人道主义行动的力量。另一方面，这种互动有可能模糊军民界限，因为军事力量和人道主义机构可能有迥然不同的任务和使命。军民协调涵盖了救援行动的所有领域，可能是全面合作，也可能仅在同一环境下共存。军民协调救援行动的所有领域如图 N–5 所示。

图 N–5　军民协调救援行动的所有领域

与军事力量建立的关系类型，因灾情和军事任务的性质而异。军民双方驻扎在同一地点可能是合适的，或者从人道主义立场出发，军民双方直接接触可能是不合适的。例如，在一个政局稳定的环境中，如果受灾国有一个稳定的政权，而且没有或很少有安全威胁，那么军民双方驻扎在同一地点可能是合适的，但如果受灾国存在不稳定的冲突局势，那么军民双方驻扎在同一地点可能不合适。图 N-6 显示了可能的军民联络安排。

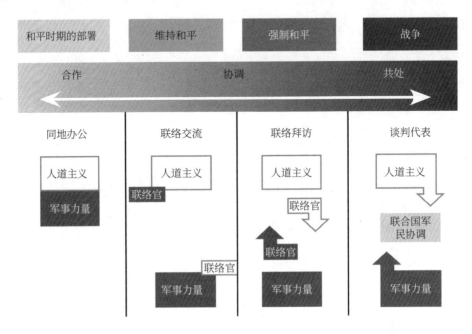

图 N-6　可能的军民联络安排

在确定联络安排之前，需要思考以下问题：

- 人道主义机构和军事力量联络官何时部署在同一设施内？
- 人道主义团体和军方之间的联络安排，应该保持秘密状态还是公开状态？
- 如果公众知晓这种联络安排，那么会对人道主义活动的中立性和公正性形象产生什么影响？
- 如何既能确保军民联络安排的透明度，又能保持对军事力量和人道主义救援人员的明确区分？
- 如何防止对军民联络安排的性质和目的产生错误的看法和结论？
- 哪些情况需要正式的联络安排？什么时候可以根据需要进行临时联络？
- 军民联络机制的适当规模和结构是什么？

联合国人道主义军民协调和外国军事资源（FMA）的使用

许多联合国成员国的军事力量，是其主权领土上灾难的第一应急响应人。通过部署外国军事资源，联合国成员国还可向受灾国家提供基于双边协议的援助。

利用外国和（或）受灾国内的军事力量支持人道主义行动，是增强现有救援机制的一种选择。在规定的时间内，军事力量为特定需求提供支持，弥补已确定和承认的人道主义能力短板。军事力量救援应该具有以下特点，如图 N-7 所示。

- 在救援能力和及时性方面发挥独特的优势。
- 满足某项非常具体的需求。
- 弥补民事救援力量的不足。
- 在有限的时间内开展行动。
- 不会给受灾国、人道主义预算或联合国带来任何费用负担。外国军事资源援助可能包括：
  - ——来自全球各地的战略力量空运，包括食品、临时安置设施、医疗卫生设施、净水设备和外国军事特遣队。
  - ——在行动区内空运救援物资。
  - ——从受灾最严重的地区疏散灾民。
  - ——协助清理废墟、疏通道路、恢复电力、救助洪灾地区、整修学校和评估桥梁结构安全性等工程类任务。
  - ——净化水源以提供大量饮用水。
  - ——对生活区受灾最严重的地点进行消杀，遏制流行病暴发等次生灾害。
  - ——建立流动医疗队，救治伤员。
  - ——建立野战医院，提供先进的医疗卫生服务。
  - ——开展后勤工作，支持运送人道主义物资。
  - ——根据需要确定可能需要援助的地点。

利用外国军事资源支持人道主义行动可能会产生严重后果，并可能影响人道主义救援工作的中立性、公正性和行动独立性。因此，必须根据援助任务的相应类别来使用外国军事资源，弥补人道主义救援能力的缺口，如图 N-8 所示。

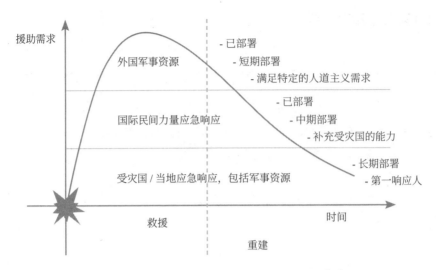

图 N-7　在人道主义行动中使用外国军事资源

面对面分发货物和提供服务，例如发放救济品

直接援助

任务的显著性降低

救灾人员至少与受灾群体保持一定的距离，例如在运输救济品时

间接援助

推动救济工作的常规服务，但不一定是显眼的服务，可能只是为了受灾群体的利益，例如修复基础设施

基础设施支援

图 N-8　人道主义援助任务类别

受灾国的应急预案，应考虑本国和外国军事力量支持的可能性，以实现更全面的救灾行动。如果受灾国政府请求和/或接受国际援助，包括外国军事资源，那么就可以预期受灾国政府和援助国政府将会部署外国军事资源。

在部署军事力量之前，相关国家政府可与联合国紧急援助协调员（ERC）协商，确保安排适当任务并部署可胜任的力量。在受灾国内，应寻求驻地协调员/人道主义协调员和人道主义事务协调办公室对外国军事资源进行指导，并应指定受过培训的联络官，从而与当地的联合国军民协调官员互动。

人道主义组织和工作人员需要理解，为了满足关键的人道主义需求，特别是在和平时期的自然灾害救援中，使用军事资源是可以接受的。此外，联合国军民协调机制有助于确保高效利用现有外国军事资源，从而支持人道主义优先事项，并且需要一个共同平台，实现人道主义机构和军事力量之间的信息共享。

N.4.1　联合国灾害评估与协调队和联合国军民协调

某些救援行动环境与受灾国、外国或联合国任务军事力量之间已经建立关系、接触和（或）协作，如果联合国灾害评估与协调队部署到这样的环境，则应遵守现有的关于这种关系的人道主义行动指南。如果人道主义事务协调办公室在受灾国设立了办事处，就会专门安排一名联合国军民协调工作人员或协调人，最好在部署之前与其进行接触。在联合国灾害评估与协调队内部，这种接触最好由联合国军民协调联络点发起。军事力量可能参与也可能不参与救援行动，但无论如何，都可能对救援行动产生重大影响。

如果救灾工作中有军方参与或影响，但人道主义事务协调办公室没有预先在受灾国派驻工作人员，则应在联合国灾害评估与协调队中设立一名联合国人道主义军民协调专员。然而，联合国灾害评估与协调队的所有成员，都应了解与现场军事力量进行适当有效互动的方法，促进人道主义机构和军事救援人员之间的必要对话，并建立军民协调机制，通过促进信息共享、任务分工和行动规划来加强救灾应急响应。应利用和 / 或协调外国军事资源，创造适当的互动，实现最佳的资源利用，满足受灾群体的需求。

促进与军事力量协调的机制，可根据行动环境而采取不同的形式。可以建立一个实体机构，或者将这项职能作为现场行动协调中心的一个组成部分，或者采用其他方式。通过这项职能，支持更全面的人道主义协调机制，加强行动协调。联合国军民协调员建立了各种平台，更好地在军民救援机构之间进行互动。

在和平时期的环境中，联合国灾害评估与协调队可以决定利用人道主义军民协调概念来提供关键服务，例如：

- ·信息共享、任务分工、协作行动规划。
- ·建立灾情基本认知。
- ·妥善利用国内外军事资源。
- ·支持人道主义救援人员确定的人道主义优先事项。

— ·建立援助申请（军民协调）（RFA）机制。

— ·记录和报告救援行动。

在实际行动中，人道主义军民协调在各方面都可以说是现场行动协调中心的一个协调单元，但在不同情况和背景下可能有不同的名称。在维持和平、强制达成和平和战斗环境中，军民救援机构可以利用以下平台：联合国军民协调单元、联合国军民协调工作组、军民协调咨询小组或联合国军民协调论坛。这些平台都提供关键服务，例如：

— ·分享灾情基本认知信息，包括人道主义活动以及安全、安保、实施救援的可行性、后勤和通信的情况。

— ·建立人道主义信息发布系统，消除冲突。

— ·有条不紊地使用军事资源，包括来自联合国维和行动的军事资源，以支持人道主义救援行动。

— ·举办培训活动、讲习班、简报会和其他人道主义宣传活动。

— ·促进其他重要方面的协调，如平民保护。

— ·记录和报告救援行动。

无论在何种情况下，为了在紧急情况下协调军事后勤资产的使用，与后勤组群的密切合作都至关重要。参见第 P 章。

N.4.2　联合国军民协调评估

人道主义军民协调工作，开始于对行动环境的评估和界定。如果人道主义事务协调办公室在受灾国部署了工作人员，则应提供评估结果。如果没有现成的联合国军民协调评估，则评估活动从部署前开始，在国际层面联系各相关方，分析二手数据。

评估流程的每一步都同样重要。虽然可能面对常见的行动情况和行动环境，但必须分析其他因素，以确定最适当的联络策略。评估流程的 5 个步骤包括以下内容：

- ·行动环境。
- ·救援人员，包括其使命和任务。
- ·各方的关系、方法和观点。
- ·现有的协调机制。
- ·支持人道主义行动的现有军事资源。

以下事项和问题清单可用于汇编以下内容：主要和辅助救援人员、现有军民协调机制（如有）以及国际人道主义救援人员与受灾国和国际军事救援人员之间可能的互动和协作模式。

灾害应急响应行动中的救援人员及其作用

潜在的受灾国内军事和准军事救援人员包括：

- ·国家武装部队。
- ·国家级、区域级和本地警察力量。
- ·边境和海关部队等准军事组织。
- ·其他本土军事或准军事力量。

潜在的国际军事救援人员：

- ·驻扎在受灾国或受灾地区的国际部队。
- ·部署在受灾国或受灾地区的联合国维持和平部队。
- ·部署在受灾国的军事武官。
- ·区域军事联盟成员。
- ·部署在受灾国的双边军事援助协定人员／双边部署的军事力量。

了解这些人员在救灾行动中的作用，并进行快速分析，确定这些救援人员是否愿意／应该与国际人道主义救援人员互动。

互动和协作

通过回答以下问题，可以确定民事和军事救援机构之间的关键互动和协作（包括每个机构属于国内还是国际军事力量），揭示重要的协调工作架构，协助确定可能影响人道主义军民协调的各种潜在问题。

国内军事力量和国际军事力量的互动和协作：

- 国际军事力量的状况如何？
- 国际军事力量是否与国内军事力量部署在同一地点？
- 这些军事力量是否共用设施或基地？
- 国际军事力量是否有行动自由？
- 这些协作关系是区域联盟体系的一部分吗？
- 军事力量是否有逮捕权或拘留权？
- 军事力量是否参与作战行动？
- 国际军事力量向谁报告？

国内民事救援力量和国家军事力量接口的互动和协作：

- 军事力量是否作为一个交战方参与国内或国际冲突或反叛乱行动？
- 在灾害响应、救援和灾后重建中，军事力量是否具有法律或宪法赋予的职能？
- 地区军事指挥官与省长 / 地方行政长官之间的关系如何？
- 谁组建国家 / 地方协调或行动中心？
- 军事力量是陆海空资产等关键资源的独家提供者吗？
- 军事力量和警察之间的关系如何？
- 军事力量和民防 / 平民保护机构之间的关系如何？
- 现役或退役军官是否领导关键的民事部门或机构？
- 受灾国内是否有直接军事控制或军事管制的地区？
- 军方是否负责空中或海上搜救行动？
- 军方是否管理任何医疗设施？
- 军方是否有受过专门训练的搜救队？
- 军事力量是否由某一特定族群主导？
- 救援团体是否反对或害怕军事力量 / 警察？
- 军事力量和各类民事服务提供者之间是否存在关系？

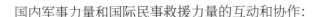

国内军事力量和国际民事救援力量的互动和协作：

- 国内军事力量和警察部队能否提供足够的安全保障？
- 这些部队是否负责任何被救助人员的安全？
- 军方是否控制国际救援组织所需的各类设施？
- 军方是否控制可能收容被救助人员区域的出入口？
- 军方如何控制禁区的出入口？
- 军方是否能够并愿意协助国际民事救援力量？
- 军方是否直接参与救援物资的分发？
- 联系军事指挥官以解决各种问题的流程是什么？
- 军方对妇女和女性国际救援工作人员的态度如何？
- 针对国内军事力量是否有合理的人权问题？
- 当地军事力量中是否有童兵？

国际军事力量和国内民事救援力量的互动和协作：

- 是否有一支国际军事力量常驻受灾国？
- 国际军事力量是否有权协助平民抗灾？
- 哪些国际军事力量对过去的灾害做出过应急响应？
- 国际军事力量是否与民众直接接触？
- 当地民众如何看待国际军事力量？
- 国际军事力量是否参与了赢得当地民众接受的运动？
- 国际军事力量是否参与直接援助项目？

国际军事力量和国际民事救援力量的互动和协作：

- 民间援助组织是否与任何军事力量有关联？
- 来自同一个国家的非政府组织（NGO）和军事力量之间的关系如何？
- 军事指挥官和工作人员以前是否曾与联合国或国际非政府组织合作？
- 军事力量是否有与民事救援人员互动的规定？
- 军事力量是否有明确的命令来支持或保护人道主义救援人员？

在考虑、回答这些问题并澄清相关假设之后，应该就可以确定人道主义军民协调的重点所在。

联合国人道主义军民协调的长期活动

在建立和发展联合国人道主义军民协调职能时，联合国灾害评估与协调队的部署人员必须认识到联合国军民协调工作人员的长期作用和责任，确保奠定坚实的基础，并将人道主义活动移交给后续工作人员。

各类较长期的联合国人道主义军民协调职能，将由人道主义事务协调办公室负责人进行指导，并与人道主义国家工作队协商，为驻地协调员／人道主义协调员提供支持。

N.4.3 军事习俗和礼仪

军事习俗和礼仪有其悠久的传统。通常是由于维持秩序这一需要而演化形成的，这是一种在军队同事之间培养出来的忠诚和荣誉感。这些习俗和礼仪不仅是基本的礼貌行为，还包括纪律、士气、团队精神和任务执行效率等复杂组成部分。作为与军事力量互动和协作的平民，了解一些基本的军事习俗和礼仪将会有所帮助：

- 在军事设施区域，无论你走到哪里，都会有人护送。
- 保持准时的习惯。在大部分情况下，军事会议将准时召开。请至少提前10分钟到达会议地点。留出足够的时间，进行安全检查。
- 如果一名高级军官进入会议室，其级别高于已经在场的所有其他军官，那么会议室人员需全体立正，直到其坐下，或者依对方指示而行："请保持就座"或"请坐下"。
- 在会议过程中，军官们会关注你。他们也期待你对他们的关注。会议正在进行期间，手机保持关机状态，不要试图接听电话或查看短信。会议中使用手机是一种无礼行为，往好里说是不感兴趣的表现，往坏里说是对别人的不尊重。
- 应该按照级别或头衔称呼所有军方工作人员。军人可能会介绍自己的姓名，但有他人在场的情况下，应该始终按军衔和姓氏来称呼他们。
- 如果有人将你介绍给高级军官，那么你应该称呼他们的军衔和姓氏，或只称呼军衔，或称呼其先生或女士，根据情况选择一种适当的方式。

· 高级官员通常最后进入会议室，并首先离开会议室。

· 同行的时候，高级军官一般会走在右边。

· 如果军方举行奏国歌仪式，礼貌的做法是静静地站立直到音乐结束。同样的原则也适用于受灾国的举持国旗行进和升降国旗仪式。

N.4.4　联合国军民协调参考

在紧急情况下，联合国灾害评估与协调队部署后，如果需要立即与军事力量互动，那么将在虚拟现场行动协调中心上提供联合国军民协调热线，以随时提供建议。

相关指南

下面是国际军民协调指南，有些是通用指南，有些只针对某些行动环境：

（1）人道主义事务协调办公室（2007 年）发布的《在救灾中使用外国军事和民防资源的准则 —— 奥斯陆准则》https://docs.google.com/file/d/0b7lqyninle81lwjeutfsm1rzofe/edit 。

（2）人道主义事务协调办公室（2014 年）发布的《复杂紧急情况下军民协调指南和参考》https:/drive.google.com/file/d/0B2Pp2VYEZjeXdTBiT3BVSVFGTnc/view/。

（3）《联合国军民协调手册》。

（4）《人道主义军民协调现场手册》（2017 年 11 月修订版）https://drive.google.com/file/d/ 0b3tw3nb3g845d1zmcmzkmevgzmm/view。

（5）《人道主义军民协调 —— 军方指南》https://docs.google.com/file/d/0B5N9hwXc04gnQUpN MHduZnE2RWs/edit。

（6）开源参考资料、培训和学习材料 www.dialoguing.org 。

O 区域性方法

O.1 非洲

人道主义事务协调办公室支持非洲的多项灾害管理倡议，并在任务执行期间，鼓励联合国灾害评估与协调队和区域应急响应机制密切合作。

O.1.1 区域应急响应机制

西非国家经济共同体（ECOWAS）由位于西非地区的 15 个成员国组成。西非国家经济共同体建立了一个应急响应团队（EERT）名册，约有 110 名来自西非国家经济共同体成员国不同背景的人员。通过西非国家经济共同体委员会社会和人道主义事务局，对应急响应队名册进行协调。

然而，这一机制尚未充分运行，也缺乏在短时间内部署工作人员的资金能力。应急响应队名册中描述了职权范围，提供了应急响应手册草稿。自 2006 年以来，人道主义事务协调办公室与西非国家经济共同体签署了一项全面的谅解备忘录，正在支持应急响应队的运行以及对联合国灾害评估与协调队的辅助。

西非卫生组织（WAHO）正在建立一个突发公共卫生事件救援名册，通过区域卫生组织、全球疫情警报和反应网络（GOARN），人道主义事务协调办公室正在密切关注这方面的情况。

中部非洲国家经济共同体（ECCAS）也在努力建立区域救援名册机制。数据库已准备完毕，但仍处于草稿阶段。2012 年，人道主义事务协调办公室和中非经共体签署了一份谅解备忘录。2016 年，人道主义事务协调办公室支持对来自中非经共体国家的潜在救援名册成员进行培训，重点是灾害评估和协调方法。

O.1.2 区域性安排

西非国家经济共同体的一些国家，制定了国家灾害管理结构和武装部队之间的标准行动程序，以迅速调动军事资源（工程、海军、空军）。

这些国家包括加纳、贝宁和尼日利亚。人道主义事务协调办公室正在与西非国家经济共同体合作，成立一个军民救灾协调工作组，目的是为西非国家经济共同体区域制定救灾指南（融入非洲联盟的救灾指南）。

O.2 美洲

在美洲，针对灾害管理和人道主义协调，联合国人道主义事务协调办公室与区域组织和个别成员国进行了密切合作。这些合作关系，由设在巴拿马的联合国人道主义事务协调办公室拉丁美洲和加勒比地区办事处（ROLAC）管理，这一区域紧急情况期间出现任何问题，应与该办事处协商。

O.2.1 区域应急响应机制

拉丁美洲和加勒比地区风险应急和灾害网络（REDLAC）

该机构成立于 2003 年，总部设在巴拿马，是拉丁美洲和加勒比地区信息交流、反思讨论和人道主义行动最重要的平台。该机构具有协调人道主义救援人员、政府和弱势群体的作用，是类似于联合国机构间常设委员会（IASC）的区域性机构。这一机构促进从区域到国家一级的跨机构和跨部门的救灾准备和应对措施，并推动联合国机构间常设委员会的指导工作。

拉丁美洲和加勒比地区风险应急和灾害网络的成员，是在巴拿马和该区域的各级人道主义组织。其中包括联合国机构、国际组织、非政府组织和国际红十字 / 红新月运动。特别机构，如私营部门、捐助方、区域或细分区域组织，可在需要时参加救援。

灾害发生后，拉丁美洲和加勒比地区风险应急和灾害网络向现场的应急响应队伍提供支持，并确保机构间的协作。通过信息共享，机构的各成员确定国家层面的主要挑战（协调、应急响应的能力短板等），制定应对这些挑战的宣传策略。紧急情况下，该机构还分享区域后勤支援信息，特别是关于从巴拿马到受灾国的货运和包机信息。

区域层面的职能领域牵头机构促进国家层面的应急响应，主要支持从巴拿马调配技术、物质和资金等资源，因为大多数组织在巴拿马设立了区域办事处并建立了后勤能力。使用受灾国所需的语言，区域牵头机构促进政策的制定、机构的组建、工具的使用和相关支持。

加勒比灾害应急管理机构（CDEMA）

该机构是加勒比共同体（CARICOM）的一个区域性政府间灾害管理机构，

加勒比共同体有 18 个成员国。

该机构于 1991 年成立，原名为加勒比灾害紧急应急响应机构（CDERA），主要负责协调需要此类援助的成员国的应急响应和救援工作。2009 年，该机构重新命名为加勒比灾害应急管理机构，侧重于综合灾害管理方法，这是一种综合和积极的灾害管理方法，旨在减少与自然和技术灾害有关的风险和损失以及气候变化的影响，促进区域可持续发展。

加勒比灾害应急管理机构采用区域应急响应机制（RRM），向其成员国提供以下支援机制：

- 快速需求评估队伍（RNAT）—旨在通过快速评估灾害损失和影响以支持受灾国政府。部署后 72 小时内，可以完成初步的快速需求评估，对人道主义应急响应的早期阶段进行分析。快速需求评估队伍由 6 ~ 8 名成员组成，他们是从各成员国的专家库中挑选出来的。
  该队伍由加勒比灾害应急管理机构领导，提供灾害损失评估和需求分析（DANA）报告。
- 加勒比共同体灾害损失评估协调（CDAC）—旨在提高受灾国灾害损失评估和需求分析（DANA）的能力。作用与联合国灾害评估与协调队相似。然而，加勒比共同体灾害损失评估协调方法，是专门为适应加勒比地区情况而设计的。
- 加勒比共同体行动支持队伍（COST）—旨在提供快速部署能力，直接支持国家紧急行动中心（NEOC）协调救灾工作。加勒比共同体行动支持队伍这一概念，主要依靠切实加强国家协调应急响应的能力。
- 加勒比共同体救灾队伍（CDRU）—该机构由来自加勒比灾害应急管理机构的 18 个成员国的军事、消防和警察队伍组成。这些队伍的部署，旨在提供人道主义援助，直接支持加勒比灾害应急管理机构成员国的民事救援主管部门。区域安全系统中央总部（RSS HQ）与加勒比灾害应急管理机构协商，代表加勒比灾害应急管理机构启动、动员和部署加勒比共同体救灾队伍。其任务是代表加勒比灾害应急管理机构开展救灾和救援行动，支持遭受自然灾害或技术灾害的加勒比灾害应急管理机构所有成员国。其主要任务包括管理救援物资和应急通信，提供专业人员维修关键基础设施。加勒比共同体救灾队伍为国家主管部门工作，不主导任何救援行动，除非指定的国家主管部门的具体指示。

- 区域搜索和救援团队（RSART）—这些搜救队可以组织成 6 人一组的多支队伍，进行城市轻型的搜救行动，以支持受灾国的当地搜救队。加勒比共同体任何成员国都可以请求调动区域搜索和救援团队，用于支持灾害发生后的人道主义应急响应和救援行动。

加勒比灾害应急管理机构的其他重要协调机构 / 机制：

- 区域协调中心（RCC）—这是加勒比灾害应急管理机构应急响应系统内的中央联络点，负责协调和管理受灾成员国宣布的任何紧急情况或灾害事件。区域协调中心设在巴巴多斯的加勒比灾害应急管理机构协调单元内，负责在区域应急响应机制启动时协调救援行动的所有方面。
- 区域安全系统（RSS）—这是区域响应机制的一个组成部分。该系统为治安部队和加勒比灾害应急管理机构提供了重要的联系渠道。根据加勒比灾害应急管理机构协调单元或区域协调中心的要求，区域安全系统（如果已启动）负责启动加勒比共同体救灾队伍。
- 东加勒比伙伴捐助小组 / 灾害管理（ECPDG/DM）—旨在为捐助者和灾后重建伙伴之间的信息共享提供一个论坛，就方案制定和协调工作做出战略决策。在发生重大自然或技术灾害后，这一机构还促进向东加勒比各国提供的外部紧急援助协调。

O.2.2 联合国（人道主义事务协调办公室 / 灾害评估与协调队）与加勒比灾害应急管理机构之间的标准行动程序

人道主义事务协调办公室和加勒比灾害应急管理机构，一直在努力加强区域和国际协调机制、工具和服务之间的有效协作。在紧急情况下，通过部署联合国灾害评估与协调队，可以支持加勒比灾害应急管理机构，并在需要时提供快速增援能力。加勒比灾害应急管理机构的一些成员国，同时也是联合国灾害评估与协调队的成员，人道主义事务协调办公室每年都会优先安排这些国家参加全球联合国灾害评估与协调队基础培训课程。

近年来，人道主义事务协调办公室拉丁美洲和加勒比地区办事处，一直与加勒比灾害应急管理机构密切合作，并在该区域联合部署了多次紧急救援任务。2017 年 11 月，双方签署了一份谅解备忘录，建立了双方联合行动的法律依据，确保以更加制度化的方式进行合作。人道主义事务协调办公室与加勒比灾害应急管理机构之间的标准行动程序正在制定中。

O.3 亚洲

在亚洲，针对所有与灾害管理和人道主义协调有关的事项，人道主义事务协调办公室与区域组织和具体成员国进行了密切合作。这些合作关系由设在泰国曼谷的人道主义事务协调办公室亚太地区办事处负责管理，针对该区域发生紧急情况下的各种问题，都可以向该办事处咨询。

由于亚洲和太平洋地区之间的灾害管理办法有很大差异，因此将分不同章节对这些区域进行介绍。关于太平洋地区的内容，参见第 O.5 节。

O.3.1 区域应急响应机制

东南亚国家联盟（ASEAN）灾害管理和应急响应协定（AADMER），是一个具有法律约束力的区域多重灾害政策框架，指导东盟 10 个成员国（即文莱、柬埔寨、印度尼西亚、老挝、马来西亚、缅甸、菲律宾、新加坡、泰国和越南）在灾害管理中进行合作、协调、技术援助和资源调动。

东盟灾害管理和应急响应协定的目标，是提供一个有效的机制，通过协调一致的国家救援行动、加强区域合作以及与国际合作伙伴更制度化的联络，共同应对紧急情况。通过区域待命安排和联合救灾和应急响应行动协调标准行动程序（SASOP），东盟灾害管理和应急响应协定确保东盟成员国能够调动和部署应急资源。

东盟灾害管理人道主义援助协调中心（AHA）成立于 2011 年 11 月，由东盟灾害管理和应急响应协定授权，负责促进东盟成员国之间的协调与合作，并负责救援行动协调。因此，该中心促进东盟成员国之间的合作与协调，以及与联合国相关机构和其他国际组织的合作与协调，以促进区域救援行动合作。

东盟灾害管理人道主义援助协调中心，是东盟灾害管理和应急响应的主要区域协调机构，东盟应急响应和评估队（ERAT）是东盟灾害管理和应急响应协定下的东盟官方资源。东盟应急响应和评估队由训练有素、可快速部署的应急管理专家组成，能够支持东盟成员国的国家灾害管理组织应对灾害。东盟应急响应和评估队的目的，是在紧急情况发生后的早期向国家灾害管理组织提供多个领域的协助，包括进行快速评估；通过损害评估和需求分析，估计灾害的规模、严重程度和影响；收集信息并报告受灾群体的迫切需要；与东盟灾害管理人道主义援助协调中心合作，帮助受灾地区调动、管理和部署区域灾害管理资源、能力和人道主义物资和援助。截至 2017 年底，大约有 200 名应急响应和评估队成员，涉及国家灾害管理组织的工作人员、相关部委工作人员、私营部门和民间社团组织。

东盟应急响应和评估队使用的指南，以联合国灾害评估与协调队指南为模型，说明了队伍的作用、责任和详细的任务阶段。与联合国灾害评估与协调队一样，应急响应和评估队队员必须能够迅速动员（8 小时内），并准备执行为期大约两周的部署任务。

根据受灾成员国的请求，或在其接受援助提议的情况下，部署应急响应和评估队。应急响应和评估队队员必须接受基础培训，之后成员可以在国家层面接受部署；而是否能够参与区域内的其他国家部署，则取决于成员是否另外接受过专门技能培训。

部署后，应急响应和评估队将建立东盟联合行动协调中心（JOCCA）。本质上，这一机构是所有东盟成员国应急响应机构汇聚和协作的场所。与联合国灾害评估与协调队和应急响应和评估队之间的关系类似，东盟联合行动协调中心以联合国现场行动协调中心（OSOCC）为参照模型。在协调区域和国际援助方面，这两个协调平台向国家灾害管理组织提供直接支持（图 O-1）。

O.3.2 联合国（人道主义事务协调办公室 / 灾害评估与协调队）与东盟灾害管理人道主义援助协调中心 / 应急响应和评估队之间的标准行动程序

人道主义事务协调办公室和东盟灾害管理人道主义援助协调中心密切合作，加强区域和国际协调机制、工具和服务之间的有效协作。联合国灾害评估与协调队和应急响应和评估队，定期联合参加模拟演练和培训，测试双方在协调、评估、信息共享和规划方面的协作能力。许多应急响应和评估队队员，也是联合国灾害

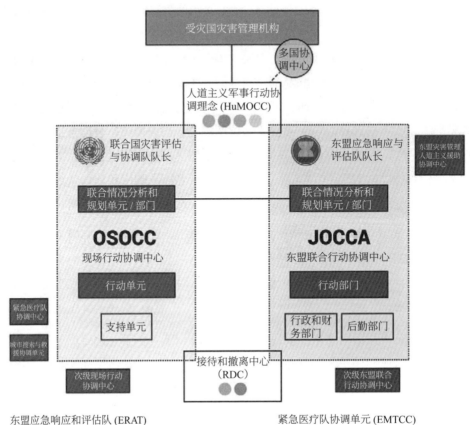

图 O-1　联合国灾害评估与协调队 / 应急响应和评估队的相互协作

评估与协调队的队员。参加联合国灾害评估与协调队的培训，是晋升为应急响应和评估队队长的先决条件，人道主义事务协调办公室每年在全球灾害评估与协调队基础培训课程中优先安排相应名额。人道主义事务协调办公室，定期支持东盟灾害管理人道主义援助协调中心开展应急响应和评估队培训和模拟演练。

O.3.3　区域性安排

在亚太地区，人道主义事务协调办公室建立了联合培训试点，选定敦豪速递灾害响应队（DRT）队员管理接待和撤离中心。因此，在需要时，可以部署经过适当培训的敦豪速递灾害响应队队员，支持接待和撤离中心。

亚太地区灾害响应国际工具和服务指南（http://Interactive.unocha.org/ Publication/ AsiaDisasterResponse/index.html）概述了亚洲及太平洋地区应急方面的所有区域性和国际性安排。通过这份指南的帮助，各国政府灾害管理人员以及其他应急响应人员可以获得相关基本知识，包括使用区域性和国际性救援架构、工具和服务的方法。这份指南并非强制性规定，目前正在更新，以反映区域救援能力的提高以及近年来新开发的工具和服务。

O.4 欧洲

在人道主义援助和协调方面，人道主义事务协调办公室与欧盟（EU）相关机构有着重要合作关系。尽管联合国灾害评估与协调队在欧洲的任务很少，但如果要向其他区域部署救援力量，那么总部设在比利时布鲁塞尔的欧洲民事保护和人道主义援助行动总局（ECHO）是一个主要的备灾和救灾合作伙伴。

O.4.1 区域应急响应机制

应急响应协调中心（ERCC）在欧洲民事保护和人道主义援助行动总局内运作，设立该中心的目的是利用欧盟民事保护机制（EUCP）成员国提供的资源，支持对欧盟境内外的灾害提供协调和快速的应急响应。作为信息管理的欧洲联络点，应急响应协调中心每周 7 天、每天 24 小时持续运作，提供援助并协调部署救援资源。应急响应协调中心是一个协调工作中枢，能够日以继夜地处理不同时区同时发生的多个紧急情况，促进欧洲在紧急情况下做出一致的应急响应，有助于减少不必要的重复工作，降低运作成本。

欧盟民事保护机制的主要目标，是在发生重大紧急情况时促进在民事保护援助措施方面的合作。除欧盟成员国外，前南斯拉夫的北马其顿、冰岛、黑山、挪威、塞尔维亚和土耳其也参加了欧盟民事保护机制。

作为欧盟应急响应机制的一部分，欧洲民事保护和人道主义援助行动总局建立了一项资源储备，称为"志愿库"。其中的资源处于待命状态，在需要时立即提供给欧盟在世界各地的平民保护任务。其中包括重型泵送装备模组、森林灭火模组、城市搜索与救援队模组、移动实验室等。

O.4.2 联合国（人道主义事务协调办公室 / 灾害评估与协调队）与欧洲民事保护和人道主义援助行动总局之间的标准行动程序

联合国灾害评估与协调队，与欧洲民事保护和人道主义援助行动总局之间，特别是与应急响应协调中心之间，存在着密切的合作关系。基于 2004 年人道主义事务协调办公室与欧洲委员会的互换函件，2015 年签署了一项行政协议——"加强欧洲委员会、欧洲民事保护和人道主义援助行动总局与人道主义事务协调办公室之间的行动合作与协调"。这份协议阐明了以下方面的关系：早期预警和快速警报、实时信息交流、行动协调和联络、联合准备活动、专家的联合部署。

一方面，文件中做出的重要澄清指出："在欧盟以外的应急响应行动中，欧盟的协调应与人道主义事务协调办公室提供的总体协调充分结合，并应尊重其领导地位"。另一方面，在欧盟内部，应急响应协调中心机制将领导对受灾欧盟成员国的国际应急响应。

在行政协议框架内，本着合作精神，双方都应确保持续开放的沟通渠道。其中一项协议内容规定，"定期交流关于行动问题的信息，不带任何偏见地开展独立分析，在发生重大灾害时取得对灾情的共识，促进非敏感信息的实时交流"。

在紧急情况下，联合国灾害评估与协调队可以请求应急响应协调中心提供支持。接到援助请求后，应急响应协调中心提供技术专家，他们作为随队成员加入联合国灾害评估与协调队。这些专家可以包括结构工程师、大坝工程师、环境专家、火山学家等。作为随队成员，根据其行政协议规定，欧盟民事保护机制成员加入联合国灾害评估与协调队。在应联合国灾害评估与协调队的要求进行部署时，欧盟民事保护机制成员完全属于联合国灾害评估与协调队的一部分，并向其队长报告。

欧盟民事保护队伍还参加人道主义行动，支持欧盟对受灾国政府的双边应急响应。在这种情况下，欧盟民事保护队伍将部署自己的支援力量（技术援助小组），类似于国际人道主义合作伙伴关系（IHP）、美洲支持队（AST）与其他灾害评估与协调伙伴向联合国灾害评估与协调队提供的支持。在这种情况下，联合国灾害评估与协调队和欧盟民事保护队伍很可能将在同样的环境中工作，两个团队的负责人都应努力建立联络机制，交流信息。按照行政协议的精神，两支队伍应密切合作。如果有具体情况需要澄清，那么联合国灾害评估与协调队应向人道主义事务协调办公室日内瓦总部寻求指导。

O.5 太平洋地区

太平洋地区的灾害管理合作关系，由人道主义事务协调办公室设在斐济的太平洋办事处管理。目前，人道主义事务协调办公室正在为太平洋地区制定一项灾害评估和协调策略，确保更多的太平洋岛国民众参与该地区的应急响应工作。

O.5.1 区域应急响应机制

太平洋人道主义工作队（PHT），是一个在太平洋地区开展工作的人道主义组织网络，拥有支持该区域备灾和救灾的专门知识和资源。太平洋人道主义工作队成员包括联合国机构、非政府组织、国际红十字/红新月运动和其他具有应对灾害必要能力的人道主义机构。

太平洋人道主义工作队得到了人道主义事务协调办公室太平洋办事处的支持，通过以下架构协调其工作：

- 机构负责人小组（或太平洋人道主义工作队负责人）。该小组由太平洋人道主义工作队主要机构负责人组成，包括联合国机构、红十字会与红新月会国际联合会（IFRC）和非政府组织代表，由联合国驻地协调员和人道主义事务协调办公室共同领导。还可邀请整个太平洋人道主义工作队中各组织的代表参加会议。机构负责人小组重点讨论策略问题，并与政府和其他主要利益相关方进行高级别接触。
- 区域组群间小组。该小组由 9 个组群支持小组的区域协调员和非政府组织代表组成，由人道主义事务协调办公室领导。区域组群间小组侧重于行动问题，为国家备灾和救灾系统提供支持。
- 组群支持队伍。太平洋人道主义工作队有 9 个组群支持队伍，在不同的职能领域工作，每支队伍都有一个指定的领导机构和一些成员或支持机构。区域组群支持队伍的主要职能，是支持现有的国家级组群或区域工作组。如果这些机构不存在，根据需要并在国家领导下，组群支持队伍仍然能够提供与其区域有关的协调和技术支持。

多个太平洋国家现已建立了自己的国家级组群或工作组，负责协调本区域的备灾和救灾工作。太平洋人道主义工作队完全承认并支持这些国家级救灾组织。

O.5.2 联合国（人道主义事务协调办公室／灾害评估与协调队）与太平洋人道主义工作队之间的标准行动程序

在应急响应的最初阶段应采取的行动见表 O-1。

表 O-1 在应急响应的最初阶段应采取的行动

行动	领导机构	时间表
• 联系相关国家政府： • 确定紧急情况下的优先职能领域或活动领域 • 提供部署方案 • 讨论实施初步情况简报的计划（空中侦查等） • 与联合国驻地联合办事处（JPO）联络	人道主义事务协调办公室和组群牵头机构	立即行动
向联合国驻地协调员简要介绍国家灾害管理组织、太平洋人道主义工作队合作伙伴、联合国驻地联合办事处等提供的信息	人道主义事务协调办公室	立即行动
通过电子邮件，向太平洋人道主义工作队机构负责人（HoO）发送最新可用信息	人道主义事务协调办公室	发送最新信息：尽快行动，2小时内
向联合国驻地协调员介绍联合国工作人员的安全和安保情况	联合国安全和安保部	尽快行动
召开太平洋人道主义工作队机构负责人会议。指定的职能领域／组群牵头机构或被任命人应出席会议。各机构将有机会分享和接收有关受灾国现场情况的最新信息。 将就下列事项做出决策： • 评估 • 在区域层面或全球层面启动组群 • 协调架构，包括行动中心（位于首都或受灾地区） • 联合国灾害评估与协调队的部署 • 启动相关筹资机制 • 查明潜在的人道主义保护和（或）暴力问题 • 关于性别状况分析和问题的广泛共识	联合国驻地协调员／人道主义事务协调办公室／各组群牵头机构	举行会议：尽快行动，12小时内

表 O-1（续）

行动	领导机构	时间表
联系相关国家政府部门／机构或相关非政府机构，详细说明太平洋人道主义工作队可以立即提供的援助类型： • 与政府联络，确保将援助请求传达给人道主义救援体系	人道主义事务协调办公室 应急响应组织和（或）组群牵头机构	建立联系：会议后立即行动

O.5.3　区域性安排

灾害发生后，在灾害事件超出受灾国应对能力的情况下，太平洋岛屿上的发展中国家越来越多地依靠本国和外国军事力量，支援广阔太平洋范围内的受灾地区。在促进人道主义行动方面，军事力量发挥着宝贵的作用，因为他们拥有独特的资源和专业力量，可用于执行空中和海上情况侦查，协助运输和分发救援物品。

太平洋地区的一个重要合作伙伴关系，是 1992 年签署的法国、澳大利亚和新西兰协定（Franz），作为太平洋地区自然灾害的应对机制。这三个国家承诺共同应对太平洋岛屿国家的自然灾害，相互协调、共享信息并确保资源的最佳利用。在多起灾害事件的应对过程中，法国、澳大利亚和新西兰协定已经发挥了作用。

这三个国家每年举行一次会议，讨论其灾害应对机制，演练相关协调工作。法国、澳大利亚和新西兰协定的一个关键组成部分，是提供所需资源，包括民用资源、商业资源和军事人员。

P 救灾后勤

P.1 简介

根据定义，为应对突发灾害而部署的联合国灾害评估与协调队必须能够在艰难的环境中运行，其中关键基础设施遭到破坏，通信网络受到严重限制或甚至根本没有通信网络。这种情况将影响受灾群体、当地应急救援人员、国际救援组织和受灾国内的企业，因此"物流"成为人道主义应急工作极有可能面临的最大挑战。

如果没有完备的后勤方案，救援行动几乎不能够成功。在需要救助的地点和需要救助的时候，能够高效提供相应数量的救援物资，是应急响应行动成功的先决条件。

本章概述了"后勤"在人道主义行动中的意义，主要救援人员，以及关于后勤方案规划的常用信息，介绍了联合国灾害评估与协调队和后勤组群的作用。

有关救灾后勤的更多信息，包括工具和模板，请参见后勤组群的后勤行动指南（LOG），网址为 http://dlca.logcluster.org/display/public/LOG/ Introduction。

在灾害发生后不久，联合国灾害评估与协调队通常就已抵达受灾国，有时甚至在灾害发生之前就已经部署，因此通常会要求队员启动后勤安排，或就基本后勤方案的规划和实施提供咨询意见。

P.2 概述

"后勤"是一个含义丰富且不断变化的概念，缺乏一个统一的定义。后勤行动指南使用的定义将后勤描述为：为了满足最终受益方的要求，在从物资原产地到消费地的高效经济运输和储存过程中，对货物和材料以及相关信息的流动进行规划、实施和控制的过程。

灾害发生后，在处理后勤问题时，必须区分正常的商业后勤系统和灾害期间的后勤系统，或各种人道主义救援背景下的后勤系统。根据后勤行动指南可知，虽然商业供应链可利用自身或先进的数学模型来预测需求，但人道主义供应链不可预测需求，例如，时间、物品和地理位置不可预测，交付准备时间短，风险高，涉及拯救生命、媒体监督、捐助者问责等问题，并且在灾害早期阶段通常缺乏成功实施供应所需的初始资源。

鉴于这些局限性，后勤行动指南建议将救灾后勤作为一项"系统性任务"，满足以下要求：

- 按照需要的时间和地点，交付状况良好的救援供应品。
- 各种条件下的供应品运输，通常在地方层面临时准备。
- 从区域外，安排有限、迅速和具体的供应品运送。
- 建立调度系统，对各种援助投入进行优先级分类。
- 储存、中转和运输大宗物资。
- 安排人员运输。
- 协调有限共享运输资源的使用并确定其优先事项。
- 准备可能有军方参与的后勤支援(特别是在国内出现武装冲突的情况下)。

执行各种后勤方案的能力，将受到 4 个主要因素的影响：

- 基础设施的承载力。
- 运输资源的可用性和数量。
- 受灾国行动区内的内部冲突。
- 冲突局势的政治因素。

为了有效提供后勤资源，任何救灾后勤系统都必须参考总体后勤方案，以其中制定的执行和行动计划为基础。

P.3 后勤的作用和责任

国际力量参与的后勤行动，因具体情况的不同而有很大差异。通常，参与后勤行动的组织包括：

- 世界粮食计划署（WFP）
- 联合国开发计划署（UNDP）
- 联合国难民事务高级专员公署（UNHCR）

> - · 联合国儿童基金会（UNICEF）
> - · 世界卫生组织（WHO）
> - · 红十字会与红新月会国际联合会（IFRC）及其应急响应小组
> - · 非政府组织（NGO）
> - · 联合国维持和平任务
> - · 武装部队
> - · 私营部门实体
> - · 受灾国主管部门

以下各章节概述了与联合国和国家政府主管部门有关的高层级职能和责任。

P.3.1　联合国

即使在紧急情况的早期阶段，人道主义国家工作队的成员也可能已经建立或正在建立后勤协调机构。这通常由世界粮食计划署领导，粮食计划署也是后勤组群的全球牵头机构。在这方面，粮食计划署的任务通常是协助人道主义救援系统的后勤工作，在需要受灾国政府支持的各种后勤协调领域发挥联络点的作用。后勤组群一旦启动，将向人道主义救援提供一系列服务。根据具体情况，这些服务包括物流信息共享、运输服务和仓储服务。

由世界粮食计划署管理的联合国人道主义空运处（UNHAS）也可能启动。后勤组群和联合国人道主义空运处，都需要一些时间才能全面运行。

联合国灾害评估与协调队，将主要在三个不同层面上参与后勤和行动规划：

> - · 针对联合国灾害评估与协调队本身提供后勤支持。将在现场行动协调中心的支持职能范围内提供支持，并涉及队伍的管理，包括运输、现场任务准备、办公场地设立和维护等。
> - · 在现场行动协调中心范围内，协调应急响应队伍的后勤支持，如城市搜索与救援队、紧急医疗队等。此类支持包括根据住宿、后勤供应等的可用性，为即将到来的队伍提供指导。
> - · 向整个国际人道主义救援体系提供常规后勤支持，作为联合国灾害评估与协调队灾情基本认知和信息管理职能的一部分。在极少数情况下，根

据驻地协调员／人道主义协调员的要求，联合国灾害评估与协调队的后勤活动可能会包括一些操作层面活动，例如，在风暴灾害发生后，安排使用人道主义事务协调办公室紧急现金赠款签订饮用水供应合同，或安排推土机清理当地道路上的堆积物。

在更复杂的情况下，可能要求联合国灾害评估与协调队支持受灾国主管部门或联合国系统成员规划和执行更复杂的后勤方案，特别是在后勤组群尚未启动的情况下。

P.3.2　受灾国主管部门

受灾国的后勤和供应链专业技能，掌握在国家级和地方级救援人员手中，包括私营部门。与救援工作的其他领域一样，在开展后勤行动时，必须与受灾国主管部门保持密切关系。

事实证明，以下方面对与各级政府的关系和后勤行动的有效性至关重要：

- 针对后勤计划的形式和内容达成共识。
- 针对后勤资源（民防、军事和其他政府实体）的使用达成共识。
- 针对控制物资流动和分配的主管部门达成共识。
- 针对建立通信网络（如无线电和卫星通信）达成共识。
- 针对前往限制区和在限制区内调动做出安排。
- 所有装备和消耗品的免税政策。
- 及时有效地办理紧急救援物资的通关手续，这些物资既包括给受益者的援助物资，也包括供联合国援助行动所需的物资。
- 在初期就针对逐步撤离和将工作移交给受灾国主管部门的策略达成共识。

P.4　后勤方案规划

如上所述，在后勤组群没有启动的情况下，可能需要联合国灾害评估与协调队尽早收集供应链和后勤相关信息，并与其他救援人员（政府、人道主义组织、当地非政府组织等）协商，制定后勤行动方案。本章节提供了通用指南，帮助团队员创建基本的后勤计划。协助管理物流信息的工具，将在下文进行概述。

规划流程

规划和预测是良好后勤服务的基础要素，必须基于对情况各个方面的掌握，例如地质、技术、政治和物理条件。此外，必须注意，后勤是正在进行的救援行动的一部分，任何后勤规划都必须与救援行动其他职能领域计划相协调。由于后勤行动是人道主义救援体系各项目标的基础和支撑，因此必须考虑到可能会因各种原因而出现的故障。规划时应考虑到这一点，并尽可能地保持灵活性。有关后勤行动指南中概述的后勤规划周期，请参见下文。

虽然整个后勤规划周期很重要，但紧急情况下的初始后勤规划清单可以简化为以下要素：

- 设定目标。
- 制定政策（或采用现有政策以涵盖采购环节）。
- 仓储服务。
- 处理／退回后勤物资。
- 所需资源，例如车辆、无线电、计算机、办公空间、仓储空间和人员配备。

在考虑初步行动方案和收集关于受灾国基础设施的重要信息时，建议考虑以下要素：

可能的信息来源

- 政府、联合国等现有的应急预案。
- 后勤能力评估（LCA），可通过后勤组群网站查阅：https://logcluster.org。
- 地方商会。
- 私营部门倡议，如链接业务倡议（CBi）（见第 L.3.2 节）。

信息类型

- · 库存情况和运输能力：
  - ——满足方案要求的运输时间安排。
  - ——物资提前就位和行动库存需求。
  - ——仓储规划。显示仓储设施位置、仓储容量、计划吞吐量和计划库存水平的表格。
  - ——仓库设施和管理。
- · 运输信息：
  - ——港口作业，包括装备的装卸／操作。
  - ——机场作业，包括装备的装卸／操作。
  - ——显示路线、模式、行程时间、容量、计划吞吐量和备注信息（减少瓶颈和提高效率的措施）的表格。
  - ——公路运输。商业车队、政府车队和其他救援车队的使用和管理。
  - ——水路运输。
  - ——运输单位的车辆燃料和维护。
  - 物资分配、监督与评估：
  - ——实施分配的计划和资源。
  - ——实施供应链绩效监督的计划和资源。
  - ——供应链评估的计划和资源。
- · 安全保障。

供应链相关环节

- · 原产地（生产国或捐助国）。
- · 入境口岸，如陆港、海港、空港。
- · 主要仓库（靠近入境口岸）。
- · 前置仓（用于中间环节存储）。
- · 终端储存点（用于将救灾物资转运至分发点）。

通常而言，随着物资在供应链中移动，所需的运输模式变得更小型化，即供应链通常从轮船、火车或飞机开始，然后从带有拖车或半拖车的大卡车变为小型卡车或甚至小型四轮驱动车辆。

如图 P-1 所示，对于大规模的后勤服务，可能还需要以下要素：

- 办公场地和行政管理设备。
- 各级别的仓库。
- 燃料和备件仓库。
- 配套车间。
- 车辆停放场地。
- 管理人员的车辆。
- 卡车车队。
- 特种车辆，如起重车、罐车和货物装卸车。
- 通信装备。
- 人员住宿设施。
- 危险废物处置设施（机油、轮胎、电池等）。

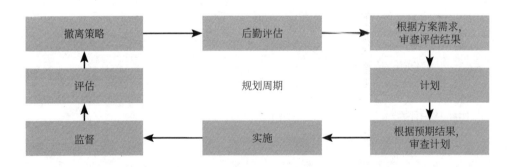

图 P-1　后勤规划周期

必要时，行动方案应包括转运中心、中转区和其他前置仓后勤中心，支持救援物资的分配。首先，制作一张简单的地图，将会对整个计划的救援参与人员都有很大的帮助。

P.5 后勤组群

后勤组群启动后，负责在应急行动期间协调后勤部门，包括信息管理，并在必要时提供服务。为实现这一目标，后勤组群弥补后勤能力短板，满足后勤协调服务的需求，并在必要时充当"后盾"。在全球范围内，后勤组群的活动由全球后勤组群支持单元推动，该支持单元设在罗马的世界粮食计划署总部。

后勤组群利用组群牵头机构、成员组织和在组群系统内运行实体的共享资源、资质和能力为人道主义后勤系统提供了一种独特的服务。全球后勤组群牵头机构的作用，是在全球和灾区现场促进后勤联合行动，确保整个人道主义系统做好准备，并具备应对人道主义紧急情况的技术能力。

在紧急情况下，启动的各项后勤组群行动的规模各不相同，可能包括信息共享和协调（如基础设施评估、港口和运输通道协调、运输商和费率、海关、装备供应商信息），也可能包括共同的空运、海运和陆路运输、仓储等。

启动

是否启动全球后勤组群的决定，主要取决于现场行动的需要。

驻地协调员 / 人道主义协调员与人道主义国家工作队密切协商，确保就建立适当的职能领域 / 组群和区域小组达成一致意见，并负责指定职能领域 / 组群的牵头机构。这些工作应基于对需求和服务缺口的明确评估，以及对应急响应能力的评估，包括受灾国政府、地方主管部门、当地民间社团、国际人道主义组织和其他参与方的应急响应能力。

如果确定需要启动全球组群，那么：

- · 由驻地协调员 / 人道主义协调员通知紧急援助协调员（ERC）。
- · 全球后勤组群牵头机构决定所需应急响应的性质。
- · 根据需求规模 / 性质，建立国家级组群并开展活动。

如果预见到后勤组群的启动，那么可能会向现场派遣后勤应急响应队（LRT），开展情况评估，确定是否需要启动后勤组群和 / 或受灾国可能需要的具体后勤支持。如果启动了后勤组群，后勤响应队通常会发起后勤组群行动。在可能的情况下，后勤响应队和联合国灾害评估与协调队将联合工作，相互支持，达成对当前情况的共识。

后勤响应队可以由来自不同组织的成员组成，包括来自罗马的全球后勤组群支持单元工作人员。重要的是，现场后勤人员（可能还有联合国灾害评估与协调队队员）要与后勤响应队队员保持联络，因为他们的支持在这一阶段尤其重要。有些情况下，评估的结论可能认为没有必要开展后勤组群活动，如果是这样，那么应向驻地协调员／人道主义协调员报告，并且不会建立国家级后勤组群。

支　持

联合国灾害评估与协调队的各项任务，依赖于技术装备和工作及生活设施方面的充分支持。

同样重要的是，队员要知道如何照顾自己的身心状态，懂得应对联合国灾害评估与协调队在执行任务时可能遇到的各种气候条件。这一部分的主题包括以下内容：

Q. 信息和通信技术及技术装备

该章介绍联合国灾害评估与协调队执行任务所使用的信息和通信技术及其他技术装备，侧重介绍了通信装备和全球定位系统。

R. 设施

该章介绍了设计现场行动协调中心和 / 或行动基地的技巧和提示。

S. 个人健康

该章介绍了关于执行任务期间保持健康的具体方法建议，发生医疗紧急情况时应遵循的程序，以及在不同气候环境中的具体注意事项。

Q 信息和通信技术及技术装备

充分和可靠的电信和信息技术系统，是每次部署联合国灾害评估与协调队时的重要基础资源，可以加强信息管理，这对于团队的安全和安保至关重要。对某些行动，必须满足电信技术的最低标准，以执行联合国安全部门（安保部）的安全作业程序。

因此，对于灾害评估与协调行动支持伙伴的成套服务，联合国灾害评估与协调队成员必须熟悉其中的技术装备（见第 B.5 节）。另外，建议定期开展实际操作培训和实践。

Q.1 电话和数据

Q.1.1 手持卫星电话

现已开发出多种可以通过卫星进行语音和数据通信的系统。主要运营商包括 Iridium、Thuraya 和 Inmarsat。虽然联合国内部使用的卫星电话没有规定标准型号，但只要满足一些基本条件，成套服务中提供的手持卫星电话型号一般都很易于使用。

- 如果不加装外部天线，则无法提供室内的信号覆盖。
- 并非所有系统都能够实现全球信号覆盖。
- 网络连接过程可能需要几分钟时间。
- 数据通信能力非常有限。
- 在大规模紧急情况下，可能会出现带宽拥塞。
- 费用通常较昂贵（每分钟至少 1 美元）。

Q.1.2 卫星数据终端

电子邮件和在线工具的运用，对联合国灾害评估与协调队至关重要。如果现场的电信基础设施遭到破坏或性能不足，那么使用卫星数据终端可能是唯一的选择，如图 Q-1 所示。在紧急情况的第一阶段，广泛使用宽带全球区域网络（BGAN）。该系统提供数据和电话功能。有多种型号的宽带全球区域网络终端，但它们都以类似的方式运行。要获得稳定有效的连接，必须掌握一些基本知识。最重要的是确保终端天线直接指向卫星。

卫星电话使用步骤

第1步：
展开天线，避开高大建筑物、陡峭的山谷和茂密的森林。

第2步：
打开设备，若使用任何个人识别号码，则该号码必须为团队所周知。若利用铱卫星通信系统，则默认的个人识别号码是1111。

第3步：
等待建立网络连接。网络指示灯或信息将显示在显示屏上。

第4步：
拨打电话。使用卫星电话时，拨打的号码前应始终带上国家代码。

图 Q-1 卫星电话的使用情况

宽带全球区域网络的操作程序

以下程序适用的最常见终端——丹麦 Thrane & Thrane 公司的 Cobham Explorer 型号：

（1）连接电源和网络电缆（虽然内部电池可持续供电数个小时，但必须有可供充电的外部电源）。

（2）根据国际海事卫星组织宽带全球区域网络卫星覆盖（图 Q-2），确定天线指向的具体方向。天线应指向代表终端所在区域相应彩色圆圈的中心。

定位天线指向时，必须保持卫星视线无障碍，这是非常重要的。随着终端与赤道的距离的不同，天线的倾角也将变化。这意味着终端离赤道子午线越远，避开建筑物和山丘等障碍物的难度就越大。现场办事处或现场行动协调中心选址时，必须考虑这一因素。

（3）启动卫星电话终端。

（4）利用终端的信号强度计和 / 或导频音（理想情况下，信号强度将高于

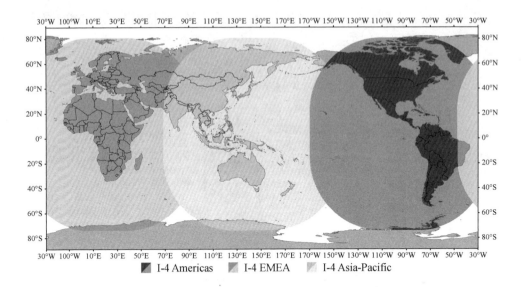

图 Q-2　国际海事卫星组织宽带全球区域网络卫星覆盖

50 dBm），微调天线的方向 / 倾角。按下"OK"按钮确认信号。

（5）将终端 / 天线可靠固定到位。该终端在室外使用时效率最高，但在某些建筑物中，也可在室内靠近窗户的位置使用。通常，在大多数帐篷里卫星电话都能工作。如果安全情况允许，终端可以放置在室外，例如屋顶上，并且电缆可以延伸到工作区域。如果终端长时间放置在室外，应使用塑料袋或类似材料保护终端免受灰尘和天气的影响。

在所有卫星数据终端天线前方周围，必须保持至少 1 米的安全距离。这些天线发出的射频能量可能会对健康产生负面影响。

通信能力和带宽

宽带全球区域网络的带宽（网速）为每秒 0.5 兆比特（Mbps），远远低于大多数家庭或办公室的互联网连接网速。连接到终端的所有用户共享这一带宽。此外，同一地理区域内的所有用户将共享来自卫星的同一"点波束"。由于这些因素，以及每兆字节数据高达 6 美元和每分钟流媒体高达 16 美元的成本，工作人员必须调整日常计算机工作习惯，节省带宽资源，这一点非常重要。例如，除非绝对必要，否则不应观看视频、下载电子邮件超大附件或使用社交媒体信息或Skype。用户还应关闭计算机的自动更新功能。在大规模紧急情况下，许多救援人员共享同一颗卫星，资源有限，所以上述注意事项变得尤为重要。

其他数据连接方式

尽管宽带全球区域网络系统具有许多优点，例如重量轻、使用方便等，但同时也有各种局限性，例如通信能力有限、成本高且难以在室内使用。在条件允许的情况下，出于稳定性和 / 或通信能力的考虑，通常最好利用现有基础设施的数据连接功能。地方主管部门和电信运营商通常可以提供协助。如果部署任务的国家有正在开展的联合国行动，应与联合国电信工作人员联系，讨论可能的解决方案。

如果现有基础设施遭到破坏或超负荷，而且任务预期将扩大，则应考虑要求安装甚小孔径无线终端（VSAT）。甚小孔径无线终端是一种卫星数据终端，采用（半）永久性安装方式，其通信能力比宽带全球区域网络高得多。甚小孔径终端比宽带全球区域网络大得多，需要经过专门培训的技术人员进行安装。如有必要，应尽早向国际人道主义合作伙伴关系（IHP）或无国界电讯传播组织（TSF）等合作伙伴请求甚小孔径无线终端。

Q.1.3 个人笔记本电脑

在执行任务时，联合国灾害评估与协调队成员通常携带个人计算机 / 笔记本电脑。在这种情况下，应考虑以下几点：

- 配备英文版操作系统和键盘的电脑，更便于任务支持人员使用，也易于让同事使用。
- 对于所携带的各种计算机，队员应该拥有完全的管理员权限。许多公司的电脑采取了安全保护措施，需要密码或专门软件才能更改设置或安装软件。队员应要求其派遣单位提供所携带电脑的管理员权限，以便执行任务时对电脑进行本地管理。
- 在灾区现场可能经常出现停电的情况。所携带的电脑应配置性能完好的电池，最好是大容量电池。记得带上电源适配器，确保电脑的电源可以兼容 110V/60Hz 和 230V/50Hz 两种规格。
- 要减少网络流量负载，应禁用 Windows、防病毒软件等的自动更新功能。要保护计算机免受恶意软件的侵害，在前往现场之前检查并安装最

> 新的系统更新。
> · 执行任务期间，经常会用到 U 盘。U 盘是病毒的常见来源，防病毒软件应该能够在插入 U 盘时自动检查病毒。

Q.1.4　移动电话

按照全球移动通信系统（GSM）标准，大多数国家都有移动电话基础设施。即使采用相同的标准，但不同国家之间也存在变化，因此应该注意：来自某个国家的电话在另一个国家可能不一定起作用。电话功能也可能限于某一个运营商或一个地理区域。携带移动电话到现场前，应考虑到这一点。

在某个国家办卡入网的 GSM 套餐移动电话，如果漫游到国外使用，则可能会产生非常高的漫游费用。如果使用移动数据功能，尤其会出现这种情况。现场的支持人员将协助提供本地 SIM 卡，如有必要，还可以提供移动电话。使用本地 GSM 运营商的 SIM 卡将大幅降低成本，方便与本地合作伙伴的沟通。

本地提供商也可能提供 3G/4G 数据功能。在本地 3G/4G 网络或现场行动协调中心无线局域网（WLAN）上使用智能手机时，建议禁用自动应用程序更新和推送通知。这样可以限制数据消耗并减轻带宽负载。

Q.2　无线电通信

无线电通信系统可以在任何地方使用，并且不依赖于现有的基础设施。通常，灾害评估和协调任务的无线电通信用于以下情况：

> · 现场没有可用的移动电话网络。
> · 安全和安保条例要求使用无线电通信。
> · 需要同时进行多方联系。

Q.2.1　无线电系统

联合国灾害评估与协调队、联合国机构和合作伙伴/非政府组织使用的无线电系统，大多工作在甚高频（VHF）波段，覆盖范围有限，只有几公里。可以通过安装中继器来扩展工作范围。安装和维护无线电中继系统，需要专业设备和训练有素的工作人员。在一些地区，可以采用高频（HF）波段无线电，用于长距离、低成本语音通信。在联合国灾害评估与协调队任务执行期间，很少使用高频无线电通信，最好使用卫星电话或其他通信方法。

Q.2.2 通用无线电通信程序

以下内容介绍了无线电通信最佳操作程序，可以最大限度地减少无线电通信耗时，提高效率并减少信息的误传。联合国灾害评估与协调队应始终遵循这些程序。重要的是，无线电系统的所有用户要始终遵守严格的无线电通信纪律。

- 在无线电传输之前，确定信息内容。
- 保持信息的简明扼要。
- 在无线电传输之前，确保没有其他人在说话。
- 将信息分成合理的句段，在适当的位置使用停顿。
- 以自然的语速说话。
- 避免多余的和非正式的无线电传输。
- 准备传输信息时，按下传输键并等待 1 秒钟，然后再说话。完成传输后，请稍等一下再释放传输键。
- 使用标准发音，强调元音。避免过于尖锐的高音，用中等音调说话（不要大喊大叫）。
- 麦克风和嘴唇之间保持大约 5 厘米的距离。遮挡麦克风以免受背景噪声影响。
- 记住：想好传输内容—按下传输键—说话。

Q.2.3 无线电术语

为了实现对信息的相同理解并避免错误，全球人道主义救援体系都使用公认的术语。例如，音标字母表（Alpha、Bravo、Charlie 等）是无线电呼号的基础，用于传输各种复杂的拼写或信息。联合国灾害评估与协调队所有队员，都应熟悉音标字母表的使用。

进行无线电通信时，使用呼号而不是名称。这些呼号反映的是职能，而不是你想要联系的个人。联合国开发了一套世界通用的呼号分配系统。其管理需求不高，易于使用，并对工作站和用户给出了唯一定义。这套系统既适用于联合国机构，也适用于其他人道主义伙伴。除了音标字母表和标准的联合国呼号外，一般还使用其他标准的通信过程字（prowords）。音标字母表、联合国呼号结构和最常见的通信过程字及其含义的概述，见附录六。

Q.3　全球定位系统

获得正确的坐标信息，是联合国灾害评估与协调队各种活动取得成功的基础，这些活动包括行动地点的通信，包括现场行动协调中心、救援地点等，以及评估数据的收集，如营地位置、道路障碍、实体基础设施等。这些地点的坐标定位，可以使用诸如手持 GPS 装置、智能手机或具有 GPS 功能的平板电脑 / 计算机等装备。有些型号的卫星电话也可以提供 GPS 坐标。

如果在现场收集 GPS 信息，那么手持 GPS 装置是理想的装置，因为它们具有较长的电池续航时间，并且通常比其他电子装备更耐用。无论使用何种装备，联合国灾害评估与协调队成员都必须熟悉其用法，应能够显示坐标并在其存储器中记录航点。请注意，智能手机可能需要专门的应用程序才能显示、存储和导出坐标。常规的地图测绘应用程序，可能不适合此功能。

出发执行任务前，应对 GPS 设备进行"预热"。这样可以确保准确的卫星定位，特别是在装备自上次使用后可能移动了数百公里的情况下。"预热"可能需要几分钟时间，具体取决于位置。在建筑物密集的地区或山谷等地区，甚至需要更长的时间。有些型号的 GPS 接收器将以大约 10 米的精度记录你的位置，在观测点非常密集的地区应注意这一点。

Q.3.1　坐标和基准

专用 GPS 装置可以显示各种不同的地理坐标系统，但最常见和最有用的是纬度 / 经度（LAT/LONG）和通用横轴墨卡托投影（UTM）。

纬度 / 经度是最广泛使用的坐标系。在这种系统中，坐标可以按照三种不同的方式显示：

- ·度、分、秒（DMS），例如"31：15：30 S"（S = 南方）。
- ·十进制度值（DD），例如"-31.255"。
- ·十进制分值（DM），例如"31：15.5 S"。

上述所有纬度示例值实际上都是相同的。每一度包括 60 分，所以 15 分等于 0.25 度。同样要注意的是，赤道以南的纬度和格林威治（零）子午线以西的经度，在按照十进制表示时通常有一个负号（如上面的第二个例子所示）。

通用横轴墨卡托投影坐标的使用频率较低。这种坐标由 X 和 Y 分量按顺序组成，并且有时前面有三字符的 UTM 区号。注意，X 和 Y 值可以采用不相等的位数。例如："30N 154227 1845499"。第一部分是 UTM 区号，然后是 X 坐标，最后是 Y 坐标。UTM 区号随经度不同而变化。根据所在位置，需要选用适当的坐标工具。

大地测量系统，用于将设备内的卫星导航定位数据转换为地球上的实际位置。基准是用于定义具体大地测量系统的一组数值。基准可能看起来令人困惑，但在几乎所有情况下，GPS 装备都可以顺利地设置为全球 WGS 84 基准，适用于大多数智能手机和程序（如谷歌地图）。在转换数据时，关键是要注意数据是在什么基准中收集的，确保数据得到正确处理。

在天空一览无余的室外，全球定位系统（GPS）和卫星电话都能很好地工作。

Q.3.2　航点和航迹

航点（或普通位置点）是 GPS 设备中记录的单个地点，可以在出行之前（用于导航）也可以在出行期间捕获地点的坐标，例如桥梁、水井或营地。将航点记录到 GPS 装备中时，请确保记录与航点相关信息的文本记录。例如，"WP24—临时仓库"或"WP25—道路冲蚀—4×4 车辆可通行"。可以将航点详细信息记录在纸上，这通常比将文本输入到现场电子装备中更实用。

利用某些 GPS 装备，可以在移动时通过后台记录航迹日志或航迹本身。然后，可以将航迹文件下载到电脑上，使用谷歌地球或地理信息系统（GIS）软件在地图上显示。如果使用航迹日志，请在出行前掌握打开和关闭航迹的方法。有些 GPS 设备的航迹功能一直处于启动状态，最早的航迹点不断被覆盖。

出行回来后，从 GPS 设备下载并保存航点和航迹坐标文件，这样设备后期可以再次用于其他任务。将文件连同相关的纸质记录（即航点详细信息）传递给地理信息系统团队，用以绘制数据，为所有队员建立行动地图资料。

R 设施

R.1 现场行动协调中心设施的设计

在某种程度上，现场行动协调中心的位置将取决于灾害的具体情况。在地震中，现场行动协调中心最好设置在灾害现场附近，但在洪水泛滥的情况下，最好在受灾地区以外找到一个交通便利的位置。

如果选择部署现场行动协调中心的建筑物，那么这栋建筑物应结构完好，在紧急情况下不会遭到损坏。理想情况下，安排几个单独的房间用作办公室。应设有接待和登记访客的公共区域，最好能营造友好的氛围，例如，设立一个咖啡区，并配置咖啡机。还应该设置一个通用会议室，配置满足 12～15 人会议的桌椅（如果条件允许，规模可以更大些）。应该设立几个私人办公室，可以进行秘密讨论。建筑物应足够大，能容纳来自政府的工作人员，以及希望在现场行动协调中心场地内工作的其他机构人员。通信设备应放置在安全的通信室内。办公设备，如复印机、打印机，应放置于方便大家使用的位置，但不要放置在通用会议室区域。

通过搭建数个帐篷以建立现场行动协调中心，通常是最好的解决方案。设计现场行动协调中心时，要最大限度地实现其提供救援协调服务的目的，需要考虑人员管理，位置应靠近各职能机构与现场行动协调中心各单元。

- 现场行动协调中心接待区的位置应醒目，便于从远处看到，并用旗帜进行清楚的标记。此外，现场行动协调中心旨在为大量救援人员提供服务，而不与现场行动协调中心其他各单元发生冲突。
- 信息管理（IM）单元的组件可能经常想要靠近接待区域及其接待对象，或与接待区域及其接待对象共处一地，例如，地图行动（MapAction）团队可能希望驻扎在方便为有地图需求的对象提供服务的位置。
- 会议区 / 帐篷可位于现场行动协调中心接待区附近，但位于现场行动协调中心之外，可方便召开外部和内部会议，例如组群和队伍会议。
- 现场行动协调中心管理层可能希望位于中心位置，以便随时轻松地兼顾所有单元。

- 分析和报告职能领域可能更倾向于在更私密的位置，更专注于需要完成的工作。
- 行政和内部后勤职能领域，一般不需要与现场行动协调中心接待对象保持密切联系。
- 如果现场行动协调中心还包括其工作人员的住宿区，这些住宿帐篷应该设置在较隐蔽的位置，不对公众开放。

在大规模突发紧急情况下，从一开始就要做好全局规划，这是很重要的。随着人道主义事务协调办公室的增援部署，以及其他需要现场行动协调中心提供办公空间的国际组织开始部署，现场行动协调中心可能需要为大量工作人员提供办公空间和服务区。通常，需要规划比最初需求更多的空间，不要局限于可支配的有限空间。

在设计现场行动协调中心时，也可以参考下面的营地规划清单，因为许多考虑因素适用于两种类型的帐篷环境。

R.2　营地

在大规模紧急情况下，可能需要为联合国机构提供住宿营地和办公场地。这类营地提供诸如睡眠区、办公区、厨房、淋浴等设施，以及运行营地所需的基础设施。

如果要建立一个大型营地，那么在后勤方面会遇到挑战，并且需要大量资源。如果决定需要搭建营地，那么应尽快提出请求，确保资源提供方能够开始准备。援助提供方，如国际人道主义合作伙伴关系（IHP），将始终尝试派遣勘察 / 联络小组为搭建营地做准备。

联合国灾害评估与协调队的任务，可能包括营地勘查和选址，在做出最后决定之前必须考虑若干因素。一旦做出决定，应在营地模块资源到达之前签订场地使用合同。

R.2.1　营地选址规划清单

首先要考虑的两个问题是：

- · 需要给多少人提供办公空间？
- · 需要给多少人提供食宿？

面积要求

营地核心区域至少需要 1000 平方米。该区域稍后将用于公共设施。在此基础上，每个住宿人员需要增加 15 平方米，每个办公空间需要增加 10 平方米，每辆车需要增加 15 平方米。例如，如果一个营地需要容纳 25 人，提供 10 人办公空间和 10 辆车的停车场，那么将需要 1575 平方米。

地面条件

地面越平坦越好，可以挖掘壕沟，保障排水良好。

- · 砾石—如果在草地或沙 / 土上搭建营地，那么需要在帐篷下面铺上砾石，防止土壤腐烂和营地内的异味。在附近找到一个可以采购砾石的地方，并将砾石运输到营地。
- · 硬质地面停车场—队伍将配备多部车辆；其他联合国机构也将配备车辆。理想情况下，应在营地内提供可容纳 30 辆车的硬质地面停车场。

安保

营地区域应易于安保守卫，以防止不速之客进入。还应考虑营地内的危险，营地应符合联合国安全和安保部（UNDSS）规定的标准。

通信条件

避开高楼区域和陡峭的山坡，尤其是卫星通信方向应无遮挡。咨询信息和通信技术工作人员，评估连接到各种地上通信线路（铜线 / 光纤）的可能性。

交通流量

考虑车辆进出营地的方式。尽量减少转弯区域，确保重型卡车通行（特别是在营地搭建期间）。

人员管理

除了住在营地里的人员，还要考虑来访人员。设计营地布局时，考虑来访人员进入营地办公 / 工作区的路线，避免穿过住宿区。

电力供应

在现场会安装大型发电机。将发电机安装在尽可能远离睡眠和工作区域的位置，但要便于燃油补给。评估连接到各种现有供电线路的可能性。

厕所

可使用临时厕所或化学盥洗室。评估营地与任何现有污水系统连接的可能性。应考虑废物的处理。

供水

现场是否有水源？标准国际人道主义合作伙伴服务包，配有小型水处理设施。如果没有其他水源可用，确保运水卡车进入以补充供水。

直升机停机坪

如果条件允许，在地面建立直升机停机坪供起飞和降落，明确标示入口和出口。

恢复常态

考虑开始恢复重建时营地空间的使用，以及营地是否将用于其他用途，例如学校场地、体育场、公园等。尽量将场地影响降至最低，以便快速恢复正常状态。

R.2.2　营地搭建

勘察 / 联络小组将综合考虑各种因素，做出相应调整，确保营地装备与所选地点匹配。建立一个联系点，最好是与支持团队负责人建立联系，保持定期联系。

时间

营地不可能在短时间内建成，一个容纳 80 ~ 90 名工作人员的营地，将需要长达两周的时间才能全面投入使用。在全部完工前，营地部分区域可以提前使用。

卸载

营地搭建所需的装备，总共需要大约 7 辆卡车运送和卸载。理想情况下，应将这些装备卸载到紧邻施工区域的硬质场地。卸载将使用叉车，如果在草地上卸载，地面会很快变得泥泞，车辆将陷入车辙中。在营地施工前，为卸载装备预留约 180 平方米的空间，不包括停车场。营地一旦建设完成，如果硬质地面卸载场地符合安全要求，可用于车辆停放。

食物

食物将会分批运送，并且数量经常多到可以装满一个标准车库（除了卸载食物所需的空间外，还要考虑储存食物的空间）。理想情况下，应该安排一个可以上锁的区域以确保食物和水的安全，面积最好有两个车库大小。

其他考虑因素

- 日常协调会议每次最多可安排 100 人出席。
- 考虑高温和下雨的情况。在倾盆大雨的情况下，建议不要安排过多的人员（例如 30 个人）挤在闷热的帐篷中。
- 营地可能会设置警卫，也需要遮阳避雨设施。
- 考虑营地的疏散计划。在什么条件下启动疏散，由谁来启动？
- 绘制营地布局图，与相关机构共享地址和 GPS 坐标。

S 个人健康

S.1 任务期间保持健康

联合国灾害评估与协调队的任务,可能会给队员的身体和精神状态带来挑战。执行任务通常需要长时间工作,睡眠和休息的机会极少。灾害发生后情况不断变化,必须全神贯注于工作才能掌握最新情况。现场的卫生设施可能很少,即使有,队员也可能无法经常使用厕所或淋浴。住宿设施可能是地面上搭建小帐篷,可能提供的食物只有干粮。总之,这些条件可能会给队员的身体和精神状态带来挑战。队员必须做好应对困难准备,知道克服困难的方法。

在紧急情况下执行任务时,由于气候、食物和工作量的突然变化,队员更容易罹患传染病。身体的自然防御机制可能无法应对这种变化,所以队员更容易感染疾病。即使是容易治愈的轻微感染,也可能会产生严重后果,所以轻微的疾病症状也应认真对待。

S.1.1 部署前

联合国灾害评估与协调队成员,应具有良好的身体状况,能够应对应急响应任务中可能遇到的各种挑战。队员应定期接受健康检查,确保最佳健康状况。通过健康检查,能够及早发现疾病和健康问题,然后进行有效管控。

健康检查项目,应包括但不限于:

- 常规体检,包括血检和尿检。
- 胸片检查和心电图(ECG/EKG)。
- 牙科检查。
- 眼科检查。
- 女性乳腺检查和巴氏试验(如适用)。
- 确保各类疫苗已按规定接种(见第 C.2.1 节)。

在执行任务时,穿着合适的衣服对于保持健康也很重要。还要携带防水衣物(考虑使用市场上可买到的防水衣料)和适合当地气候的鞋子。由于联合国灾害评估与协调队的任务条件可能会迅速变化,并出现意外情况,即使最初部署时住在宾馆，也一定要带上各种装备。

例如，蚊帐、净水装备和温暖的睡袋，可以预防各种健康问题。了解在不同气候地区需要考虑的事项，参见第 S.5 节。

S.1.2　任务期间

部署到另一个国家的最初几天里，由于不习惯生活条件和气候，队员对疾病的抵抗力可能较低。注意休息、保持健康饮食、避免饮用受污染的水、遵循适当的卫生准则并监控环境中的危害，这些简单措施都有助于在执行任务时确保身体健康。

休息

在大多数救灾协调任务中，尽管很少有足够的时间休息，但重要的是要尽可能多地保持规律的睡眠和放松，即使只有几个小时。请记住，生病的队员实际上是负担，而不是资源。

饮食

应该保持营养的平衡。避免吃油腻的食物，不喝酒精饮料，或只在晚餐中适量饮用。应饮用大量的水以补偿排汗造成的水分流失，在大量出汗的情况下，可能需要增加盐分的摄入量。阿米巴痢疾和其他肠道传染病，通常在热带地区广泛传播，通过生吃的食物或用脏手拿食物或饮用不干净的水，都可能造成这类疾病的传播。这类疾病会导致急性或慢性消化问题，可以通过采取简单的卫生预防措施来预防。

卫生

在执行任务期间，应采取多项措施来避免造成可能的感染。最常见的感染疾病途径，与恶劣的环境卫生和个人卫生有关。因此，队员应该特别注意清洁及卫生，经常洗手，尤其是在用餐前。用于口腔和牙齿卫生的水，应事先净化或煮沸。

除非提供可靠的水质安全保证，否则应始终避免在湖泊、河流中游泳或洗澡，因为这可能导致各种不良后果，如感染血吸虫病（也称为血吸虫热或蜗牛热），这是在世界许多地方的受污染水源中发现的多种寄生虫病之一。

防虫

某些昆虫，特别是某些蚊子，可能传播疟疾等传染病。如果部署在疟疾流行地区，且蚊子数量众多，应用驱蚊剂处理皮肤外露区域，防止蚊虫叮咬，因为叮咬除了疼痛外，还有感染疟疾的危险。此外，在晚上穿覆盖手臂和腿部的衣服也很有用。

应该注意的是，蚊帐仅在特定条件下提供保护：材料网眼足够密实，白天正确折叠收纳，夜间妥善关好蚊帐，确保昆虫无法进入。在建筑物内，应通过喷洒杀虫剂来消灭昆虫。用除虫菊为主要成分制成的喷雾剂，能迅速杀死昆虫，但作用时间短暂。

危险物质（Hazmat）

突发环境事件可能包含潜在的危险，必须由训练有素的专家来处理。特别是，应非常谨慎地处理涉及危险物质的事故，遵守以下指南：

- 立即离开危险品区域。
- 不要靠近或接触溢出的有害物质。
- 远离各种烟气、烟雾和蒸气。即使现场没有异味，也要处在风向上游。
- 注意天气状况和风向的变化。注意风速、风向、降水类型、温度和云量。
- 不要在危险区 500 米范围内使用无线电设备、移动电话或其他电子设备。
- 将突发环境事件情况通知当地应急管理官员或社区负责人，以便安排现场隔离。

如果遇到可能存在危险物质的情况，请考虑以下与天气相关的信息：

- 相比于寒冷的天气环境，化学物质会在气温较高的环境中蒸发得更快。
- 强风会吹散气体、蒸气和粉末。
- 一方面，如果释放出气候敏感性物质，那么降水可能会带来污染。另一方面，降水可能带来好处，因为它可以减缓空气中物质的扩散并减小影响范围。

联合国灾害评估与协调队成员并非环境专家，其作用是确定是否存在或可能存在重大环境风险，并通知地方主管部门和／或国际机构。在不具备相应技术知识和保护措施的情况下，擅自处理环境问题可能会使自身和／或整个联合国灾害评估与协调队处于危险之中。

根据具体情况和紧急程度，可通过联合国环境规划署／人道主义事务协调办公室联合环境小组请求提供额外的专业力量。

S.1.3　任务结束后

如果联合国灾害评估与协调队成员在执行任务后出现任何疾病或受伤迹象，则应立即咨询医疗人员并寻求治疗。特别要注意的是持续发烧、咳嗽或腹部不适并伴有腹泻，因为这些症状可能是在部署期间感染疾病所致。

在任务前或任务期间开始服用的各种药物都应继续服用，直到处方期结束或遵循药物制造商的说明。药物说明信息在药物包装中已提供，尤其是抗疟疾药物的使用应参考包装中的说明。

如果联合国灾害评估与协调队成员在部署后出现任何疾病，则应更新其个人健康记录。队员还应向人道主义事务协调办公室提出建议，人道主义事务协调办公室随后可向联合国灾害评估与协调队其他成员发出警报，提醒他们注意部署地点存在潜在的健康威胁，或提醒部署地点的地方卫生主管部门。

S.2　食物和水

旅途中人们生病的主要原因之一，是饮食没有遵循一些基本规则。灾害发生后，食源性和水源性疾病造成污染的风险通常更大。遵循以下章节中的建议，可以确保联合国灾害评估与协调队成员免受各种急性疾病的困扰，并可能预防严重的慢性疾病。

S.2.1　食物

以下避免食源性疾病的建议适用于各种情况，包括从街头小贩购买食品，或在高级宾馆餐厅用餐：

> · 在室温下放置了数个小时的熟食，是食源性疾病的一项最大风险。确保食物已经彻底煮熟，并且在上桌时仍然是热的。

- 除了可以去皮或去壳的水果和蔬菜外（但应避免果皮受损的水果），应避免食用任何未煮熟的食物。记住："要么煮熟，要么剥皮，否则就别吃。"
- 来源不可靠的冰淇淋经常会受到污染，也可能引起疾病。如果对食物来源有疑问，那么请不要食用。
- 在某些国家，特定种类的鱼和贝类即使煮熟，也可能含有生物毒素。可以向当地人咨询，获取相关建议。

S.2.2 水

任务行程中，如果对所用水源存在任何疑问，那么相应水源应该被认为存在污染。与对待食物安全一样，遵循一些简单的规则是至关重要的，可以预防由不干净饮水引起的疾病：

- 如果怀疑饮用水的安全性，那么应将其煮沸或用可靠的缓释消毒片进行消毒。这些消毒片通常可以在药店买到。
- 避免使用冰块，除非确保冰块是用安全的水制成。有一些看起来来源可靠（如宾馆制冰机）的冰并不总是安全的。
- 饮料，例如热茶或咖啡、葡萄酒、啤酒和碳酸软饮料或果汁，无论是瓶装的或以其他方式包装的，通常可以安全饮用。
- 未经巴氏灭菌处理的牛奶应在食用前煮沸。
- 在大多数地方都可以买到瓶装饮用水。建议尽可能饮用和使用购买的水，即使是刷牙。
- 为家庭使用而设计的滤水器可能无法去除所有可能导致疾病的污染物。如果使用这种过滤器，那么仍然需要将水煮沸。

S.2.3 预防和处理腹泻

腹泻是现场执行任务期间最常见的健康问题。为避免腹泻，应注意洗手和卫生，并确保饮用水源安全。大多数腹泻发作是由病毒引起的，具有自限性，并且几天内就会消失。避免脱水很关键。发生腹泻后，应多喝水，如瓶装水、煮沸的水或经过处理的水，或淡茶。果汁（用安全的水进行稀释）或汤也可以服用。应避免食用乳制品，因为它们有时会加重腹泻。

严重腹泻会导致身体会失去水、盐（尤其是钠和钾）、水溶性维生素和其他重要的微量矿物质。为了补充这些损失的物质并恢复能量，以下饮水方案已在灾害评估和协调任务中被证明是成功的：

— · 安全的饮用水。
— · 适当稀释的口服补液盐（ORS）。
— · 高剂量的泡腾维生素 C，即最少 1000 毫克，适用于没有胃炎病史的人，以及含有维生素 B 的复合维生素片。
— · 钙（600 ~ 1000 毫克）。

在腹泻期间，应尽可能多地按照上述方案饮用水。建议在腹泻发作后的最初 3 个小时内，至少饮用 3 升液体。然后应继续补充水分，直到症状缓解。在任何时候，都应该继续保持正常饮食。成人通常可以无限量摄入口服补液盐，如果腹泻持续一天以上，建议开始使用口服补液盐。

腹泻状态下液体摄入充足的最佳指标，是产生了明显的利尿作用，即平均每小时产生 60 ml 的尿液。注意严重脱水和电解质（盐和水）失衡的迹象，如排尿量少、腿部痉挛和头晕 / 昏厥。

可服用活性炭片，减少肠胃刺激，并吸收胃肠道中可能存在的一些毒素。不应经常使用抗腹泻药物，严重腹泻时建议进行就医评估，但必须保持足够的水分摄入。

如果有任何血便、腹泻或伴有发烧和呕吐，请立即就医寻求帮助。如果腹泻持续 3 天以上，也需要医疗护理。如果没有可用的医疗资源，并且出现便血，可以服用五天疗程的复方新诺明。甲硝唑（Flagyl）也是一种有效的药物，需要服用 5 ~ 7 天，治疗可能的寄生虫感染。服用抗生素时不要饮酒，因为这可能会引起并发症和 / 或其他不良反应。

S.3　管理任务压力

在紧急救援环境中开展工作，许多情况和条件都会导致联合国灾害评估与协调队队员面临较大压力，并可能导致应激反应。然而，对某个人产生压力的情况，可能对另一个人并没有影响。此外，不同人的应激反应类型也会有很大差异。

并非所有的压力都是坏事。救灾环境中的压力可能是有帮助的，因为队员通常会因此集中注意力，提高专注力，振奋精神并增强目标实现的意愿。然而，如果不能有效地应对压力，可能会导致救援能力下降，工作效率降低，并可能对队伍运行造成不利影响。因此，从任务一开始，队伍就应认识到并准备好应对压力及其后果，这一点很重要。

在救灾工作过程中，应注意两种类型的压力：

- 累积压力。执行救灾任务时，在正常条件下，随着时间的推移而积累的压力，如果不加以处理，会逐渐导致队员工作效率越来越低。在执行任务时，某种形式的压力是不可避免的，但如果不能解决累积的压力，可能会导致队员精疲力竭。
- 重大事件压力。因经历一次或多次创伤性事件而产生的压力。这种压力可能导致无法在执行任务时处理的身心健康问题。

S.3.1 累积压力

在执行任务时，会面对复杂、不寻常和常使人精疲力竭的情况，因而逐渐产生累积压力。重要的是要了解原因，辨别其征兆，并采取应对策略，避免与压力相关的更严重健康影响。

累积压力的可能原因

以下是累积压力的潜在原因：

- 与满足人类基本需求有关的问题，如住宿不舒适、缺乏隐私、缺乏优质食物或食物种类单一、水资源短缺等。
- 行程延误。
- 缺乏安全保障 / 存在健康危害。
- 没有运动和活动，缺乏锻炼。
- 家里有让人担心问题或思念家人和朋友。
- 目睹暴力 / 悲剧 / 创伤。

- 对当前状况无能为力 / 没有进展 / 应急响应人员或幸存者冷漠。
- 嘈杂 / 混乱的环境。
- 装备故障。
- 休息 / 放松时间不足。
- 不明确 / 不断变化的任务，不切实际的期望（对自己或对他人）。
- 媒体的关注。
- 对工作不认可 / 对努力付出有抗拒情绪。
- 完成任务的压力。
- 不配合或难相处的同事、上司。
- 对任务、成就、责任、知识和技能的焦虑情绪。
- 缺乏资源，对局势的控制有限。
- 文化 / 语言差异。
- 墨菲定律，即"任何可能出错的事情都会出错"。
- 完美主义态度，即不能接受"够用"的解决方案或"还行"的结果，但是在救灾环境/情况下，完美地达成任务是极不可能的和/或无法实现的。

累积压力指标

要了解并进而识别可能发生的累积压力指标，这很关键。认识这些指标不仅对自己至关重要，而且对同事也至关重要。

这些指标可能包括以下内容：

- 无法做出决定，并且看起来像是遇到选择困难而不知所措。
- 注意力不集中 / 判断力下降 / 丧失洞察力。
- 失去方向感，健忘。
- 不耐烦或言语攻击 / 过度批评。
- 生气 / 暴怒。
- 不适当的、盲目的，甚至是破坏性的行为。
- 过量的活动。
- 睡眠障碍。

- · 易感染病毒 / 心身疾病。
- · 情绪激动，如悲伤、兴高采烈、情绪波动。
- · 身体紧绷，头痛。
- · 滥用药物。
- · 饮食失调，例如食欲不振、进食过多。
- · 腹泻。
- · 缺乏精力、兴趣、热情，感觉疲劳。
- · 退缩 / 消沉 / 丧失幽默感。
- · 无法执行任务。
- · 质疑基本信念 / 价值观，愤世嫉俗。

应对累积压力

经验表明，如果了解累积压力的知识（特别是通过培训），能够察觉早期压力指标，并及时行动采取应对措施，那么对减少累积压力和避免倦怠会产生积极作用。在救灾行动期间经历累积压力是正常的，并且对压力的大多数应激反应都算是正常行为。累积的压力可以进行识别和管理。

采用以下一些方法，可以在救灾行动期间将累积压力降至最低：

- · 了解自己的能力局限，调整自己的期望，并接受现实。
- · 注意休息、放松、睡眠和锻炼。
- · 饮食要有规律。
- · 调整任务和角色。
- · 找出压力的来源并采取措施。
- · 休假。
- · 保持冷静，继续前进。
- · 打造个人半私密空间。
- · 避免药物滥用。
- · 与同事交谈，倾诉心中的喜乐哀愁。
- · 练习祷告、冥想或渐进式放松。

— ·善待自己：阅读，唱歌，跳舞，写作，欣赏或演奏音乐，培养爱好，自己烹饪等等。

— ·参加与任务无关的社交活动。

S.3.2 重大事件压力

重大事件压力，是由超出正常经验范围的突发创伤性事件引起的。这些事件可能包括：

— ·目睹伤亡和破坏场景。

— ·自己受到严重伤害或亲属、同事或朋友受伤 / 死亡。

— ·经历危及生命的事件。

— ·经历导致身心遭受重创的事件。

重大事件压力指标

重大事件压力的指标可分为急性压力反应和慢性压力反应。表 S-1 列出的并不是决定性的，但列出了一些最常见的症状。

表 S-1　急性压力反应与慢性压力反应

急性压力反应	慢性压力反应
恶心，出汗 / 发冷	疲劳
头昏眼花	坐立不安
呼吸急促	滥用药物
局促不安	睡眠障碍
无法进行决策 / 解决问题	注意力下降
记忆丧失	难以集中精力
恐惧 / 焦虑 / 愤怒	记忆障碍
烦躁 / 内疚 / 悲伤 / 绝望	幻觉重现
缺乏感知能力	抑郁 / 沉默寡言
非理性行为	怨恨 / 麻木

应对重大事件压力

在发生创伤性事件的情况下，非心理健康专业人员可以采用两种主要类型的干预措施（疏导和心理急救），用于帮助人们宣泄情绪和使其应激反应正常化。

疏导

"疏导"旨在协助经历创伤事件的队员，这些人目前尚能控制自己的情绪。不应该迫使任何人谈论刚刚发生的创伤事件，也不应该在事件发生后几个小时内谈及这个事件。为疏导而进行讨论的目标应该包括：

- · 提供事件相关的信息。
- · 分享各种看法和应激反应。
- · 加强相互支持，消除独特感。
- · 确定需要后续帮助服务的同事。

疏导包括3个主要部分，它们通过关于创伤事件的"自由畅谈"形式相互联系。

- · 介绍阶段。通常需要 5 ~ 10 分钟，介绍疏导干预团队的成员，解释疏导流程，并确定对疏导沟通的期望。
- · 探索阶段。通常需要 10 ~ 30 分钟，在这段时间内可以讨论创伤经历。讨论方式包括：参与人员谈论事件的实际情况，分享自己对事件的认知和情绪反应。在探索阶段，受影响的人员要确定创伤事件后自己所经历的各种症状。
- · 信息阶段。应持续 5 ~ 15 分钟，设法对参与者进行有关创伤压力的认知教育。

疏导的具体步骤不一定需要按照以上述顺序依次进行。实际上，疏导流程必须顺其自然，并满足工作人员的需要。

"疏导"一词不应与"心理疏泄"相混淆。心理疏泄是由心理健康专业人员进行的，尽管心理学家对其有效性存在不同意见。

心理急救

心理急救是为近期遭受严重压力的群体提供的人道主义支持，是一种切实可行的援助。其中包括：

- ·非侵入性的、切实可行的关怀和支持。
- ·评估各种需求和关切。
- ·帮助受影响群体解决基本需求（食物、水）。
- ·倾听，但不强迫别人说话。
- ·安慰受影响群体，帮助他们平静下来。
- ·帮助受影响群体获得信息、服务和社会支持。
- ·保护人们免受进一步伤害。

上述内容并非只有专业人员才能进行，也不应被视为专业咨询。开展心理急救时应遵循的原则见表 S-2。

表 S-2　开展心理急救时应遵循的原则

准备		·了解危机事件概况 ·了解现有的服务和支持 ·了解安全和安保注意事项
观察		·注意安全问题 ·注意观察有显著和紧急需求的群体 ·注意观察有严重不良反应的群体
倾听		·与可能需要支持的群体取得联系 ·询问人们的需求和关切 ·倾听受影响群体的呼声，帮助他们平静下来
合作		·帮助人们解决基本需求并获得服务 ·帮助人们应对问题 ·提供信息 ·帮助人们联系亲友和获得社会支持

经历了严重创伤事件并遭遇应对困难的队员，应转介给心理健康专家。

S.4 医疗紧急情况和急救

本节包含有关医疗紧急情况和急救的基本信息。现场遇到的大多数紧急情况，都不会立即危及人员生命。对于少数危及生命的医疗紧急情况，通常任何具有基本急救技能的人都能处理，可以采用理性方法，包括冷静和深思熟虑的方式。恐慌可能会导致或促成患者的"休克"反应，引发其他人做出不理智的行为。如果遇到医疗紧急情况，第一步是确定是否可以安全有效地提供援助。除非必要，否则不要移动患者，无论是为了自己的安全还是患者的安全。

以下指导内容不能替代急救培训。建议联合国灾害评估与协调队所有成员取得并持有急救和心肺复苏术证书。在尝试救助患者之前，采取"标准预防措施"来保护自己。如果条件允许，请戴上医用外科手套。如果进行口对口人工呼吸，强烈建议使用隔离面罩进行心肺复苏术。有关标准预防措施的更多信息，请访问世界卫生组织（WHO）网站：http:// www.who.int/ csr/ resources/publications/ EPR_AM2_E7.pdf?ua=1。

医疗紧急情况 / 急救的初始患者生命体征

评估患者和开始救助的基本步骤如下：

- ·气道—打开患者气道并保持畅通。
- ·呼吸—通过听嘴部呼吸声和观察胸部起伏来检查呼吸情况。
- ·血液循环—通过触摸手腕、脚踝或喉咙处的脉搏来检查血液循环。

窒息与心肺复苏（CPR）

如果气道阻塞，患者将不能有效地说话或呼吸。如果患者正在咳嗽或剧烈地喘气，不要打扰他们。如果患者不能说话，试图清嗓子或咳嗽无力，陪在他们身边，仔细观察他们的呼吸情况。如果患者不能说话，并用手挤压喉咙，则应立即采取行动，因为这是窒息的常见征兆。对于完全失去意识的患者，如果没有专业帮助，可以通过"手指清除法"来清除气道，方法是将手伸入喉咙后部以清除可见异物，小心不要将异物进一步推入。如果无法清除堵塞物，且患者仍未恢复呼吸，则按以下步骤进行心肺复苏：

- 放置患者—让患者处于仰卧体位。施救人员双膝着地，身体与患者身体成直角，膝部垂直于患者的颈肩部方向。
- 头部向后倾斜/抬起下巴—将手掌放在患者的前额上，轻轻向后推，将另一只手的第二和第三根手指放在患者下颌的一侧，使头部向后仰并抬起下巴以打开气道。
- 改良推颌法—如果怀疑患者颈部受伤，可以采用改良推颌法（不必倾斜头部）。施救人员将手放在患者脸部两侧，将拇指放在颧骨上（但不要推动），并用食指向前拉患者下巴以打开气道。再次检查口腔内是否有异物。
- 再次检查呼吸情况—将耳朵直接贴在患者的嘴边，倾听并感觉呼出的空气。观察患者的胸部，查看是否有起伏变化。
- 口对口人工呼吸—施救人员身体与患者的肩部成直角。将患者头部后倾/抬起下巴，用拇指和食指捏住患者的鼻孔。
  施救人员张大嘴，紧紧地盖住患者的嘴部。向患者吹气，直到观察患者胸廓抬起。
- 检查脉搏—在对患者进行两次人工呼吸后，用两根手指摸喉咙一侧以检查脉搏。如果患者有脉搏，但没有呼吸，那么继续进行口对口人工呼吸，使用相同的手法，每 5 秒钟进行一次深呼吸（每分钟 12 次）。在两次呼吸之间，施救人员移开嘴部。继续检查患者呼吸迹象，观察其胸部运动。
- 继续为患者进行人工呼吸—必须通过口对口人工呼吸继续为患者供氧。为患者进行两次人工呼吸。进行 30 次胸外按压。重复上述循环。
- 按压胸腔和人工呼吸交替进行—按压患者胸部 30 次，然后为其人工呼吸两次。大声计数以保持节奏。4 个循环后，检查患者脉搏和呼吸，如果条件允许，继续等待直到医疗救援到达。
- 对儿童进行心肺复苏—程序步骤基本相同，但施救人员只用一只手进行胸外按压，对儿童进行胸外按压 5 次。然后进行一次人工呼吸，用力要比成人患者人工呼吸更轻柔。
- 双人心肺复苏术—其中一人进行人工呼吸，另一人进行胸外按压。以每分钟 80 ~ 100 次的速度进行胸外按压。每 30 次按压后短时暂停，其间另一人进行 2 次人工呼吸。

休克

救灾领域最常见的休克形式，是由受伤引起的创伤性休克。如果不及时治疗，可能会导致死亡。因此，在患者严重受伤的情况下，应持续监测休克症状，并将休克治疗作为必需的治疗程序。在这种情况下，用毯子或其他保暖物盖住患者，监测他们的生命体征。如果伤口有出血情况，那么应使用无菌纱布并直接按压在伤口上止血，这是非常重要的。出血停止后，用胶带或其他方式将纱布在伤口上包扎好。如果此时立即移除纱布，则可能会导致再次出血。如果无法以任何其他方式控制出血，并且专业医疗援助远在数小时车程之外，那么可以在受伤的肢体上使用止血带。如果这样做，截肢的风险很大，特别是在不能立即获得专业医疗人员帮助的情况下。止血带是最后迫不得已的止血手段。

烧伤

烧伤有三种基本类型：化学烧伤、电烧伤和热力烧伤。每一种烧伤的治疗方法都是不同的，但无论种情况，创伤性休克的治疗都应该是一个必备的治疗环节。

化学烧伤

这种烧伤可能源于处理化学品时不慎泄漏，患者接触到不当处置的化学品、化学废物或化学战剂，因而造成烧伤。为了减少这种接触风险，应急人员应设法获取所在地区工业设施的信息，注意其周围环境（容器、储罐、燃料站、仓库）和相关风险，了解附近医院和治疗设施的位置，获取个人防护装备，并立即向地方主管部门或医疗卫生服务提供方寻求建议。

在没有相关专业知识和个人防护装备（手套、防护服、靴子、面罩等）的情况下，不得接近受损设施或接触未知化学品。务必向消防或医疗卫生服务部门咨询各种类型防护装备的建议，以及具体使用方法。

如果不慎接触到化学品，请采取以下处理步骤：

— · 脱下受污染的衣物，将其放入可封闭的容器（如大塑料袋）中进行隔离。避免将衣服套在头上，必要时可将衣服剪掉。
— · 用肥皂（最好是液体肥皂）和温水清洗身体接触部位，或者只用水清洗。用大量的水冲洗接触到化学品的皮肤至少 20 分钟。

- ·用水冲洗眼睛。
- ·在出现大面积烧伤、中毒症状（恶心、嗜睡、头痛、发烧、癫痫发作）或接触未知化学品的情况下，需要寻求医疗救助。
- ·如果误食化学品，不要催吐。致电有毒物质管理中心和/或寻求医疗援助。

如果怀疑化学品泄漏，请采取以下步骤：

- ·如果处在建筑物或封闭空间内，请利用不通过污染区域的通道或打破窗户以迅速离开建筑物，到清洁空气区域。
- ·如果处在户外，避开各类明显的云状烟雾或蒸气云雾区域。捂住口鼻，如果条件允许，遮住所有外露的皮肤，即放下袖子，扣紧外套/夹克。尽可能以最快的方式远离污染源，最好是朝侧风或逆风方向移动。立即联系主管部门和所属队伍，报告事件情况并听取其他指示。

核能与放射性紧急事故，大到核能发电厂事故，小到放射性材料事故。对于这类事故，设施的运营方以及地方和受灾国主管部门，是应急响应的主要责任方。在发生此类事故后，国际原子能机构（IAEA）负责协调可能提供的国际援助。

电烧伤

这类烧伤通常是由电击引起的。在接近患者之前，确保不存在进一步受伤害的风险。如果患者仍然与电源接触，并且确认电源为低电压，则可以用干燥的杆子或绳索将电线移开，或将患者移动到安全位置。如果电线电压不明，或是高压线，请寻求专业人员帮助以断开电源或移开电线。情况不明就擅自移动电线是危险的，不要采取这种鲁莽的做法。

- ·确认安全后立即采取行动，检查患者的生命体征，继续监测患者状态。电烧伤患者常出现心搏骤停或呼吸停止。
- ·如果有明显的烧伤，请用无菌纱布轻轻地覆盖在伤处。
- ·寻求专业人员帮助治疗烧伤。不要涂抹烧伤膏或药膏。

热力烧伤

从轻度晒伤到与明火、灼热金属和烫水有关的重度烧伤。热力烧伤按程度分为：一度、二度、三度烧伤。

- 一度烧伤是浅表性的，通常可以在不寻求专业救治的情况下自行治疗，方法是尽快使用冷水冲洗或湿敷受伤部位，直到轻度受伤部位的疼痛消退。
- 二度烧伤，也称为局部深度烧伤，比浅表烧伤更严重，因为皮肤的深层被烧伤。用无菌水冲洗 15 ~ 30 分钟，然后用干燥的无菌绷带包扎。创伤性休克患者，需要寻求专业人员治疗。
- 三度烧伤又称为焦痂性烧伤，呈致密的白色、蜡状甚至烧焦的外观。治疗创伤性休克，并用无菌且无黏性的纱布覆盖烧伤部位。抬高烧伤部位，立即寻求专业救治。

骨折（骨头断裂）

通常患者会知道自己是否骨折了。症状是骨折部位周围有瘀伤，局部疼痛，畸形和肿胀。治疗骨折的方法是固定骨折部位的末端。在移动患者之前，固定住所有骨折的部位。在已知或怀疑骨髓损伤的情况下，上述处理尤其重要。使用夹板固定时，固定相邻关节和骨折部位。夹板固定完成后，持续检查患肢的血液循环状况，直到接受专业治疗。在开放性骨折的情况下（骨头戳出皮肤表面），很可能需要按住出血点而不是直接施加压力以控制出血。主骨骨折和开放性骨折患者的休克症状必须治疗，同时继续监测创伤性休克症状的发作。开放性骨折（也称复合性骨折）需要立即就医。

冻伤

冻伤的皮肤组织摸起来感觉冰冷，患者自己会感到麻木或疼痛。冻伤的一个早期迹象是皮肤变白，这可以通过将身体温暖的部位贴近寒冷的部位来缓解。极端情况下，冻伤的皮肤组织会变白、变硬。治疗时，在有热源的空间中轻轻温暖冻伤的部位，条件允许时，可用温水浸泡冻伤的部位。给患者补充温热的水分，注意是否有休克的迹象。重新加热冻伤的组织过快将导致循环问题，并可能加重组织损伤。通过在受伤的手指、脚趾等部位之间放置纱布垫，防止彼此相互摩擦。除轻度冻伤外，所有冻伤患者均应就医，因为在较严重的冻伤患者中存在败血症和坏疽的风险。

体温过低

在体温过低的冻伤早期阶段，患者会颤抖，但一旦身体内部温度低于约32°C（90°F），颤抖可能会停止。患者将出现肢体不协调的情况，可能表现出精神错乱、口齿不清以及各种不理性的行为。仅仅将患者带到一个温暖的空间，并不能改善其严重的症状。应脱下患者潮湿或紧身的衣物，将患者放在温暖的床上或睡袋中，在身体周围放置装有温水（不是热水）的水壶保温。如果没有温水，安排一名或多名身体温暖、衣物干燥的人员一起躺在睡袋或床上，给患者提供热量。如果患者有足够的意识可以正常吞咽，则应给他们提供温热（38～45°C/100～115°F）的液体，如柠檬水。通过这种方式，给患者提供容易吸收的养分（糖），这也是为身体提供热量的方法。

热衰竭

患者通常表现为大汗淋漓，肌肤触感湿黏，可能会伴有头痛或恶心，可能会失去方向感并感到虚弱。如果怀疑患者热衰竭，但患者没有出汗，请参见中暑（下文）。让患者远离阳光直射，通过冷敷和扇风给他们降温。如果患者意识清醒，则可以给予口服补液和水，或白开水。如果治疗后没有立即好转的迹象，请及时就医。

中暑

患者的皮肤又热又干，体温远高于正常水平。这种情况会危及生命，必须立即设法治疗。在更严重的病例中，患者会失去意识并可能会发生痉挛。将患者从阳光下转移到阴凉的地方。

脱掉患者的衣服，将他们浸入冷水（不是冰水）中，直到他们开始颤抖。设法及时就医。必须立即降低患者体温，否则患者可能会死亡。

附　录

附录一　换算表（英制和公制）

公制转英制		英制转公制	
长度		长度	
1 厘米	= 0.394 英寸	1 英寸	= 2.54 厘米
1 米	= 39.4 英寸	1 英尺	= 30.5 厘米
1 米	= 3.28 英尺	1 英尺	= 0.305 米
1 米	= 1.09 码	1 码	= 0.914 米
1 公里	= 0.621 英里	1 英里	= 1.609 公里
重量		重量	
1 克	= 0.035 盎司	1 盎司	= 28.3 克
1 千克	= 2.2 磅	1 磅	= 454 克
1 吨	= 2200 磅	1 磅	= 0.454 千克
1 吨	= 0.984 吨（美制）	1 吨（美制）	= 1.02 吨

（续）

公制转英制		英制转公制	
面积		面积	
1 平方厘米	= 0.155 平方英寸	1 平方英寸	= 6.45 平方厘米
1 平方米	= 10.76 平方英尺	1 平方英尺	= 929 平方厘米
1 平方米	= 1.2 平方码	1 平方英尺	= 0.093 平方米
1 公顷	= 2.47 英亩	1 平方码	= 0.836 平方米
1 平方公里	= 247 英亩	1 英亩	= 0.405 公顷
1 平方公里	= 0.386 平方英里	1 平方英里	= 2.59 平方公里
体积		体积	
1 立方厘米	= 0.061 立方英寸	1 立方英寸	= 16.4 立方厘米
1 立方米	= 35.3 立方英尺	1 立方英尺	= 0.028 立方米
1 立方米	= 1.31 立方码	1 立方码	= 0.765 立方米
1 毫升	= 0.035 液量盎司	1 液量盎司	= 28.4 毫升
1 升	= 1.76 品脱	1 品脱	= 0.568 升
1 升	= 0.22 英制加仑	1 英制加仑	= 4.55 升
1 美制加仑	= 0.833 英制加仑	1 英制加仑	= 1.2 美制加仑

温度：

（摄氏度 × 1.8）+ 32 = 华氏度

（华氏度 −32）× 0.555 = 摄氏度

附录二　紧急情况下常用飞机的特性

飞机类型	巡航速度（节）	最大货物重量公吨（2200磅）	货舱尺寸：长×宽×高（厘米）	舱门尺寸：宽×高（厘米）	可用货物体积（立方米）	货盘数量 224×318（厘米）	所需跑道长度（英尺）
AN-12		15	1300 × 350 × 250	310 × 240	100	不适用	不适用
AN-22		60	3300 × 440 × 440	300 × 390	630	不适用	不适用
AN-26		5.5	1060 × 230 × 170	200 × 160	50	不适用	不适用
AN-32		6.7	1000 × 250 × 110	240 × 120	30	不适用	不适用
AN-72/74		10	1000 × 210 × 220	240 × 150	45	不适用	不适用
AN-124	450	120	3300 × 640 × 440	600 × 740	850	不适用	10000
A300F4-100		40	3300 × 450 × 250	360 × 260	320	20	8200
A300F4-200		42	3300 × 450 × 250	360 × 260	320	20	8200
A310-200F		38	2600 × 450 × 250	360 × 260	260	16	6700
A310-300F		39	2600 × 450 × 250	360 × 260	260	16	6700
B727-100F		16	2000 × 350 × 210	340 × 220	112	9	7000
B737-200F		12	1800 × 330 × 190	350 × 210	90	7	7000
B737-300F		16	1800 × 330 × 210	350 × 230	90	8	7000
B747-100F		99	5100 × 500 × 300	340 × 310	525	37	9000

（续）

飞机类型	巡航速度（节）	最大货物重量公吨（2200磅）	货舱尺寸：长×宽×高（厘米）	舱门尺寸：宽×高（厘米）	可用货物体积（立方米）	货盘数量 224×318（厘米）	所需跑道长度（英尺）
B747-200F	490	109	5100×500×300	340×310	525	37	10700
B747-400F		113	5100×500×300	340×310	535	37	不适用
B757-200F		39	3400×330×210	340×220	190	15	5800
B767-300F		55	3900×330×240	340×260	300	17	6500
DC-10-10F		56	4100×450×250	350×260	380	23	8000
DC-10-30F		70	4100×450×250	350×260	380	23	8000
IL-76	430	40	2500×330×340	330×550	180	不适用	2800
L-100	275	22	1780×310×260	300×280	120	6	不适用
L-100-20	275	20	1780×310×260	300×280	120	6	不适用
L-100-30	280	23	1780×310×260	300×280	120	6	不适用
MD-11F		90	3800×500×250	350×260	365	26	不适用

注：表中所列的载货量和巡航速度均为平均值。实际载货量将根据海拔高度、环境气温和飞机实际燃油量而变化。

附录三 紧急情况下常用直升机的特性

直升机类型	燃料类型	巡航速度（节）	地效悬停典型容许有效载荷（千克/磅）[1]	无地效悬停典型容许有效载荷（千克/磅）[2]	乘客座位数量
法国宇航公司 SA 315B Lama	喷气燃料	80	420/925	420/925	4
法国宇航公司 SA-316B Allouette III	喷气燃料	80	526/1160	479/1055	6
法国宇航公司 SA 318C Allouette II	喷气燃料	95	420/926	256/564	4
法国宇航公司 AS-332L 超级美洲豹	喷气燃料	120	2177/4800	1769/3900	26
贝尔公司 204B	喷气燃料	120	599/1.20	417/920	11
贝尔公司 206B-3 喷气突击队员	喷气燃料	97	429/945	324/715	4
贝尔公司 206L Long Ranger	喷气燃料	110	522/1150	431/950	6
贝尔公司 412 休伊	喷气燃料	110	862/1900	862/1900	13
贝尔公司 G-47	航空汽油	66	272/600	227/500	1
贝尔公司 47 Soloy	喷气燃料	75	354/780	318/700	2

（续）

直升机机型	燃料类型	巡航速度（节）	地效悬停典型容许有效载荷（千克/磅）[1]	无地效悬停典型容许有效载荷（千克/磅）[2]	乘客座位数量
波音公司 H47 支奴干	喷气燃料	130	12210/26918	12210/26918	33
欧洲直升机公司（MBB）Bo-105 CB	喷气燃料	110	635/1400	445/980	4
欧洲直升机公司 BK-117A-4	喷气燃料	120	599/1320	417/920	11
MI-8	喷气燃料	110	3000/6.6139	3000/6.6139	20 ～ 30
西科斯基公司 S-58T	喷气燃料	90	1486/3275	1168/2575	12 ～ 18
西科斯基公司 S-61N	喷气燃料	120	2005/4420	2005/4420	不适用
西科斯基公司 S-64 空中吊车	喷气燃料	80	7439/16400	7439/16400	不适用
西科斯基公司 S-70（UH-60）黑鹰	喷气燃料	145	2404/5300	1814/4000	14 ～ 17

注：

1. 适用于起飞和着陆区域相对平坦且负载不可抛弃的情况。实际有效载荷将根据海拔、气温、燃油量和其他因素而变化。

2. 适用于吊索装载任务（货物放置在网中或悬挂在基座吊索上，由直升机使用吊钩提起和移动），以及不利地形（陡峭山脊顶部或悬崖附近）的着陆区）或天气。实际有效载荷将根据海拔、气温、燃油量和其他因素而变化。

附录四　飞机装载和卸载方法

飞机可能采用 4 种方式装载：

- 散装—货物装载在地板上，用网、皮带或绳索固定。这种方式可以增加飞机上的可用货物空间；然而，让货物固定不动可能更加困难。散装方式也会减慢装载、卸载、分拣、配送和海关处理的速度。

- 货盘装运—货物被预先装载到木制或金属货盘上，用网、皮带或绳索固定到位。这种方式通常用于储存和运输人道主义救援物资。军用货盘，正式名称为 HCU-6/E 或 463L 货盘（绰号"烤盘"），宽 224 厘米，长 274 厘米（213 × 264 可用空间）。这些货盘由带有薄铝涂层的木材制成，重 160 千克（带网）。装载后的货盘可重达 4500 千克。这些货盘可重复使用，用完必须退回。通常用于 C-5、C-17、C-141 和 C-130 等飞机的载货。某些商用飞机也使用这些货盘。基于后勤规划的考量，在堆叠货盘时，除非乘务长授权堆得更高，否则将这些飞机的堆叠高度限制为 243 厘米（96 英寸）。因国家或地区以及预期用途的不同，商用货盘的尺寸会有很大差异。商用货盘通常是木质的，但也可能是金属或塑料材质。商用货盘用于 DC-8、B727、DC-10 和 B747 等飞机的载货。这些货盘也是可重复使用的。在飞机上也可以堆放货盘，但比较困难，而且非常耗时。需注意，飞机机组人员的工作时间非常紧张！

- 集装箱装运—货物被预先装入封闭的集装箱，然后装载到飞机上。这种方法用于装载到大型商用飞机，如 B747s 和 DC-10s。集装箱有各种形状和尺寸，其最大装载重量从小于 450 千克到超过 11 吨不等。每种类型的设计都考虑了使用机械化装载系统或叉车，将货物装载或卸载到位。集装箱装运是非常困难和耗时的，并且一旦集装箱装上飞机，有时就无法靠人工卸下集装箱。如果使用叉车装载或卸载集装箱或货盘，则应确保叉车能够承载最大的货盘，叉齿足够长以平衡重量，并且叉车的最高点低于飞机相关部分（机翼、尾翼或机舱门），叉车必须在这些部位移动以装卸集装箱或货盘。

- 外部装运（仅适用于直升机）—货物放置在网中或悬挂在绳索上，由直升机使用吊钩提起和移动。通常，相比于在直升机内部运载货物的方式，

> 直升机的外部装运（通过吊索）能力要大得多，可以提升和移动货物。外部装运的货物被装入特制的网中，这些网与直升机腹部的吊钩相连。货物也可以悬挂在缆绳（吊索）上。确保缆绳和货网已经过核准用于吊运货物。

货盘、集装箱、货网和吊索可重复使用。这些装备用完后需要快速归还原处，以便用于装载更多货物。请记得"归还"这些装运装备，以便重复使用或在不需要时妥善保存。

附录五 缩写词

下表列出了与灾害评估和协调任务有关的一些最常用的缩写词。

缩写词	全称
A&A	评估和分析
AAR	行动总结
ACAPS	评估能力项目
AHA	东盟灾害管理人道主义援助协调中心
ASC	地区安保协调员（联合国安全和安保部）
ASEAN	东南亚国家联盟
AST	美洲支持队
AWG	评估工作小组
CADRI	减灾能力倡议
CAP	联合呼吁程序
CARICOM	加勒比共同体
CBi	链接业务倡议
CCCM	全球营地协调和营地管理
CDEMA	加勒比灾害应急管理机构
CERF	中央应急响应基金
CHAP	共同人道主义行动计划
CHS	人道主义质量与责信核心标准

（续）

缩写词	全称
CLA	组群牵头机构
UN-CMCoord	联合国人道主义军民协调
CMOC	军民行动中心
COD	通用业务数据集
CRD	（联合国人道主义事务协调办公室）协调和反应司
CSA/SA	首席安全顾问 / 安全顾问（联合国安全和安保部）
CTP	现金转移计划
DART	灾害援助响应队（美国）
DEMA	丹麦应急管理局（丹麦）
DFID	国际发展部（英国）
DHA	人道主义事务部
DHN	数字人道主义网络
DHS	人口和健康调查
DO	指定官员（负责联合国驻各国安全事务）
DSA	每日生活津贴
DSB	民事保护局（挪威）
DVI	灾难受害者身份识别
ECB	评估能力项目和应急能力建设项目
ECCAS	中部非洲国家经济共同体
ECHO	欧洲民事保护和人道主义援助行动总局
ECOWAS	西非国家经济共同体
EE	突发环境事件
EER	（联合国环境规划署 / 联合国人道主义事务协调办公室）突发环境事件人员名册
EMT/I-EMT	紧急医疗队 / 国际紧急医疗队
EMTCC	紧急医疗队协调单元
ERAT	（东盟）应急响应和评估队
ERC	联合国紧急援助协调员
ERCC	应急响应协调中心 (欧洲民事保护和人道主义援助行动总局)

（续）

缩写词	全称
ERR	联合国人道主义事务协调办公室应急响应名册
ERSB	联合国人道主义事务协调办公室应急响应支持科
ERU	应急响应单元（红十字会与红新月会国际联合会）
ETC	应急通信组群
EU	欧盟
EUCP	欧盟民事保护机制（欧洲民事保护和人道主义援助行动总局）
FA	紧急呼吁
FACT	现场评估和协调队（红十字会与红新月会国际联合会）
FAO	联合国粮食及农业组织
FEAT	快速环境评估工具
FIS	（联合国人道主义事务协调办公室）现场信息科
FMA	外国军事资源
FRF	燃料救助基金
FSC	粮食安全组群
FSCO	现场安全协调官（联合国安全和安保部）
GA	联合国大会
GBV	性别暴力
GCER	全球早期恢复组群
GDACS	全球灾害预警与协调系统
GIS	地理信息系统
GOARN	全球疫情警报和反应网络
GPS	全球定位系统
HAZMAT	危险物质
HCT	人道主义国家工作队
HDX	人道主义数据交换
HEAT	敌对环境意识培训
HEOC	卫生应急行动中心
HI	国际助残联盟（以前是国际残疾人协会）
HID	人道主义救援人员身份数据库

（续）

缩写词	全称
HPC	人道主义计划周期
HPN	人道主义实践网络
HR.info	www.humanitarianresponse.info
HRP	人道主义响应计划
HuMOCC	人道主义军事行动协调中心
IASC	联合国机构间常设委员会
ICCG	组群间协调小组
ICRC	红十字国际委员会
ICT	信息和通信技术
ICVA	国际志愿机构理事会
IDP	境内流离失所者
IEC/IER	国际搜索与救援咨询团分级测评／分级复测
IFRC	红十字会与红新月会国际联合会
IGO	政府间国际组织
IHP	国际人道主义伙伴关系
IM	信息管理
IMO	（联合国人道主义事务协调办公室）信息官员
IMWG	信息管理工作组
IMF	国际货币基金组织
INSARAG	国际搜索与救援咨询团
IOM	国际移民组织
JEU	联合国环境规划署／联合国人道主义事务协调办公室联合小组
LCA	后勤能力评估（后勤组群）
LEMA	地方应急管理机构
LOG	后勤行动指南（后勤组群）
LRT	（世界粮食计划署）后勤应急响应队
MCDA	军事和民防资产
MDS	紧急医疗队最小数据集
MICS	多指标组群调查

（续）

缩写词	全称
MIRA	多组群初期快速评估
MoH	卫生部
MOU	谅解备忘录
MSB	瑞典民事应急局
MSF	无国界医生组织
NAAS	（联合国人道主义事务协调办公室）需求评估与分析科
NDMA	国家灾害管理机构
NFI	非粮食物资
NGO	非政府组织
OCHA	联合国人道主义事务协调办公室
OFDA	美国国外灾害援助办公室
OHCHR	联合国人权事务高级专员办事处
OISS	现场行动协调中心信息支持人员
OSM	开放街道地图
OSOCC	现场行动协调中心
PC	计划关键度
P-codes	P 码
PHT	太平洋人道主义工作队
PIO	（联合国人道主义事务协调办公室）公共信息官员
PoA	行动计划
RC/HC	联合国驻地协调员/人道主义协调员
RDC	接待和撤离中心
REDLAC	拉丁美洲和加勒比地区风险应急和灾害网络
RFA	援助申请（军民协调）
ROAP	（联合国人道主义事务协调办公室）亚太地区办事处
ROLAC	（联合国人道主义事务协调办公室）拉丁美洲和加勒比地区办事处
SA	安全顾问
SADD	按性别、年龄和残障分类数据
SAARC	南亚区域合作联盟

（续）

缩写词	全称
SADC	南部非洲发展共同体
SDR	二手数据审核
SMCS	（GDACS）卫星制图及协调系统
SMT	安保管理队（联合国驻各国）
SOP	标准行动程序
(UN) SPM	（联合国）《安全政策手册》（联合国安全和安保部）
SRM	安全风险管理
SRSG	秘书长特别代表
SSAFE	现场环境安全与安保方法（培训课程）
ToR	职权范围
TSF	无国界电讯传播组织
OCC	城市搜索与救援协调单元
UMS	联合国灾害评估与协调队任务软件
UNDMT	联合国灾害管理队
UNDSS	联合国安全和安保部
UNCT	联合国国家工作队
UNDAC	联合国灾害评估与协调队
UNDP	联合国开发计划署
UNEP	联合国环境规划署
UNFPA	联合国人口基金会
UNHAS	联合国人道主义空运处
UNHCR	联合国难民事务高级专员公署
UNICEF	联合国儿童基金会
UNITAR	联合国训练研究所
UNOG	联合国日内瓦办公室
UNOSAT	联合国卫星中心
USAID	美国国际开发署
USAR	国际城市搜索与救援

（续）

缩写词	全称
USG	副秘书长
VOSOCC	虚拟现场行动协调中心
3W	行动人员、行动任务和行动地点（信息成果）
WAHO	西非卫生组织
WASH	净水、公共卫生和个人卫生
WFP	世界粮食计划署
WHO	世界卫生组织
WHS	世界人道主义峰会

注：特定组织（如区域组织）或领域（如急救、电信）的缩写词，如果在同一章节中只出现一次或两次，则不包括在缩写词列表中，并且／或者每次都在文本中呈现全称。

附录六　标字母表、联合国标准呼号和无线电 通信过程字

字母	发音	字母	发音	字母	发音
A	ALPHA	J	JULIET	S	SIERRA
B	BRAVO	K	KILO	T	TANGO
C	CHARLIE	L	LIMA	U	UNIFORM
D	DELTA	M	MIKE	V	VICTOR
E	ECHO	N	NOVEMBER	W	WHISKY
F	FOXTROT	O	OSCAR	X	X-RAY
G	GOLF	P	PAPA	Y	YANKEE
H	HOTEL	Q	QUEBEC	Z	ZULU
I	INDIA	R	ROMEO		

在联合国呼号系统中，第一个字母表示机构网络的位置。通常是指定位置名称的第一个字母。如果此字母已被所在国其他机构网络使用，则使用最后一个字母。直到在位置名称中找到可用的字母。例如，在巴基斯坦运作的机构网络，将使用 Mike 代表 Multan，Delta 代表 Muzaffarabad，Novembera 代表 Manshera。

呼号的第二个字母表示机构：

字母	机构	字母	机构
Alpha	联合国粮食及农业组织	November	联合国人口基金会
Bravo	世界银行/国际货币基金组织	Oscar	人道主义事务协调办公室/联合国灾害评估与协调队
Charlie	联合国儿童基金会	Papa	联合国项目服务办公室
Delta	联合国开发计划署	Quebec	联合国维持和平行动部
Echo	联合国教科文组织	Romeo	联合国难民事务高级专员公署
Foxtrot	世界粮食计划署	Sierra	联合国安全和安保部

（续）

字母	机构	字母	机构
Golf		Tango	联合国人居署
Hotel	世界卫生组织	Uniform	联合国秘书处
India		Victor	
Juliet		Whisky	
Kilo		X-ray	为非政府组织保留
Lima	联合国联合后勤中心	Yankee	为非政府组织保留
Mike	国际移民组织	Zulu	为非政府组织保留

呼号的第一位数字表示机构内的职能部门：

数字	部门
1	管理人员和其他高级工作人员
2	财务／行政
3	后勤
4	方案／规划
5	工作人员安保／警卫
6	特定机构
7	司机
8	技术支持人员，如电信、IT 人员等
9	来访人员／特定机构

最后一位或两位数字表示部门中的不同人员。例如，在 Muzaffarabad 的联合国灾害评估与协调队队长是 Delta-Oscar-1；联合国灾害评估与协调队副队长是 Delta-Oscar-1-1。

（续）

通信过程字	含义
ACKNOWLEDGE	确认你已收到我的信息，并将遵守相关指示
AFFIRMATIVE – NEGATIVE	是 / 正确—否 / 错误
ALL AFTER or ALL BEFORE	你（我）在……之后传输的所有内容（关键词） 你（我）在……之前传输的所有内容（关键词）
CORRECT (THAT IS CORRECT)	你传输的内容是正确的
CORRECTION	此次传输的内容中出现错误。将继续以正确的方式传输最后一个字（词组） 此次传输的内容中出现错误 回复你的验证请求，以下内容为正确版本
WRONG	你上次的传输的内容不正确
SILENCE – SILENCE – SILENCE	立即停止此通信网络上的所有信息传输。停止状态将保持到解除停止信号发出为止
SILENCE LIFTED	停止状态已解除。通信网络可以自由传输信息
END OF MESSAGE – OVER (OUT)	刚才传输的消息（以及与正式消息有关的消息指令）到此结束
FIGURES	随后内容是数字符号或数字 一般来说，数字采用一位数接一位数的传输方式，但如果是精确的百和千的倍数，则会作为整数直接读出
OVER	我的此次传输到此结束。接下来会有一条消息。请继续
THROUGH ME	对于你正在呼叫的电台，我这里保持着联系。我可以充当中继站
MESSAGE PASSED TO	你的信息已传输给
ROGER	我已清楚地收到了你最后一次传输的消息

（续）

通信过程字	含义
ROGER SO FAR?	你是否已清楚收到我的这部分信息？
WILCO	我已经收到了你的信息，已理解信息内容，并将遵守相关指示（仅供收报人使用） ROGER 和 WILCO 从不一起使用
UNKNOWN STATION	呼号电台或我试图与之建立通信的电台身份未知
WAIT (WAIT-WAIT)	我必须暂停几秒钟
WAIT – OUT	我必须暂停几秒钟以上，准备好后再向你呼号
OUT	我向你传输的内容到此结束 不需要回复或确认
OUT TO YOU	不需要回复；我没有更多的内容传输给你 我现在将呼叫网络上的另一个电台
READ BACK	完全按照收到的信息，向我重复以下传输的全部内容
I READ BACK	以下是我对你复述请求的回复
SAY AGAIN	重复你上一次传输的所有内容 后面的通信过程字为 ALL AFTER, ALL BEFORE, WORD AFTER, WORD BEFORE 等，意为：重复……（所示部分）
I SAY AGAIN	我正在重复我的传输内容或所示部分
SEND	继续进行你的传输
SEND YOUR MESSAGE	请继续传输；我已经准备好复制
SPEAK SLOWER	降低传输速度
I SPELL	我将拼读下一个单词，词组或相应的内容（不用于仅传输编码词组的情况）

附录七　二手数据来源

一般信息 / 国家概况	
数据库 / 指标	
联合国人口基金（人口数据）	www.unfpa.org
联合国统计服务 / 数据库	unstats.un.org/unsd/databases.HTM
国际灾害数据库	www.emdat.be/country-profile
世界卫生组织	www.who.int
联合国儿童基金会（统计）	www.unicef.org/Statistics/index.html
世界银行（指标）	data.worldbank.org/indicator
人类发展报告	HDR.UNDP.org/en
ELDIS 国家概况	www.eldis.org/go/country-profiles
减少灾害风险 / 备灾	
国际减灾战略国家概况	www.eird.orgcountry-profiles/
全球灾害预警与协调系统	www.gdacs.org
粮食早期预警系统	www.fews.net
Maplecroft（全球风险指数）	maplecroft.com/portfolio/prevention
预防（减少灾害风险）	www.preventionweb.net

辅助网址	
虚拟现场行动协调中心	vosocc.unocha.org/
人道主义应急响应	www.humanitarianresponse.info

（续）

援助网	www.reliefweb.int
美国中央情报局发布的《世界概况》	www.cia.gov/library/publications/the-world-factbook/index.html
全球灾害图集（太平洋灾害中心）	atlas.PDC.org/atlas/
红十字与红新月运动	
国际红十字会和红新月会联合会	www.ifrc.org
国际红十字会委员会	www.icrc.org
媒体	
路透社基金会	http://news.trust.org//humanitarian/
美国有线电视新闻网	www.cnn.com
英国广播公司	www.bbc.com
捐赠方	
欧洲民事保护和人道主义援助行动总局	www.ec.europa.eu/echo/index
美国国际开发署	www.usaid.gov

灾害类型	
飓风 / 气旋 / 台风	
国家飓风中心	www.nhc.noaa.gov
天气频道	www.weather.com
热带天气	www.wunderground.com/tropical
飓风监测网	hwn.org/28Storms 28storms.com/

（续）

联合台风警报中心	www.usno.navy.mil/jtwc/
地震	
美国地质调查局—地震	https://earthquake.usgs.gov/
地震新闻	www.earthquakenews.com
滑坡	
美国地质调查局—滑坡	landslides.USGS.gov/
洪水	
达特茅斯洪水观测站	floodobservatory.colorado.edu/
复杂突发事件	
国际流离失所问题监测	www.internal-displacement.org/
突发环境事件	
突发环境事件中心	www.eecentre.org
救灾部门	
粮食安全	
全球粮食安全指数	foodsecurityindex.eiu.com/country
世界粮食计划署评估银行	www.wfp.org/food-security/ assessment-bank
全球饥荒指数	www.ifpri.org/publication/2012-global- hunger-index
联合国粮食及农业组织统计数据（FAOSTAT）	www.fao.org/faostat/en/#data
饥荒早期预警系统网络—生计	www.fews.net/sectors/livelihoods

（续）

国际粮食政策与研究	www.ifpri.org.
国际农业发展基金	www.ruralpovertyportal.org
健康卫生	
世界卫生组织 全球卫生组织	www.who.int/gho/database/en
世界卫生组织全球卫生地图集	www.who.int/globalatlas/
人口健康调查	dhsprogram.com/
英国国际发展部疟疾国家概况	www.dfid.gov.uk/
艾滋病防治联盟	www.aidsalliance.org
世界卫生组织孕产妇死亡率趋势	www.who.int/healthinfo/statistics/indmaternalmortality/en
世界卫生组织国际旅行和卫生	http://www.who.int/ith/en/
避难所	
红十字会与红新月会国际联合会	www.ifrc.org
联合国难民事务高级专员公署	www.unhcr.org
国际流离失所监测中心	www.internal-displacement.org
庇护所中心图书馆	http://sheltercentre.org/ consensus/#humanitarian-library
营养状况	
世界卫生组织各国营养概况	www.who.int/nutrition/
联合国儿童基金会	www.unicef.org/nutrition
人权保护	

（续）

人权观察	www.hrw.org
国际特赦组织	www.amnesty.org
少数民族权利团体	www.minorityrights.org
联合国难民事务高级专员公署	www.unhcr.org
联合国人权事务高级专员办事处	www.ohchr.org
世界经济论坛	www.weforum.org
联合国排雷行动	www.mineaction.org
人道主义与包容	http://www.hi-us.org/
国际助老会	www.helpage.org
后勤	
后勤组群	www.logcluster.org
净水、公共卫生和个人卫生	
联合国水机制	www.unwater.org
经验教训	
ALNAP	www.alnap.org
灾情汇总表	www.acaps.org
其他类型	
地理空间图像	www.eurimage.com
卫星影像	www.ssd.noaa.gov

附录八　按职能领域分列的主要保护活动

以下活动清单考虑了救灾工作中的多个保护领域：疏散；儿童；妇女和女童；残疾人；老年人；精神障碍和心理社会压力；法治；以及住房、土地和财产。编写这些活动清单是为了帮助受灾国和国际保护工作者：

- ·提高其对受灾害影响的不同群体权利和脆弱性的认识。
- ·识别并应对常见的保护威胁。
- ·针对灾后恢复和重建，支持采取兼顾保护措施的办法。

在管理和提供援助方面的微小变化，都可以显著减少违反保护原则的情况。此外，将保护工作纳入主要活动，可以提高所有职能领域的总体效力和效率，因为可以确保每一个受灾者都能得到援助。

各职能领域的保护行动	
疏散	·确保疏散计划满足边缘化群体（居家群体、医院病患、孤儿院或监狱人员、老年人或残疾人）的需求。协助他们到达疏散地点，收拾行李，乘坐交通工具。在地图上标出应急响应队伍的位置。 ·制定协议，防止疏散期间家庭分离（登记每个家庭的成员，为婴儿提供姓名标签，确保家人一起乘坐等）。 ·确保受灾群体对自己的疏散做出明智的选择。提供有关紧急避难场所提供的服务信息，以及保护遗留土地和财产的措施等信息。 ·组织宣传活动。针对边缘化群体，使用各种媒体，使用各种相关的当地语言。挨家挨户打电话，并使用听力和视力受损者专用媒体。以机构或半独立生活空间为救助目标。 ·明确规定强制疏散必须有正当理由，以法律为依据，并且在工作中不能存在歧视。 ·在疏散过程中，优先考虑受灾群体面临最严重人身危险的地点；在这些地点内，需要援助的受灾群体（如老年人和残疾人、举目无亲的妇女和儿童、女性或儿童为户主的家庭、少数民族等）。 ·建立协议，避免与管理财产和盗窃有关的问题。鼓励业主在疏散前或抵达紧急避难所时列出其资产清单。 ·通过设立警戒线、警告标志、安排巡逻等，阻止受灾群体返回高风险地区的企图。 ·一旦可以安全返回受灾地区，支持"返乡探视"活动，定期传播关于安全、可用选项、生计援助方案等方面的信息。

（续）

各职能领域的保护行动	
应急计划和备灾	• 部署多职能领域队伍，评估潜在的紧急避难场所的人身和社会风险。根据安全、灾害现场临近程度和生计资源等因素，选择行动地点。 • 确保立法充分涵盖自然灾害后可能出现的所有问题。 • 保护出生登记数据和住房、土地和财产记录（例如，将本地数据导入中央数据库，更新和备份记录）。
协调	• 在需求评估期间，收集关于性别、年龄和健康状况的分类数据。 • 为了减少压力，协调需求评估、数据收集和监测。确保不对个人进行重复访谈。对访谈工作人员进行心理关怀原则的培训。 • 共同人道主义行动计划（CHAP）、部门应急响应计划和情况报告，应包括并定期报告本汇总表概述的保护活动。 • 军民协调活动，必须确保人道主义救援空间。
全球营地协调和营地管理	• 优先向有弱势成员的家庭分配庇护所。 • 确保老年人、残疾人、单身妇女和无人陪伴的儿童和青年：被安置在适当的临时住所，靠近厕所、洗浴设施和援助物资发放点；被安置在适当的群体（亲属、其他弱势人员等）中，至少与无亲属关系的男性分开安置；优先获得食物和非食品物资，并且确保物资符合当地文化习俗。 • 提供可容纳不同规模家庭的庇护所。每个庇护所空间单元分配一个家庭。为孕妇和哺乳期的母亲提供单独住宿。 • 改造设施，满足老年人和残疾人的需求（扶手设施、轮椅通道）。 • 优先考虑将体弱的老年人、残疾人或受伤人员重新安置到更合适的地点。 • 安装泛光照明并安排巡逻，确保卫生设施、食物和取水点以及儿童友好空间更加安全。 • 设立儿童友好空间、青年俱乐部和学校。 • 确保营地和疏散地点符合人道主义原则。军事力量或武装团体建立的营地和场所，必须尽快移交给文职人员管理；警察和安全部队的作用应限于保障安全。 • 在必要和适当的情况下，可以在庇护所内部署受灾国或国际警察。 • 监控安全，并在社区工作中确保安全风险的监控、预防和应对。在关闭营地或疏散地点的计划中，确保纳入促进持久解决方案的避难所和保护策略。

（续）

各职能领域的保护行动	
早期恢复	• 制定针对女性户主家庭和残疾人的职业培训和小额信贷方案；促进其自给自足和就业。 • 确保生计和支助方案（以工代赈等）将妇女、残疾人和老年人包括在内，消除影响他们的制约因素（通过提供兼职、灵活就业和住家工作等）。 • 解决童工问题的根源（如贫困和失业），例如提供重返学校的奖励，减少家庭债务，或促进成年家庭成员就业，提供技能培训等。
教育	• 为避免童工问题和促进学校教育，将教育策略与生计举措联系起来。 • 在疏散地点，在返乡后，或在重新安置点，确保儿童能够上学。
粮食安全和营养	• 确保粮食分配机制：尊重当地风俗习惯；提供适当数量便于携带的食物；促进向行动不便的人（如老年人和残疾人）直接提供送上门服务。 • 采取保障策略，促进向无证件人员和生活在城市地区或寄宿家庭的境内流离失所者等分发食物。 • 确保食品满足儿童、孕妇和哺乳期妇女以及老年人的营养需求（例如，食物供应品应易于打开、咀嚼和消化）。
健康和社会心理	• 提供卫生服务和药品，解决与灾害有关的伤害和康复问题；提供产科、慢性病、助产和儿科方面的护理。 • 确保行动能力受限的人（老年人和残疾人、因文化原因而受到限制的妇女等），以及无证件的国内流离失所者或居住在城市地区或寄宿家庭的群体能够获得保健服务（出诊、流动诊所、交通服务等）。 • 制定适当方案，满足儿童、寡妇、老年人和残疾人的心理需求（考虑以下方式：咨询服务和"热线"；支助和自助团体；社区网络；宗教或习俗活动和仪式；社区和体育活动）。

（续）

各职能领域的保护行动	
保护	• 防止剥削和虐待。 • 定期评估相关群体的脆弱性，包括住在紧急庇护所或在临时安置场所或其他机构接受照料的儿童、妇女、老年人和残疾人。 • 建立简单、方便、安全、保密的机制（包括法律援助和咨询服务），监控和报告暴力或剥削事件。 • 针对性别暴力、人口贩卖、童工风险、幸存者的权利和需求、接受和调查投诉的方法，向警察、边防警卫、法官和其他保护工作人员进行宣传，提供培训。 • 制定适当方案，解决人口贩卖、剥削、童工、强迫劳动、家庭暴力、武装部队人员招募和无法上学的风险和原因。 • 制定行为准则，禁止工作人员（以及伙伴机构的工作人员）参与、助长或协助各种形式的性剥削或性虐待，实施严格的监控、报告、调查和处罚规则。对在营地工作的所有工作人员和志愿者进行行为准则培训，确保工作人员得到有效识别。 • 制定受害者康复和支持方案（咨询、技能培训、重返学校奖励等）。 • 针对孤身和失散儿童以及处境危险的其他儿童，支持为其建立正式的最佳利益确定程序。 • 个人证件。 • 制定方案，协助个人以低成本或免费方式获取、恢复或更换个人证件。 • 制定保障措施并进行监督，以确保丢失个人证件的受灾人员不会受到随意拘留，或被阻止获得人道主义援助或住房方案援助。 • 在证件丢失时，倡导对身份证明的灵活证据要求，提供临时解决办法（例如，基于社区的办法）。 • 确保向妇女和无人陪伴儿童或孤儿发放写有其姓名的个人证件。
监督	• 建立机构间协作机制，协调监测和分析弱势群体面临的各种保护风险。确保该机制安全、保密、尊重隐私，并根据需要在各职能领域间共享。 • 提高社区对保护风险的认识，以及可以安全实现保护的具体情况；建立以社区为基础的机制，以支持监控、预防和应急响应。 • 建立转介机制（支援服务和信息管理系统），以促进案件管理。 • 家庭分离和团聚。 • 制定规程，防止疏散和二次人口流动期间出现家庭分离。给婴儿带上标记；确保家庭一起疏散等。 • 建立识别和登记失散儿童的程序；制定家庭追踪和团聚方案。采取协调一致的办法（使用统一的登记表格，将身份数据库集中在一个机构进行管理）。 • 将老年人、残疾人和孤身妇女纳入家庭追踪和团聚方案。

（续）

各职能领域的保护行动	
法治	• 支持地方主管部门迅速恢复法律和秩序，并预防犯罪。例如，进行巡逻；为修复或迁移法院、警察局和惩教设施提供便利；更换司法部门工作人员。如有必要，从未受影响的地区临时调派工作人员。 • 对新任命的司法工作人员进行灾害相关问题（监护人任命、住房、土地和财产问题等）的培训。 • 采取分散化的方式提供法律服务，例如通过流动法律援助车或与当地的非正式和民间领导人合作，为人们提供法律信息并帮助其获得人道主义援助或赔偿方案。 • 提供技术援助，以设立和监督专门设立的法律或行政论坛。 • 传播关于法律问题的信息（更换个人证件、土地法政策、继承法和监护法等）。 • 提供技术援助，指导起草可能需要的紧急法律和法令。 • 广泛传播关于规范行动自由的紧急法律和法令（禁人区、宵禁等），其形式和语言应适合所有人，确保那些在紧急避难所的群体能够了解和理解。 • 宣传拘留设施的最低标准，特别是及时处理案件，并将儿童与成年男性被拘留者分开。经常监视他们的情况。
避难所/非粮食物资	• 确保弱势群体：获得单独和适当的临时住所；在临时住所安置方面获得帮助；获得可上锁且有私密空间的临时住所。 • 非食品物资中应包括女性卫生用品和便携式光源。 • 确保分配机制：尊重当地风俗习惯；以易于携带的包装提供救援物资；为行动困难的人提供便利（通过直接送上门、单独的分配点、流动服务）；保证受灾群体的尊严（例如，防止过长的队伍和过度拥挤）。 • 确保无证件的个人和生活在城市地区或寄宿家庭的国内流离失所者等能够获得临时住所，并将这些人纳入其中。 • 在分发人道主义援助物资时，应涵盖精神卫生机构、医院、孤儿院等。 • 确保救援过程的信息策略以下列对象为目标：难以接触到的群体，现有的各种媒体，所有相关的当地语言。挨家挨户打电话并使用听力和视力受损者专用媒体。
净水、公共卫生和个人卫生	• 沐浴、厕所和取水设施应：按性别分开；可上锁；光线充足；靠近弱势群体的临时住所；包括扶手或其他便利设施，方便老年人和残疾人使用。

各职能领域的保护行动	
住房、土地和财产	• 优先为老年人、残疾人、儿童户主家庭和弱势妇女提供获得永久性住房的机会，为重建提供适当支持。 • 通过资产登记员的协助，保护弱势群体的资产；监督做好工作；应在所有人名下（而不是在监护人或已故亲属名下）登记继承的土地或财产；夫妻共同财产，进行联合登记等。 • 针对妇女、儿童和其他弱势群体，制定法律援助和宣传方案（重点是继承法、监护人任命、住房和赔偿方案等）。 • 打击剥夺妇女财产权的做法（如强迫寡妇改嫁、剥夺财产惩罚）。 • 支持查找和保护土地记录的工作（通过数字化或使用冻干技术等）。 • 支持（免费）更换住房、土地和财产证明及其他身份证件，加快签发死亡证明的程序，以便个人能够获得遗产、获得社会服务等。 • 为房屋重建和生计援助目的，提倡灵活的证据要求。例如，允许采取基于社区认可的办法来证明个人身份（而不是文件证明）。 • 放宽法律或证据要求，确保根据习惯法继承财产或结婚的妇女不被剥夺继承权，或被排除在赔偿或住房方案之外。 • 支持以社区认可为基础的方法，记录关于土地权利和地点的协议，以及灾前土地所有权声明。 • 倡导将不拥有财产的人（租房者、寮屋居民和无土地者）纳入赔偿、重建和重新安置方案。 • 支持以相同的费率和条件恢复租赁协议。 • 建立透明和非歧视性的住房、土地和财产争端解决机制。 • 确保基础设施计划方便老年人和残疾人使用公共交通和服务（轮椅通道、视力和听力受损人士便利设施、无障碍厕所、残疾人停车场等）。

图书在版编目（CIP）数据

联合国灾害评估与协调队现场工作手册. 2018／联合国人道主义事务协调办公室（OCHA）编；中国地震应急搜救中心编译. －－ 北京：应急管理出版社，2023

（国际人道主义灾害响应系列丛书）

ISBN 978 - 7 - 5237 - 0146 - 1

Ⅰ. ①联… Ⅱ. ①联… ②中… Ⅲ. ①灾害管理—世界—手册 Ⅳ. ①X4 - 62

中国国家版本馆 CIP 数据核字（2023）第 221904 号

联合国灾害评估与协调队现场工作手册（2018）

（国际人道主义灾害响应系列丛书）

编　　者	联合国人道主义事务协调办公室（OCHA）
编　　译	中国地震应急搜救中心
责任编辑	闫　非　籍　磊
编　　辑	孟　琪
责任校对	孔青青
封面设计	解雅欣
审 图 号	GS 京（2024）0054 号
出版发行	应急管理出版社（北京市朝阳区芍药居 35 号　100029）
电　　话	010 - 84657898（总编室）　010 - 84657880（读者服务部）
网　　址	www.cciph.com.cn
印　　刷	北京地大彩印有限公司
经　　销	全国新华书店
开　　本	710mm×1000mm¹/₁₆　印张　24　字数　417 千字
版　　次	2023 年 12 月第 1 版　2023 年 12 月第 1 次印刷
社内编号	20210781　　　　　　　定价　146.00 元